高等教育新工科信息技术课程系列教材

Python
程序设计与应用

（第2版）

吴其林　孙光灵　张步群◎主　编
王小超　焦玉清　张倩敏　宋晓晓◎副主编

中国铁道出版社有限公司
CHINA RAILWAY PUBLISHING HOUSE CO., LTD.

内 容 简 介

本书为高等教育新工科信息技术课程系列教材之一，围绕Python的计算生态环境，采用理论与实际案例相结合的方式，系统讲解了Python语言学习的路径。本书分15章，包括环境搭建，数据类型，列表、元组字典和集合，控制语句，函数，面向对象程序设计，模块与包的使用，文件操作，异常处理，数据库编程，网络编程，tkinter GUI编程，多线程编程，Python计算生态，Python应用案例等。

本书内容涵盖Python语言程序设计大部分知识点，叙述思路清晰，循序渐进，每章都以大量实例为依托，提供了各知识点的全面详尽的讲解。

本书适合作为高等院校Python程序设计课程的教材，也可作为对Python感兴趣的编程爱好者的自学用书。

图书在版编目（CIP）数据

Python 程序设计与应用 / 吴其林，孙光灵，张步群主编. -- 2 版. -- 北京：中国铁道出版社有限公司，2024. 12. --（高等教育新工科信息技术课程系列教材）.
ISBN 978-7-113-31378-4

Ⅰ.TP311.561

中国国家版本馆 CIP 数据核字第 2024EM4878 号

书　　名：	Python 程序设计与应用
作　　者：	吴其林　孙光灵　张步群
策　　划：	汪　敏　刘梦珂
责任编辑：	汪　敏
封面设计：	郑春鹏
责任校对：	苗　丹
责任印制：	赵星辰

编辑部电话：(010) 51873135

出版发行：中国铁道出版社有限公司（100054，北京市西城区右安门西街 8 号）
网　　址：https://www.tdpress.com/51eds
印　　刷：天津嘉恒印务有限公司
版　　次：2021 年 12 月第 1 版　2024 年 12 月第 2 版　2024 年 12 月第 1 次印刷
开　　本：787 mm×1 092 mm　1/16　印张：17.5　字数：415 千
书　　号：ISBN 978-7-113-31378-4
定　　价：56.00 元

版权所有　侵权必究

凡购买铁道版图书，如有印制质量问题，请与本社教材图书营销部联系调换。电话：(010) 63550836
打击盗版举报电话：(010) 63549461

前　言

随着计算机技术和信息产业的快速发展，社会对软件人才的需求量在逐年增加。为了培养高层次复合型人才，高等院校在开设计算机基础课程时要呈现出多元化，不能再局限于传统计算机基础知识的普及，要让不同的学生在自己感兴趣的领域不断学习、不断进步、不断突破。毕业后，在计算机领域发挥出自己在高校学习的优势，为国家计算机技术和信息产业的发展做出自己的贡献。

计算机程序设计和开发是软件人才学习的基础，只有打下扎实的基础，在学习其他课程时才能更加得心应手。其实计算机程序设计并没有想象的那么难，使用它可以实现很多想实现的功能。但是，学习计算机程序设计和开发必须要有持之以恒的耐心和不断动手实践的决心。

本书在讲解理论知识的同时，还提供了大量的编程实例让读者可以上机操作，锻炼自己的编程能力；所有语法和编程思想都阐述得通俗易懂，能够让读者轻松入门。Python 语言已经发展了 30 多年，有很多优秀的软件工程师参与到 Python 语言的开发工作中，使得 Python 语言有非常完善的参考文档供读者查阅，便于读者找到问题的解决方法；具有非常丰富的第三方库，大多数需要的功能都可以直接调用其他工程师开发的接口来实现。

本书较为全面地介绍了 Python 语言的核心知识，把 Python 语言的学习分成基础知识（第 1~9 章）、高级编程（第 10~13 章）和 Python 应用（第 14、15 章）三部分。

各章内容简要介绍如下：

第 1 章对 Python 的发展历史和安装环境做了介绍。

第 2、3 章介绍了 Python 的基础数据类型和数据结构，包括字符串、运算符、列表、元组和字典等。

第 4 章介绍了 Python 的控制语句，包括选择、循环、break 和 continue 语句。

第 5 章则重点介绍了 Python 的函数，由于函数涉及函数调用和参数传递，学习起来会有点难度，只要多做一些编程类的练习很快就能掌握。

第 6 章介绍了面向对象编程的一些概念，多态、继承、封装等。

第 7~9 章是 Python 文件操作和异常处理的一些使用方法。

第 10~13 章是 Python 的一些高级使用方法，包括数据库编程、网络编程、图形界面和多线程编程，这几章对初学者来说有点难度，感兴趣的读者可以深入学习。

第 14、15 章是 Python 在现代科学研究过程中的一些应用案例。

为了更好地让初学者深入掌握 Python 语言，在每章的后面都设有习题，可以帮助读者巩固所学知识。

本书由吴其林、孙光灵、张步群任主编，王小超、焦玉清、张倩敏、宋晓晓任副主编，其中第 1~3 章由张倩敏编写，第 4、5 章由张步群编写，第 6、7 章由宋晓晓编写，第 8、9 章由孙光灵编写，第 10、11 章由焦玉清编写，第 12、13 章由吴其林编写，第 14、15 章由王小超编写。

由于编者水平和经验有限，书中难免存在不足和疏漏之处，恳请读者提出宝贵的意见和建议。

编　者

2024 年 6 月

目 录

第 1 章 环境搭建 1
  1.1 认识 Python 1
    1.1.1 Python 简史 1
    1.1.2 Python 语言的特点 1
  1.2 Python 的安装 2
  1.3 Python 的开发环境 6
    1.3.1 交互式解释器 6
    1.3.2 IDLE 6
    1.3.3 PyCharm 的安装与使用 8
  1.4 Python 程序开发过程 14
  1.5 Python 注释的使用 15
  小结 15
  习题 16

第 2 章 数据类型 17
  2.1 变量和数据类型 17
    2.1.1 变量和赋值 17
    2.1.2 整型 18
    2.1.3 浮点型 19
    2.1.4 复数类型 19
    2.1.5 布尔类型 19
    2.1.6 类型判断 20
  2.2 关键字 21
  2.3 字符串 21
    2.3.1 字符串和转义字符 21
    2.3.2 深入使用字符串 22
  2.4 运算符 25
    2.4.1 算术运算符 25
    2.4.2 赋值运算符 27
    2.4.3 位运算符 28
    2.4.4 关系运算符 28
    2.4.5 逻辑运算符 29
    2.4.6 成员运算符 30
    2.4.7 身份运算符 30
    2.4.8 运算符的优先级 30
  小结 31
  习题 31

第 3 章 列表、元组、字典和集合 33
  3.1 列表 33
    3.1.1 列表创建与删除 33
    3.1.2 访问列表元素 34
    3.1.3 增加列表元素 35
    3.1.4 查找列表中的元素 36
    3.1.5 删除列表元素 37
    3.1.6 修改列表元素 38
    3.1.7 列表的运算 38
    3.1.8 常用方法 38
  3.2 元组 39
    3.2.1 创建元组 39
    3.2.2 元组的基本操作 40
  3.3 字典 41
    3.3.1 字典的创建和删除 41
    3.3.2 字典元素的访问与修改 42
    3.3.3 字典元素的运算符操作 43
    3.3.4 删除字典元素 43
    3.3.5 字典的复制和更新 44
    3.3.6 字典的遍历 45
  3.4 集合 46
    3.4.1 集合的创建 46
    3.4.2 集合的访问与修改 46
    3.4.3 集合的删除 47
    3.4.4 集合的运算符操作 48
  小结 49
  习题 49

第 4 章 控制语句 51
  4.1 条件语句 51
    4.1.1 单分支结构：if 语句 51

  4.1.2 双分支结构：if...else 语句 52
  4.1.3 多分支结构：if...elif...else
     语句 54
 4.2 循环语句 55
  4.2.1 for 循环语句 56
  4.2.2 嵌套 for 循环语句 56
  4.2.3 while 循环语句 57
 4.3 break 和 continue 语句 59
  4.3.1 break 语句 59
  4.3.2 continue 语句 60
 4.4 pass 语句 60
 小结 60
 习题 61

第 5 章 函数 64
 5.1 函数的概念 64
 5.2 函数的定义和调用 65
 5.3 函数的参数和参数传递 69
  5.3.1 函数的形参和实参 69
  5.3.2 位置参数 70
  5.3.3 关键字参数 70
  5.3.4 默认值参数 71
  5.3.5 参数传递 72
 5.4 变量的作用域 73
  5.4.1 局部变量 73
  5.4.2 全局变量 74
 5.5 迭代器和生成器 75
  5.5.1 迭代器和生成器 75
  5.5.2 排序与 lambda 78
  5.5.3 高阶函数 79
 小结 80
 习题 80

第 6 章 面向对象程序设计 82
 6.1 面向对象概述 82
 6.2 类和对象 83
  6.2.1 类定义语法 84
  6.2.2 对象 84
  6.2.3 self 参数 85
  6.2.4 实例变量 87

  6.2.5 类变量 88
 6.3 方法 89
  6.3.1 类方法 90
  6.3.2 实例方法 91
  6.3.3 静态方法 91
 6.4 封装、继承与多态 92
  6.4.1 封装 92
  6.4.2 继承 95
  6.4.3 多态 98
 小结 100
 习题 100

第 7 章 模块与包 102
 7.1 命名空间 102
  7.1.1 命名空间的分类 102
  7.1.2 命名空间的规则 103
 7.2 模块 105
  7.2.1 导入模块 105
  7.2.2 导入与执行语句 106
  7.2.3 import 和 from 的使用 108
  7.2.4 重新载入模块 110
  7.2.5 嵌套导入模块 111
  7.2.6 模块对象属性和命令行
     参数 111
  7.2.7 模块搜索路径 113
 7.3 包 114
 小结 116
 习题 117

第 8 章 文件操作 119
 8.1 文件概述 119
 8.2 文件的路径 120
  8.2.1 路径的概念 120
  8.2.2 绝对路径与相对路径 120
 8.3 文本文件的读写 121
  8.3.1 文件的打开与关闭 121
  8.3.2 文件的读写 122
  8.3.3 文件的定位 125
  8.3.4 文件读写异常处理 126
 8.4 文件操作函数 127

  8.4.1 文件操作相关函数 127
  8.4.2 文件系统常用操作 128
 8.5 二进制文件操作 128
  8.5.1 使用 pickle 模块 129
  8.5.2 使用 struct 模块 130
  8.5.3 文件批量处理 130
 小结 132
 习题 132

第 9 章 异常处理 134
 9.1 异常的概念 134
 9.2 异常处理机制 137
  9.2.1 try...except 结构 137
  9.2.2 try...except...else 结构 138
  9.2.3 多异常捕获 139
  9.2.4 try...except...finally 结构 142
 9.3 异常高级用法 143
  9.3.1 强制触发异常（raise）........ 143
  9.3.2 断言与上下文管理语句 144
 小结 145
 习题 146

第 10 章 数据库编程 147
 10.1 Python 数据库 API 147
  10.1.1 全局变量 147
  10.1.2 数据库异常 148
  10.1.3 连接和游标 149
  10.1.4 类型 150
 10.2 轻型数据库与 MySQL 151
  10.2.1 SQLite 的使用 151
  10.2.2 MySQL 的使用 154
  10.2.3 数据库应用程序示例 156
 小结 158
 习题 159

第 11 章 网络编程 160
 11.1 网络模块 160
  11.1.1 Socket 模块 160
  11.1.2 urlib 和 urllib2 模块 163
  11.1.3 其他模块 166
 11.2 高级模块 SocketServer 167
  11.2.1 创建 SocketServer TCP
     服务器 168
  11.2.2 创建 SocketServer TCP
     客户端 169
  11.2.3 执行 TCP 服务器
     和客户端 169
 小结 170
 习题 170

第 12 章 tkinter GUI 编程 171
 12.1 tkinter 编程基础 171
  12.1.1 第一个 tkinter GUI 程序 171
  12.1.2 组件打包 173
  12.1.3 添加按钮和事件处理函数... 175
  12.1.4 使用布局 177
  12.1.5 使用框架 180
 12.2 tkinter 组件ㅤ............................... 181
  12.2.1 组件通用属性设置 181
  12.2.2 输入组件（Entry）............. 183
  12.2.3 列表框组件（Listbox）...... 186
  12.2.4 复选框组件（Checkbutton）... 187
  12.2.5 标签框架（LabelFrame）... 189
  12.2.6 文本框组件（Text）........... 190
  12.2.7 顶层窗口组件（Toplevel）... 192
  12.2.8 菜单组件（Menu）............. 193
  12.2.9 工具栏 195
  12.2.10 对话框 195
 小结 199
 习题 199

第 13 章 多线程编程 200
 13.1 线程概述 200
  13.1.1 进程 200
  13.1.2 线程 201
  13.1.3 多线程与多进程 201
 13.2 线程的创建与运行 201
 13.3 线程的管理 203
  13.3.1 阻塞线程 203
  13.3.2 后台线程 204
 13.4 线程安全 205

13.4.1 线程安全问题 205
13.4.2 互斥锁 205
13.4.3 死锁问题 207
13.5 线程通信 209
13.5.1 Condition 同步线程 209
13.5.2 使用 Event 实现线程间通信 211
小结 212
习题 212

第 14 章 Python 计算生态 214

14.1 常用第三方库 214
14.2 Python 标准库 215
  14.2.1 math 库 215
  14.2.2 random 库 216
  14.2.3 datetime/time 库 216
  14.2.4 turtle 库 217
14.3 PyInstaller 库 218
14.4 jieba 库 218
  14.4.1 分词 219
  14.4.2 添加自定义词典 219
14.5 numpy 基础科学计算库 220
  14.5.1 创建 numpy 数组 220
  14.5.2 数组与数值的算术运算 221
  14.5.3 数组与数组的算术运算 222
  14.5.4 数组的关系运算 222
  14.5.5 分段函数 223
  14.5.6 数组元素访问 223
  14.5.7 数组切片操作 224
  14.5.8 改变数组形状 224
  14.5.9 二维数组转置 225
  14.5.10 向量内积 225
  14.5.11 数组的函数运算 226
  14.5.12 对数组不同维度元素进行计算 227
  14.5.13 广播 227
  14.5.14 计算数组中元素出现次数 ...228
  14.5.15 矩阵运算 229
14.6 matplotlib 数值计算可视化库 229
  14.6.1 绘制正弦曲线 229
  14.6.2 绘制散点图 230
  14.6.3 绘制饼图 231
  14.6.4 绘制带有中文标签和图例的图 232
  14.6.5 绘制带有公式的图 232
  14.6.6 绘制三维参数曲线 233
  14.6.7 绘制三维图形 234
14.7 pandas 数据分析库 235
  14.7.1 安装 pandas 235
  14.7.2 pandas 的数据结构 Series ...235
  14.7.3 pandas 的数据结构 DataFrame 237
小结 240
习题 241

第 15 章 Python 应用案例 243

15.1 泰坦尼克号乘客生存分析 243
  15.1.1 数据来源 243
  15.1.2 导入数据 243
  15.1.3 查看数据 244
  15.1.4 数据清洗 246
  15.1.5 数据编码 246
  15.1.6 数据可视化 249
15.2 Python 网络爬取 255
  15.2.1 BeautifulSoup 库 255
  15.2.2 爬取搜狐体育新闻 261
15.3 手写识别系统 263
  15.3.1 K 近邻算法原理 264
  15.3.2 KNN 算法实现 265
  15.3.3 KNN 算法优缺点 266
  15.3.4 手写数字识别系统 266
小结 271
习题 271

参考文献 272

第 1 章 环境搭建

学习目标

◎ 了解 Python 语言的发展历史。
◎ 掌握安装和运行 Python 语言开发环境。

本章主要介绍 Python 语言的发展历史和安装环境。通过本章的学习可以对 Python 有大致的了解，知道 Python 是什么，用来做什么，同时能够独立安装和运行 Python 语言开发环境，为后续章节的学习做铺垫。

1.1 认识 Python

1.1.1 Python 简史

Python 是一种面向对象的解释型的编程语言，由荷兰人吉多·范罗苏姆于 1989 年开发，是一种易用、简洁、方便扩充的编程语言。把 Python 作为编程语言的名字是因为电视剧《蒙提派森的飞行马戏团》（Monty Python's Flying Circus）中带有 Python 这个单词。

1991 年，发布 Python 第一个解释器公开版。2000 年，发布了 Python 2.0 版本，从这个版本开始，Python 转变成开源的开发方式，大量的用户开始使用这种编程语言，Python 得到快速发展。

2008 年，发布 Python 3.0，但是 Python 2.0 的版本还在发展，一直到版本 2.7。与别的编程语言不同，Python 2.x 和 Python 3.x 是不能相互兼容的，但是因为 Python 2.x 已经发展了很长一段时间，很多大型项目都在使用，所以短期内 2.x 版本还不会被淘汰，但是从长远看，Python 3.x 版本的开发者会越来越多，所以本书基于 Python 3.x 版本进行讲解。

1.1.2 Python 语言的特点

1. Python语言的优点

（1）简单易学。因为 Python 语言的设计之初就是为方便开发者使用，因此只需要关注问题的本身，而不用关心复杂的语言使用逻辑，同 C/C++ 相比，Python 更加易用。

（2）面向对象。Python 有着和 C++、Java 相似的面向对象的功能，但使用起来比这两种语言更加简洁、方便、强大。

（3）免费开源。因为免费开源，很多项目都会基于 Python 语言进行开发，并且可以根据自己的需求定制开发。

（4）可移植性。只要把软件开发完成，就可以在任何装有 Python 开发环境的系统中执行。

（5）丰富的库函数供调用。除了标准的库以外，还有很多优秀的第三方库，并且大多数都是开源的，比如机器学习、人工智能、AI 等。

（6）支持函数式编程。Python 语言对函数式编程也提供了支持，如 Lambda 表达式、高阶函数等。

（7）可扩展性。在需要高效运算使用 C/C++，或调用 C/C++ 库时，Python 开源直接调用这些库使用，不用特别考虑兼容性的问题。

（8）丰富的参考文档。Python 拥有强大的社区支持，遇到问题一般都可以通过社区找到解决方法，这也是为什么 Python 如此受欢迎的原因。用户越来越多，库函数和文档越来越完善，同时又进一步给用户带来帮助，形成良好的循环。

2．Python 语言的缺点

（1）运行速度相对较慢。因为 Python 是解释型语言，在执行过程中翻译成机器码，和 C/C++ 相比性能差很多，不过在需要高性能执行的地方使用 C/C++ 编写可以避免这种不足。

（2）版本兼容问题。前面提到 Python 2.x 和 Python 3.x 版本，这两个版本是不能完全兼容的，所以用某一个版本开发的程序在另一个版本上执行会遇到一些问题。

1.2　Python 的安装

Python 可以跨平台，安装环境包括 Windows、Linux、mac OS，绝大部分 Linux 环境已经预安装 Python，无须手动安装。所以，本书以 Windows 为例进行详细讲解。

在 Python 官网上下载 Python 3.x 版本，本书使用的是 Python 3.12.3 版本。进入图 1-1 所示界面后，单击 Downloads 超链接可以选择不同的操作系统，如 Windows 和 mac OS。

如果需要下载不同的版本，可以单击 All releases 超链接进行选择。这里下载的是 Python 3.12.3 的 64 位版本 python-3.12.3-amd64.exe。下载完成后，双击安装程序，打开图 1-2 所示的界面。

Install Now 为默认安装方式，Python 会安装到默认路径，也可以选择 Customize installation 进行自定义安装。安装时需要同时选中 Use admin privileges when installing py.exe 和 Add python.exe to PATH 复选框。选中 Use admin privileges when installing py.exe 复选框是以管理员身份运行安装程序，选中 Add python.exe to PATH 复选框是 Python 的路径添加到系统环境变量中。

图 1-1　Python 官网首页

图 1-2　Python 安装界面

这里选择 Customize installation 方式安装，单击 Customize installation 选项后出现图 1-3 所示的界面。

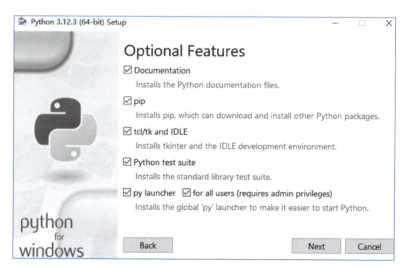

图 1-3　可选功能界面

单击 Next 按钮，出现图 1-4 所示界面，单击 Browse 按钮可选择需要安装的路径，这里按照默认路径 C:\Users\Administrator\AppData\Local\Programs\Python\Python312 安装，单击 Install 按钮开始安装。

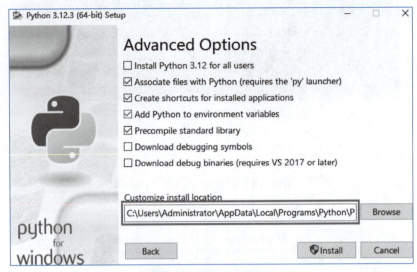

图 1-4　高级选项界面

单击 Install 按钮后开始安装 Python，出现图 1-5 所示界面，直至安装成功。

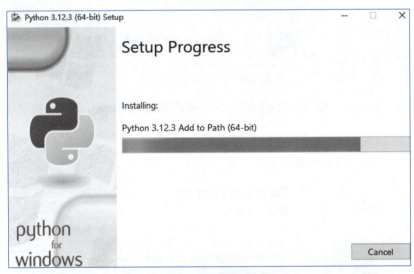

图 1-5　安装进度界面

Python 安装完成后会出现安装成功界面，单击 Close 按钮完成安装，如图 1-6 所示。

安装成功后，可以在安装路径 C:\Users\Administrator\AppData\Local\Programs\Python\Python312 找到 Python 安装包，如图 1-7 所示。

在系统的命令窗口中输入 Python --version 查看 Python 的版本，如图 1-8 所示。

第 1 章 环境搭建

图 1-6 安装成功界面

![Python 安装路径]

图 1-7 Python 安装路径

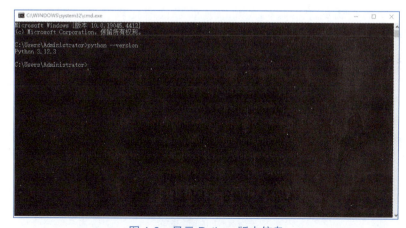

图 1-8 显示 Python 版本信息

1.3　Python 的开发环境

1.3.1　交互式解释器

Python 安装成功后，在安装目录中双击 Python.exe 或选择 Windows 开始菜单中的 Python 3.12（64-bit）命令，会打开图 1-9 所示界面，可以输入需要执行的代码。

图 1-9　程序编辑界面

交互式解释器是指在启动 Python 后，可以看到"">>>"" 符号，输入可执行代码后按【Enter】键，Python 编译器把当前这行代码翻译成机器码，执行后通过交互式界面输出执行结果。输入要执行的代码：print("hello,world!")，按【Enter】键后输出执行结果，如图 1-10 所示。如果输入的是 Python 无法识别的非法代码，解释器就会报错。

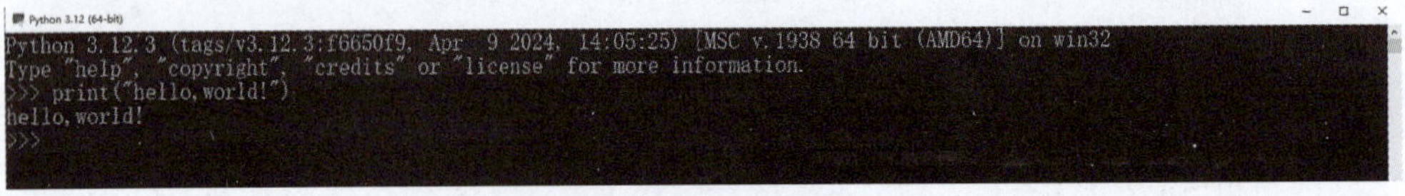

图 1-10　执行正确界面

Python 的解释器功能非常强大，前面写的都是最简单的代码，只要明白了 Python 的工作原理，无论代码逻辑多么复杂，功能有多少，只要按照一定的逻辑编写，就可以输出想要的结果。

1.3.2　IDLE

交互式解释器编辑简单的代码还可以，如果代码比较复杂，需要来回调试，就不方便了。因此，需要借助 Python 的集成开发工具 IDLE，在系统的"开始"菜单中选择 Python3.12 → IDLE 命令，或者在系统安装路径 C:\Users\Administrator\AppData\Local\Programs\Python\Python312\Lib\idlelib 中双击 idle.pyw，启动后的界面如图 1-11 所示。

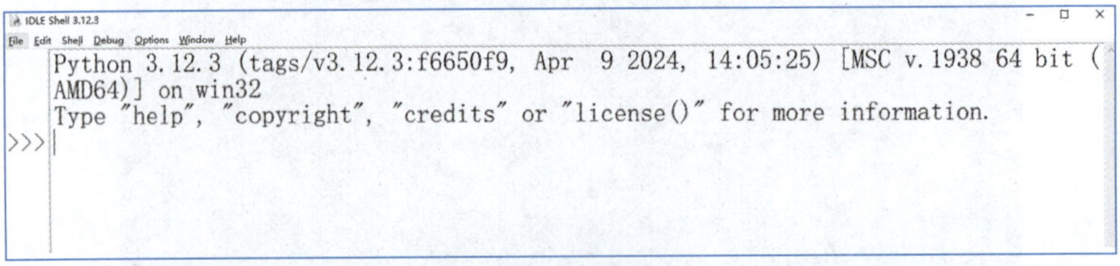

图 1-11　IDLE 界面

"\>\>\>" 为 Python 的命令提示符，在提示符后输入任何 Python 语句，按【Enter】键都可以执行。例如，在终端输入 "a=10" 命令，然后打印 a 的值，可以看到输出结果为 10，如图 1-12 所示。

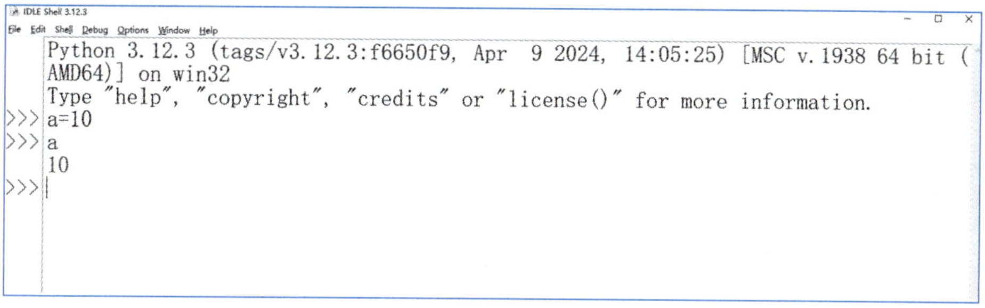

图 1-12　IDLE 中执行代码

如果需要编写的代码量比较大，可以选择 File → New File 命令新建文件编辑窗口，输入需要执行的 Python 代码，如图 1-13 所示。

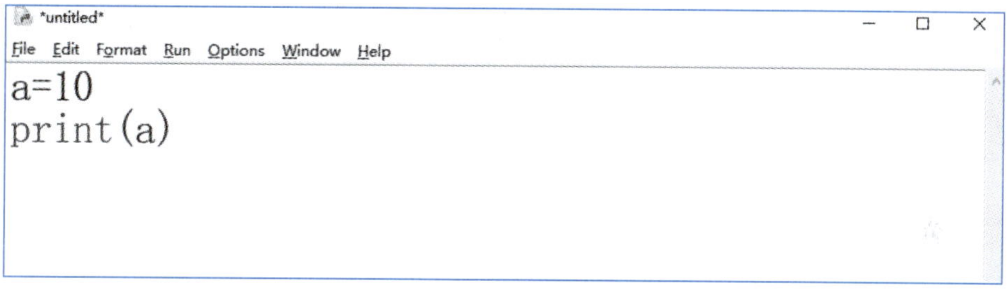

图 1-13　交互式窗口

选择 File → Sava As 命令保存文件，文件的扩展名必须写成 .py。

选择 Run → Run Module 命令，如图 1-14 所示，执行 Python 代码，结果如图 1-15 所示。

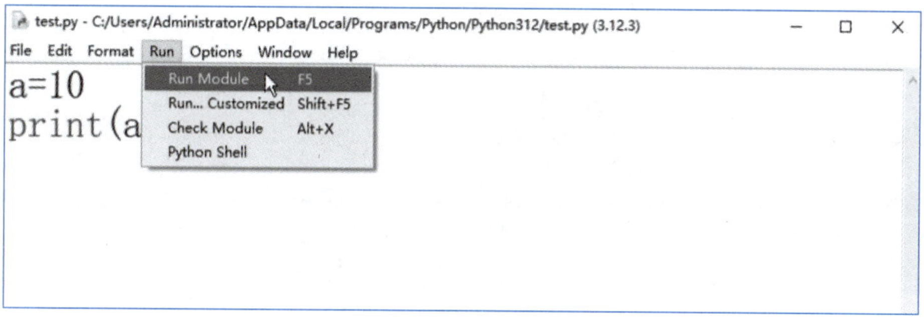

图 1-14　运行文件代码

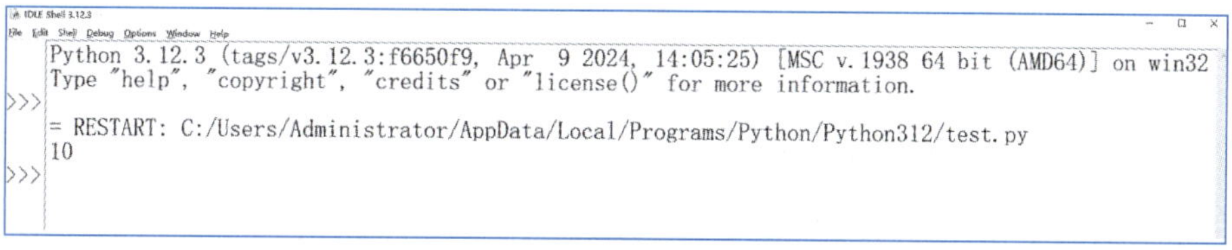

图 1-15　程序运行结果

1.3.3 PyCharm 的安装与使用

PyCharm 是一种 Python IDE（集成开发环境），带有一整套可以帮助用户在使用 Python 语言开发时提高其效率的工具，如调试、语法高亮、项目管理、代码跳转、智能提示、自动完成、单元测试、版本控制等。此外，它支持多种 Python 框架，如 Django、Flask 等，使得开发 Python 项目变得更加方便。

1．PyCharm的下载

首先，登录 JetBrains 的官方网站，下载 PyCharm 安装包，如图 1-16 所示。根据操作系统选择对应的版本（如 Windows、mac OS 或 Linux）。Pycharm 有 Professional 和 Cummunity 两个版本。其中，Professional 是专业版，功能更全面；Cummunity 是社区免费版，可以根据实际需要选择对应版本。

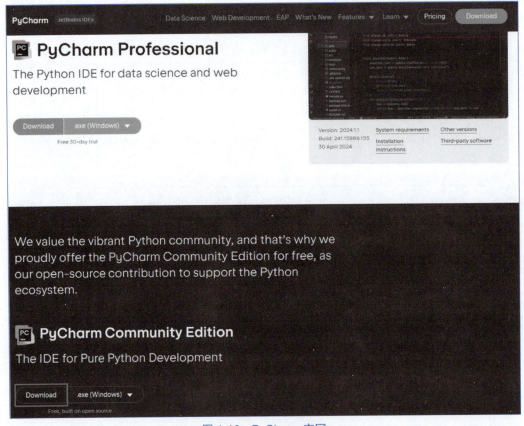

图 1-16　PyCharm 官网

2．安装PyCharm

以 Cummunity 社区版为例，演示 PyCharm 的安装。下载完成后，双击安装包，按照提示进行安装即可。

双击安装包，弹出欢迎界面，如图 1-17 所示。

图 1-17　PyCharm 安装界面

单击 Next 按钮，进入 PyCharm 选择安装路径界面，如图 1-18 所示，单击 Browse 按钮，选择 PyCharm 安装位置。这里演示时按照默认安装路径安装。

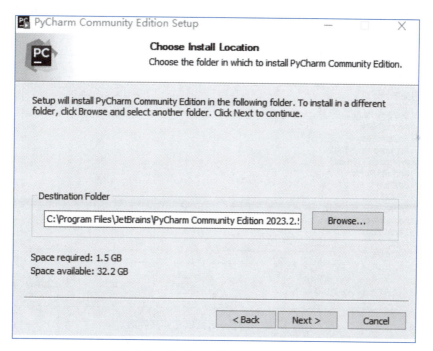

图 1-18　PyCharm 选择安装路径界面

单击 Next 按钮进入安装选项界面。在该界面用户可根据需求勾选相应功能，如图 1-19

所示。可以选择是否创建桌面快捷方式、是否关联 Python 文件等。

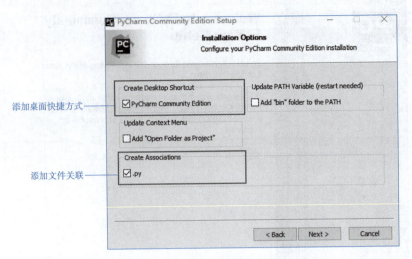

图 1-19　PyCharm 安装选项界面

选择好安装选项后，单击 Next 按钮，进入选择开始菜单文件夹界面，如图 1-20 所示，该界面可保持默认配置。

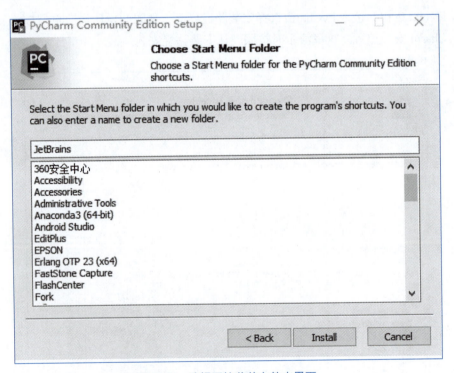

图 1-20　选择开始菜单文件夹界面

单击选择开始菜单文件夹界面中的 Install 按钮进入安装，安装完成后会提示 Completing PyCharm Community Edition Setup，如图 1-21 所示。

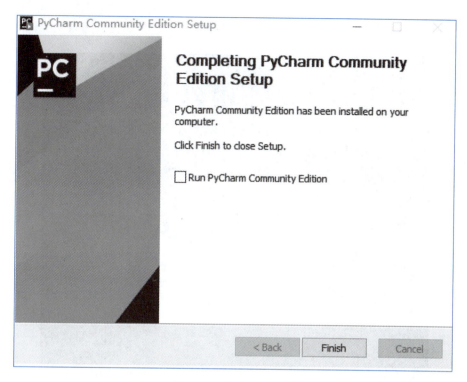

图 1-21　安装成功界面

3．PyCharm的使用

（1）启动 PyCharm

安装完成后，双击桌面上的 PyCharm 图标。首次启动时，会提示是否导入之前版本的 PyCharm 配置，如图 1-22 所示，这里直接选择 Do not import settings 项，然后单击 OK 按钮，进入图 1-23 所示的欢迎页。

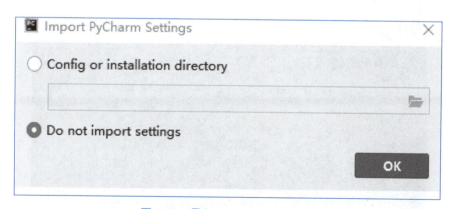

图 1-22　导入 PyCharm 设置界面

（2）创建项目

单击 New Project 按钮创建一个新项目，如图 1-24 所示，在弹出的对话框中可以给创建的工程命名，这里演示时工程名为 myProject，其他选项按照默认值设置。单击 Create 按钮创建项目，进入 PyCharm 主界面，如图 1-25 所示。

图 1-23　欢迎页

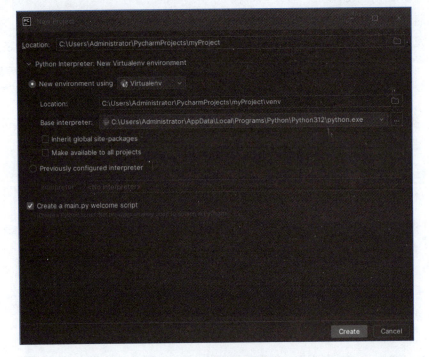

图 1-24　创建项目对话框

第 1 章 环境搭建

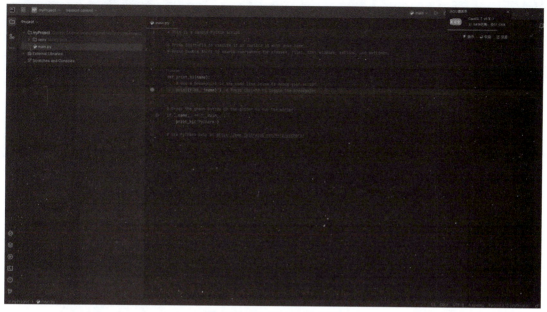

图 1-25 PyCharm 主界面

（3）编写代码

如图 1-26 所示，选中项目后右击，在弹出的快捷菜单中选择 New → Python File 命令，在项目中创建一个新的 Python 文件，这里演示时 Python 文件命名为 hello，按【Enter】键，会在该工程下创建一个 hello.py 文件，打开该文件编写 Python 代码。PyCharm 会自动进行语法高亮和智能提示，可以更高效地编写代码。

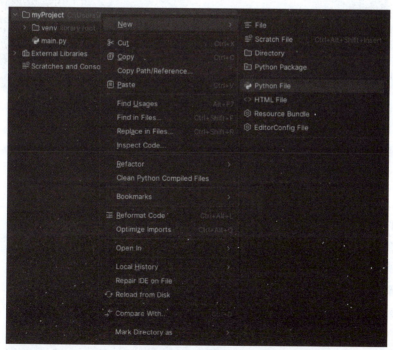

图 1-26 新建项目

（4）运行代码

这里演示时，在 hello.py 中编写了一行输出"Hello,World!"的语句，如图 1-27 所示，单击 PyCharm 界面上方的绿色运行按钮 运行代码，或者右击代码编辑器中的代码并选择 Run 命令运行。如图 1-28 所示，会在底部的控制台输出程序运行结果。

图 1-27　程序编辑界面

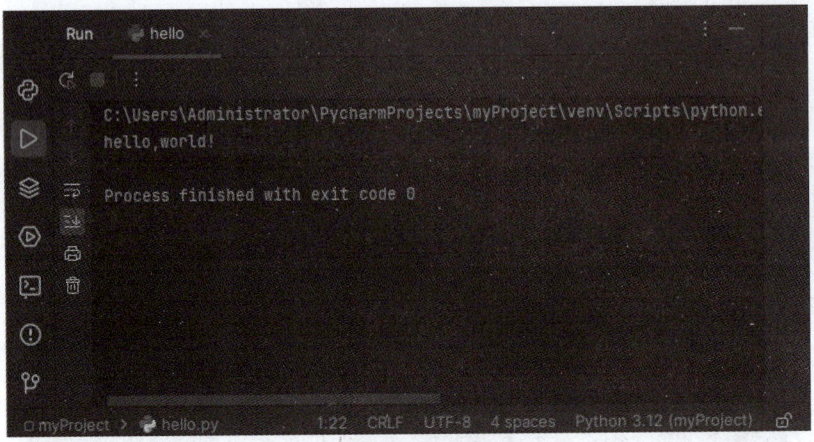

图 1-28　程序运行结果

1.4　Python 程序开发过程

Python 语言的开发过程和其他语言相似，主要包括以下几个阶段：算法功能逻辑、代码编写、解释器解释成机器码、代码运行结果、调试等阶段。

（1）算法功能逻辑是指该算法能够解决实际问题的逻辑，调用该算法可以达到预期的目的。

（2）代码编写是使用 Python 语言对算法进行实现。

（3）解释器解释成机器码是程序在执行过程中产生机器可以识别的机器码，这样才能在处理器上执行。

（4）代码运行结果是指代码输出的结果，这个结果可能符合预期也可能不符合预期。

（5）调试是代码不符合算法的预期结果时需要分析代码产生错误的原因，对代码进行修正再执行，如此反复直至达到预期结果。

Python 程序开发的流程图如图 1-29 所示。

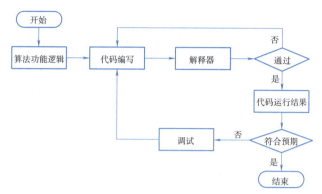

图 1-29　Python 程序开发过程

1.5　Python 注释的使用

注释（comments）是用来向开发者或者用户提示或者解释某些代码编写的思路、功能和作用等。Python 解释器在执行程序时会忽略注释部分，所以注释可以放在代码中的任何位置而不会影响代码本身的逻辑。一个优秀的开发者不仅能够写出简洁高效的代码，还能够在合适的位置添加注释，让代码具有很强可读性，注释通常会占用代码的 1/3 左右。

Python 的注释分为单行注释、多行注释和内置文档：

（1）单行注释。使用"#"作为单行注释的符号，其语法格式如下：

```
# 添加的注释内容
```

（2）多行注释。Python 中使用三个连续的单引号 ''' 或者三个连续的双引号 """ 分别作为注释的开头和结尾，一次性注释多行或单行的内容。其语法格式如下：

```
'''
三个连续的单引号分别作为注释的开头和结尾，用于一次性注释多行或者单行的内容
'''
"""
三个连续的双引号分别作为注释的开头和结尾，用于一次性注释多行或者单行的内容
"""
```

（3）可以通过内置函数 help() 或者 _doc_() 查看某个函数的说明文档。

小　　结

本章介绍了 Python 语言的由来以及学习 Python 语言的优缺点，同时详细介绍了 Python 语言在 Windows 系统的安装过程，后续章节的实验都以本章为基础进行。

习 题

一、填空题

1. Python 是一种面向 _____ 语言。
2. Python 编写的程序可以在任何平台中执行，这体现了 Python 的 _____ 特点。

二、单选题

1. 下列选项中，不属于 Python 特点的是（　　）。
   A. 简单易学　　　B. 免费开源　　　C. 面向对象　　　D. 编译型语言
2. Python 脚本文件的扩展名是（　　）。
   A. python　　　　B. pg　　　　　　C. cpp　　　　　　D. py
3. 下列关于 Python 命名规范的说法中错误的是（　　）。
   A. 模块名、包名应简短且全为小写　　B. 类名首字母一般使用大写
   C. 常量通常使用全大写字母命名　　　D. 函数名中不可使用下画线
4. 下列选项中不符合规范的变量名建（　　）。
   A. _text　　　　　B. 2cd　　　　　C. ITCAST　　　　D. hei_ma
5. 下列关于 input() 与 print() 函数的说法中错误的是（　　）。
   A. input() 函数可以接收由键盘输入的数据
   B. input() 函数会返回一个字符串类型数据
   C. print() 函数可以输出任何类型的数据
   D. print() 函数输出的数据不支持换行操作

三、简答题

1. 简述 Python 的特点。
2. 尝试安装 Python 语言的执行环境。

第 2 章 数据类型

学习目标

◎掌握 Python 语言的数据类型。
◎掌握 Python 语言的运算符类型。

数据运算符是 Python 语言的基础，在程序执行过程中会用到各种复杂的逻辑运算，因此要使用不同的数据类型并结合不同的运算符去实现这些复杂的逻辑运算。Python 语言的数据类型包括整型、浮点型、复数和字符串等，运算符的类型比较多，在实际使用过程中要结合应用场景选择合适的运算符，运算符选择正确可以有效地提升代码的执行速度。

2.1 变量和数据类型

2.1.1 变量和赋值

变量（variable）在任何一种语言中都是比较重要的概念，Python 中的变量比较好理解，可以把它当作某值或者某个引用的名字，用来表示程序中的某些实例信息，如一个数值、一组数据、一个程序、一个文件、一个函数等。

赋值是给变量赋予一个有意义的值，引用变量即引用这个变量赋予的值。

在下面的程序中，num 就是一个变量，它标识的就是数值 10，也可以说 10 是赋予变量 num 的值，只要在后面的程序中引用这个 num，就表示引用 num 的数值 10，测试代码如下：

```
num=10
two_num=num*2
three_num=num*3
print("num=",num,"two_num=",two_num,"three_num=",three_num)
```

程序运行结果：

```
num=10 two_num=20 three_num=30
```

其中，two_num 表示 num 的值乘以 2，three_num 表示 num 的值乘以 3。

注意：

（1）在使用变量之前需要对其进行赋值，引用没有赋值的变量程序的执行结果没有意义。

（2）变量名可以包括字母、数字和下画线（_），但变量名的起始位置不能是数字，num_2、num2、num2_ 都是合法的，但是 2num 是不合法的。

（3）不能使用 Python 的关键字作为变量名，否则程序执行时会报错。

（4）不能使用 Python 预定义的名字作为变量名。

（5）Python 语言区分变量名大小写，Num 和 num 是两个不同的变量。

（6）Python 语言对变量名的长度没有做具体限制。

（7）不要随意命名变量名，要保证变量名是有意义的，以便于阅读。

2.1.2 整型

整型即整数类型，在 Python 语言中，整型用 int 标识。在 32 位系统中 int 标识的最大数是 2^{32}，在 64 位系统中 int 标识的最大数是 2^{64}。整数类型可以用二进制、八进制、十六进制和十进制进行赋值。

二进制数：以 0b 或 0B 为前缀，需要注意 B 的前面是阿拉伯数字 0 而不是字母 o。

八进制数：以 0o 或 0O 为前缀，第一个字符是阿拉伯数字 0，第二个字符是英文字母 o 或者 O。

十六进制数：以 0x 或 0X 为前缀，第一个字符是阿拉伯数字 0。

十进制就是普通的写法，不需要加任何前缀。

例如，十进制数 35，二进制形式为 0b100011 或 0B100011，八进制形式为 0o43 或 0O43，十六进制形式为 0x23 或 0X23，Python 语言的测试代码如下：

```
num35_10=35
num35_2=0b100011
num35_8=0o43
num35_16=0x23
print("num35_10=",num35_10)
print("num35_2=",num35_2)
print("num35_8=",num35_8)
print("num35_16=",num35_16)
```

程序运行结果：

```
num35_10=35
num35_2=35
num35_8=35
num35_16=35
```

可以看出，虽然使用不同的进制，但表示的数据是同一个，在程序实际使用过程中使用不同的进制标识数据可以有效地提升代码的可读性。

各个进制之间可以通过调用函数相互转换：

int() 函数：当用于将一个字符串或数字转换成整数时，它默认将输入解释为十进制数。但是，也可以通过指定基数（进制）来将其他进制的字符串转换为十进制整数。例如，int('1010',2) 会将二进制字符串 '1010' 转换为十进制整数 10。

bin() 函数：将一个整数转换为二进制字符串表示形式。返回的字符串以 '0b' 开头，表示这是一个二进制数。例如，bin(10) 会返回 '0b1010'。

oct() 函数：将一个整数转换为八进制字符串表示形式。返回的字符串以 '0o' 开头，表示这是一个八进制数。例如，oct(10) 会返回 '0o12'。

hex() 函数：将一个整数转换为十六进制字符串表示形式。返回的字符串以 '0x' 开头，表示这是一个十六进制数。例如，hex(10) 会返回 '0xa'。

2.1.3 浮点型

浮点型即浮点类型的数据，整型数据只能表示整数，对有小数点的数据类型只能用浮点型表示，在 Python 语言中，浮点型用 float 表示。浮点类型的数据可以加小数点，也可以用科学记数法表示。科学记数法用 e 或者 E 表示 10 的指数，例如，e2 表示 10^2，e-2 表示 10^{-2}，Python 语言的测试代码如下：

```
float_num=123.123
float_num1=1.23123e2
float_num2=12312.3e-2
print("float_num=",float_num)
print("float_num1=",float_num1)
print("float_num2=",float_num2)
```

程序运行结果：

```
float_num=123.123
float_num1=123.123
float_num2=123.123
```

用科学记数法表示后打印出的数据都是 123.123。

2.1.4 复数类型

复数（complex）在数学计算中非常重要，很多编程语言都不能直接支持复数类型，需要封装函数去支持复数类型，使得 Python 在工程应用领域被广泛使用。

复数是 Python 的内置数据类型，直接使用即可，不依赖于标准库或者第三方库。复数由实部和虚部构成，复数的虚部以 j 或者 J 作为后缀。例如，变量：a+bj，其中变量 a 表示实部，b 表示虚部。测试代码如下：

```
complex_num=3+2j
complex_sum=complex_num+complex_num
complex_multi=complex_num*complex_num
print("complex_num=",complex_num,"complex_sum=",complex_sum,"complex_multi=",complex_multi)
```

程序运行结果：

```
complex_num=(3+2j)  complex_sum=(6+4j)  complex_multi=(5+12j)
```

其中，complex_sum 表示复数的求和，complex_multi 表示复数的乘积。

2.1.5 布尔类型

布尔类型即布尔数据类型，在 Python 中用 bool 表示。布尔类型也是一个二值变量，变量的值只能是真（True）或假（False），通常用于条件判断或控制流程。

在 Python 中，布尔值可以直接赋值给变量，例如：

```
is_active=True
is_empty=False
```

这里，is_active 被赋值为 True，is_empty 被赋值为 False。

布尔值经常用于比较操作的结果，比较操作（'=='、'>'、'<'）返回的结果就是布尔值，例如：

```
x=10
y=20
equal=(x==y)                    # 结果为 False
greater=(x>y)                   # 结果为 False
less=(x<y)                      # 结果为 True
```

在 Python 中，某些情况下非布尔类型的数据会被隐式转换为布尔值。例如，在条件表达式中，空值（如 None、空字符串 ""、空列表 []、空字典 {} 等）会被当作 False 处理，而非空值则会被当作 True 处理，这种转换机制称为"真值测试"。例如：

```
value1=0
value2="Hello"
if value1:
    print("value1 is True")
else:
    print("value1 is False")    # 输出这个
if value2:
    print("value2 is True")     # 输出这个
else:
    print("value2 is False")
```

程序运行结果：

```
value1 is False
value2 is True
```

整数 0 在真值测试中被视为 False，而字符串 "Hello" 被视为 True。

2.1.6　类型判断

在 Python 中，可以使用 type() 函数获取一个对象的类型。type() 函数可以接收一个对象作为参数，并返回该对象的类型。测试代码如下：

```
x=10
print(type(x))                  # 输出 <class 'int'>
y='hello'
print(type(y))                  # 输出 <class 'str'>
z=3.14
print(type(z))                  # 输出 <class 'float'>
```

可以看到，type() 函数分别返回了整数、字符串和浮点数的类型。

除了使用 type() 函数之外，还可以使用 isinstance() 函数判断一个对象是否属于某个类型。isinstance() 函数可以接收两个参数：要判断的对象和目标类型。如果对象属于目标类型，则返回 True，否则返回 False。测试代码如下：

```
x=10
print(isinstance(x,int))              # 输出 True
y='hello'
print(isinstance(y,str))              # 输出 True
z=3.14
print(isinstance(z,float))            # 输出 True
```

可以看到，isinstance() 函数分别判断了 x 是否为整数、y 是否为字符串和 z 是否为浮点数，并返回了相应的结果。

2.2 关 键 字

关键字又称保留字，是 Python 语言中预留的用来标识一些重要信息的单词。这些保留字不能作为变量名使用，否则程序在执行时会出现错误，Python 3.x 语言的保留字见表 2-1。

表 2-1　Python 3.x 中的保留字

False	class	finally	is	return
None	continue	for	lambda	try
True	def	from	nonlocal	while
and	del	global	not	with
as	elif	if	or	yield
assert	else	import	pass	
break	except	in	raise	

2.3 字 符 串

2.3.1 字符串和转义字符

字符串是由若干字符按照一定顺序构成的序列。Python 语言中字符串是有顺序的，若字符串由 n 个字符构成，字符串最左边字符的索引为 0，最右边字符的索引为 n-1，通常用单引号或双引号括起来。如 "a"、"hello world"、'I like python.' 等都标识一个字符串，其中单引号和双引号只起分隔作用，并不是字符串的一部分。Python 中字符串的测试程序如下：

```
str_1="a"
str_2="hello python!"
str_3="study python!"
```

```
print("str_1=",str_1," str_2=",str_2," str_3=",str_3)
```

程序运行结果：

```
str_1=a  str_2=hello python!  str_3=study python!
```

如果想在字符串中包含单引号或者双引号，如 "It's your book"、'"Hello world!" he said'。在 Python 语言中需要遵循下面的规则，在有单引号的地方需要用双引号括起来，在有双引号的地方需要用单引号括起来，否则程序会报错。

如果想在字符串中包含一些特殊的字符，这些字符在程序执行过程中不能通过键盘直接输入，如换行符、反斜线、制表符等。Python 语言提供了转义字符，只需要在一些特殊的字符前加上反斜线即可。Python 语言中的转义字符见表 2-2。

表 2-2　Python 语言中的转义字符

转义字符	意　　义	转义字符	意　　义
\b	退格符	\\	反斜杠
\n	换行符	\'	单引号
\r	回车符	\"	双引号
\t	水平制表符	\f	换页符

Python 语言的测试代码如下：

```
str_s="Hello world!"
print("str_s=",str_s)
str_s="Hello\nworld!"
print("str_s=",str_s)
str_s="Hello\\world!"
print("str_s=",str_s)
str_s="Hello\'world!"
print("str_s=",str_s)
str_s="Hello\tworld!"
print("str_s=",str_s)
```

程序运行结果：

```
str_s=Hello world!
str_s=Hello
world!
str_s=Hello\world!
str_s=Hello'world!
str_s=Hello world!
```

2.3.2　深入使用字符串

1. 字符串拼接

字符串拼接是把几个字符串按照一定的顺序拼接在一起，Python 中可以使用 "+" 或者 join() 函数实现字符串的拼接，测试代码如下：

```
str_a="Let\' go,"
str_b="everybody."
print(str_a+str_b)
```

程序运行结果：

```
Let' go,everybody.
```

可以看到字符串 str_a 和 str_b 被拼接在一起。

以上的字符串拼接程序也可以使用 join() 函数实现，代码如下：

```
str_a="Let's go,"
str_b="everybody."
result=''.join([str_a,str_b])
print(result)
```

2. 字符串查找

在指定的字符串中查找子串，在实际的使用过程中也比较常见。字符串抽象类 str 对查找字符串提供了两种函数 find() 和 rfind()，这两种函数的返回值都是查找到的子字符串的位置，如果没有找到对应的子字符串就会返回 -1。

str.find(sub,start[,end]) 表示在字符串索引 start 和 end 之间查找子字符串 sub，查找的顺序是从左向右逐个查找，如果找到，返回第一次找到子字符串的索引位置；如果没有找到，就返回 -1。如果没有指定 end 的值，表示一直查找到字符串的结尾；如果没有指定 start 的值，表示从索引 0 的位置开始查找。

str.rfind(sub,start[,end]) 和 find 的用法类似，只是查找子字符串的位置从右向左找。在 Python 中的测试代码如下：

```
find_str="This is used to test find sub string!"
print("str_len=",len(find_str))
print("find_str[21]=",find_str[21])
print("find_str.find('i')",find_str.find('i'))
print("find_str.find('i',3)",find_str.find('i',3))
print("find_str.rfind('i')",find_str.rfind('i'))
print("find_str.rfind('i',3,32)",find_str.rfind('i',3,32))
```

程序运行结果：

```
str_len=37
find_str[21]=f
find_str.find('i')=2
find_str.find('i',3)=5
find_str.rfind('i')=33
find_str.rfind('i',3,32)=22
```

3. 字符串和数值之间的转换

在实际的编程使用过程中，经常需要把字符串和数值相互转换，下面介绍字符串和数值之间相互转换的一些方法。

(1) 字符串转换为数值。字符串转换为数值可以用 int() 和 float() 函数实现，如果转换成功会返回转换后的数值，转换失败会引发异常。默认情况下 int() 函数都会将字符串当成十进制进行转换，如果需要按照指定进制进行转换，需要调用 int(待转换字符串,进制)。字符串转换成数值，在 Python 中的测试代码如下：

```
a=int('9')
print("a=",a)
b=float('9.6')
print("b=",b)
c=int('AB',16)
print("c=",c)
d=int('23',8)
print("d=",d)
```

程序运行结果：

```
a=9
b=9.6
c=171
d=19
```

(2) 数值转换为字符串。数值转换为字符串也有多种方法，可以调用 Python 的类函数 str()，也可以使用字符串格式化把数值转换成字符串。

①使用 str() 函数：可以使用 str() 函数将数值转换成字符串，例如，下面的程序中，将整型与浮点型通过 str() 函数转换成了字符串。

```
num=20
str_num=str(num)
print("str_num=",str_num)
num=10.5
str_num=str(num)
print("str_num=",str_num)
```

②字符串格式化：字符串格式化在 Python 中是一个强大的工具，允许以不同的方式格式化字符串，包括将数值转换为字符串。

格式化字符串需要调用 format() 函数实现，转换的测试代码如下：

```
a=('{0:.3f}'.format(123.123))
print("a=",a)
b=('{0:.1f}'.format(123.123))
print("b=",b)
c=('{0:10.3f}'.format(123.123))
print("c=",c)
d=('{1:.2f}'.format(123.123,321.321))
print("d=",d)
```

程序运行结果：

```
a=123.123
b=123.1
```

```
c=123.123
d=321.32
```

4. 字符串分割

字符串分割是将一个字符串按照指定的分隔符拆分成多个子字符串的过程。Python 中提供了 split() 函数用于字符串分割。

```
str_s="apple,banana,cherry"
str_list=str_s.split(",")
print("str_list=",str_list)
```

程序运行结果：

```
str_list=['apple','banana','cherry']
```

split(",") 会将 str_s 中的字符串按照逗号（,）进行拆分，拆分后的各个部分会被存储在一个新的列表 str_list 中。

5. 字符串字母的大小写转换

调用 lower() 函数可以把字符串的字符转换成小写，调用 upper() 函数可以把字符串的字符转换成大写。Python 语言中 lower() 函数和 upper() 函数的测试代码如下：

```
a="THIS IS STRING TO LOWER"
b=a.lower()
print("b=",b)
c="this is to upper"
d=c.upper()
print("d=",d)
```

程序运行结果：

```
b=this is string to lower
d=THIS IS TO UPPER
```

2.4 运 算 符

下面介绍 Python 语言中常用的一些运算符，运算符在程序设计过程中使用的非常广泛，合理使用运算符可以有效减少程序开发的复杂度，益于程序的阅读和维护。运算符包括算术运算符、赋值运算符、位运算符、关系运算符和逻辑运算符。

2.4.1 算术运算符

Python 中的运算符用来表示数值的算术运算，根据参数的不同分成一元运算符和二元运算符。

1. 一元运算符

一元运算符只有一个，即取反运算符 '-'，例如，-1 的取反为 1，1 的取反为 -1。在 Python 中的测试代码如下：

```
print("-1 reverse=",-(-1))
print("1 reverse=",-1)
```

程序运行结果:

```
-1 reverse=1
1 reverse=-1
```

2. 二元运算符

二元运算符是指可以对两个变量进行处理,二元运算符比较多,包括"+""–""*""/""%""**""//"。其中,"+"和"–"可以对字符串和元组进行操作,其他运算符只能对数值进行操作。具体使用说明见表2-3。

表2-3 二元算术运算符

运算符	名称	说 明	例子
+	加	可用于数字、序列等数据类型 对于数字类型是求和,其他类型是连接操作	a+b
-	减	求 a 减 b 的差值	a-b
*	乘	可用于数字、序列等数据类型 对于数字类型是求积,其他类型是重复操作	a*b
/	除	求 a 除以 b 的商	a/b
%	取余	求 a 除以 b 的余数	a%b
**	幂	求 a 的 b 次幂	a**b
//	地板除法	求小于 a 除以 b 商的最大整数	a//b

Python语言的测试代码如下:

```
print("10+2=",10+2)
print("10-2=",10-2)
print("10*2=",10*2)
print("10/2=",10/2)
print("10%2=",10%2)
print("10**2=",10**2)
print("10//2=",10//2)
print("Tom+Jerry=","tom"+"Jerry")
```

程序运行结果:

```
10+2=12
10-2=8
10*2=20
10/2=5.0
10%2=0
10**2=100
10//2=5
Tom+Jerry=tomJerry
```

2.4.2 赋值运算符

赋值运算符用来表示变量自身的变换。对变量进行某一操作后把计算出来的结果再赋值给原变量，从而达到修改原始变量的目的。赋值运算符见表 2-4。

表 2-4 赋值运算符

运算符	名称	例子	说明
+=	加赋值	a+=b	等价于 a=a+b
-=	减赋值	a-=b	等价于 a=a-b
*=	乘赋值	a*=b	等价于 a=a*b
/=	除赋值	a/=b	等价于 a=a/b
%=	取余赋值	a%=b	等价于 a=a%b
**=	幂赋值	a**=b	等价于 a=a**b
//=	地板除法赋值	a//=b	等价于 a=a//b
&=	位与赋值	a&=b	等价于 a=a&b
|=	位或赋值	a|=b	等价于 a=a|b
^=	位异或赋值	a^=b	等价于 a=a^b
<<=	左移赋值	a<<=b	等价于 a=a<<b
>>=	右移赋值	a>>=b	等价于 a=a>>b

Python 语言的测试代码如下：

```
a=10
b=2
a+=b
print("a+=b=",a)
a=10
a-=b
print("a-=b=",a)
a=10
a*=b
print("a*=b=",a)
a=10
a/=b
print("a/=b=",a)
a=10
a%=b
print("a%=b=",a)
a=10
a<<=b
print("a<<=b=",a)
```

程序运行结果：

```
a+=b=12
a-=b=8
a*=b=20
```

```
a/=b=5.0
a%=b=0
a<<=b=40
```

2.4.3 位运算符

位运算符是以二进制的位（bit）为单位进行算术运算，计算出的结果作为原始数据的值。位运算符见表 2-5。

表 2-5 位运算符

运算符	名称	例子	说明
~	位反	~a	将 a 的值按位取反
&	位与	a & b	a 与 b 进行按位与运算
|	位或	a|b	a 与 b 进行按位或运算
^	位异或	a^b	a 与 b 进行按位异或运算
>>	右移	a>>b	a 右移 b 位，高位采用符号位补位
<<	左移	a<<b	a 左移 b 位，低位用 0 补位

位运算符的测试代码如下：

```
a=0b10101010
b=0b01010101
print("a & b=",a & b)
print("a|b=",a|b)
print("a^b=",a^b)
print("a>>2=",a>>2)
print("a<<2=",a<<2)
print("~a=",~a)
```

程序运行结果：

```
a & b=0
a|b=255
a^b=255
a>>2=42
a<<2=680
~a=-171
```

2.4.4 关系运算符

关系运算符的意思是用来比较两个表达式的关系，两个表达式的关系要么是真，要么是假，即 True 和 False，关系运算符有 6 种，即 ==、!=、>、<、>=、<=。Python 语言的测试代码如下：

```
a=10
b=11
print("a>b",a>b)
print("a<b",a<b)
```

```
print("a>=b",a>=b)
print("a<=b",a<=2)
print("a==b",a==2)
print("a!=b",a!=b)
```

程序运行结果：

```
a>b False
a<b True
a>=b False
a<=b False
a==b False
a!=b True
```

2.4.5 逻辑运算符

逻辑运算符对布尔型变量进行运算，其结果也是布尔型，见表 2-6。

表 2-6 逻辑运算符

运算符	名称	例子	说明
not	逻辑非	not a	a 为 True 时，值为 False，a 为 False 时，值为 True
and	逻辑与	a and b	a、b 全为 True 时，计算结果为 True，否则为 False
or	逻辑或	a or b	a、b 全为 False 时，计算结果为 False，否则为 True

Python 语言中的逻辑运算符包括逻辑与、逻辑或和逻辑非。其中逻辑与的第一个参数为 False，则逻辑表达式的结果为 False，逻辑或的第一个参数为 True 时则逻辑表达式的结果为 True。例如，test_a and test_b，如果 test_a 的值为 False，无论 test_b 的结果为 True 还是 False，逻辑表达式的结果都为 False；test_a or test_b，如果 test_a 的值为 True，无论 test_b 的值为 True 还是 False，逻辑表达式的结果都为 True。Python 语言的测试代码如下：

```
a=0
b=11
c=0
print("a and b=",a and b)
print("a and c=",a and c)
c=1
print("a and b=",a and b)
print("a and b=",a and c)
print("not a=",not a)
print("not b",not b)
```

程序运行结果：

```
a and b=0
a and c=0
a and b=0
a and b=0
not a=True
not b=False
```

2.4.6 成员运算符

成员运算符用来识别某一元素是否包含在变量中,可用于字符串、列表或元组,见表 2-7。

表 2-7 成员运算符

运算符	例子	说 明
in	a in list	如果在指定的 list 序列中找到 a 返回 True,否则返回 False
not in	a not in list	如果在指定的 list 序列中不能找到 a 返回 True,否则返回 False

2.4.7 身份运算符

身份运算符用于判断两个对象的存储单元是否相同,返回的结果都是 True 或者 False,见表 2-8。

表 2-8 身份运算符

运算符	例子	说 明
is	a is b	判断两个数据引用对象是否一致
is not	a is not b	判断两个数据引用对象是否不一致

2.4.8 运算符的优先级

前面介绍了很多种运算符,在实际使用过程中会有多种运算符组合使用的情况。因此,需要知道运算符的优先级才能在使用过程中根据场景选择最合适运算符。运算符的优先级见表 2-9。

表 2-9 运算符优先级

优先级	运算符	说明
1	()	小括号
2	f(参数)	函数调用
3	[start:end]、[start,end,step]	分片
4	[index]	下标
5	.	引用类成员
6	**	幂
7	~	位反
8	+、-	正负号
9	*、/、%	乘法、除法、取余
10	+、-	加法、减法
11	<<、>>	位移
12	&	位与
13	^	位异或

续表

优先级	运算符	说明
14	|	位或
15	in、not in、is、is not、<、<=、>、>=、<>、!=、==	比较
16	not	逻辑非
17	and	逻辑与
18	or	逻辑或
19	lambda	Lambda 表达式

从表 2-9 中可以看到运算符从高到低是：算术运算符 > 位运算符 > 关系运算符 > 逻辑运算符 > 赋值运算符。

小 结

本章对一些比较重要的运算符做了详细讲解，并结合运算符给出详细的实例和测试结果，帮助读者掌握算术运算符、逻辑运算符、位运算符、关系运算符、成员运算符、身份运算符的使用方法和技巧。

习 题

一、填空题

1. 100 的二进制数为 _____，八进制数为 _____，十进制数为 _____。
2. $a<b<c$ 用程序应该写为 _____。
3. 根据运算符优先级计算程序：not 1 or 0 and 1 or 3 and 4 or 5 and 6 or 7 and 8 and 9 的执行结果 _____。
4. 如何判断一个数是奇数还是偶数，用运算符实现 _____。
5. a=1
   b=2
   not(a+b) or(a+b) 的值为 _____。

二、单选题

1. 有如下程序，执行结果是（　　）。

```
a=16
b=0x16
```

求 a+b，a or b 的值。

  A. 16　1   B. 16　16   C. 112　1   D. 112　16

2. A=1e2，A 的八进制数值为（   ）。

    A. 100   B. 0x144   C. 0x64   D. 0o144

3. a=100

a/8、a%8、a//8 的值为（   ）。

    A. 12.5 4 12   B. 12 4 12

    C. 12.5 12 12   D. 12.5 4 4

4. a="abcdefgh"

   print(a[::-2]) 程序的执行结果为（   ）

    A. aceg   B. hfdb   C. abcdef   D. ab

5. 有如下程序，执行结果为（   ）。

```
a=16/4-2**5*8/4%5/2
print(a)
```

    A. 14   B. 4   C. 2   D. 2.0

三、编程题

1. 用 Python 语言判断某一年是闰年还是平年，例如，2000 年闰年，2014 年是平年。

2. 根据三角形三条边的长度判断是否可以构成一个三角形。

3. 鸡兔同笼问题，一个笼子里面关了若干只鸡和兔子（鸡有 2 只脚，兔子有 4 只脚，没有例外的情况）。假设笼子里动物总的脚的数目为 n，用 Python 语言计算此时至少有多少只动物，至多有多少只动物。

第 3 章 列表、元组、字典和集合

学习目标

◎掌握列表的概念和使用方法。
◎掌握元组的概念和使用方法。
◎掌握字典的概念和使用方法。
◎掌握集合的概念和使用方法。

在 Python 语言程序设计过程中，需要对不同的数据进行存储。为了方便数据的管理，Python 中引用了多种常用的数据结构：列表、元组、字典和集合。本章将结合具体的实例介绍列表、元组、字典和集合四种数据结构的基本使用方法。实践表明，熟练掌握数据结构的使用方法可以有效地提高项目开发效率，因此本章在 Python 的整个学习过程中都非常重要。

3.1 列　　表

列表是包含若干元素的序列结构，用来存储和处理大量的数据。列表中的每一个数据称为元素，这些元素的数据类型可以是相同的也可以是不同的。列表用一对中括号 [] 把所有的元素括起来，各个元素之间用逗号分隔，可以对列表中的元素执行增加、删除、查找、修改等操作。

3.1.1 列表创建与删除

创建列表可以使用 list() 函数或者用中括号把元素括起来，用法：list=[elem] 或 list=list((elem))。Python 语言的测试代码如下：

```
list_a=[20,30,10 ,15,8]
list_b=list((20,30,10,15,8))
print("list_a=",list_a)
print("list_b=",list_b)
```

程序运行结果：

```
list_a=[20,30,10,15,8]
list_b=[20,30,10,15,8]
```

删除列表直接调用 del 把列表删除，把列表删除后再尝试访问列表会报错，用法：del 列表名。测试代码如下所示：

```
list_a=[20,30,10 ,15,8]
list_b=list((20,30,10 ,15,8))
print("list_a=",list_a)
print("list_b=",list_b)
del list_a
print("list_a=",list_a)
```

测试结果如图 3-1 所示：

```
Traceback (most recent call last):
  File "C:\Users\Administrator\AppData\Local\Programs\Python\Python312\test.py", line 6, in <module>
    print("list_a = ", list_a)
NameError: name 'list_a' is not defined. Did you mean: 'list_b'?
```

图 3-1　列表删除测试结果

3.1.2　访问列表元素

1. 通过索引访问列表元素

列表中的每个元素都有一个索引值，可以通过索引访问列表中的每个元素。所有元素的索引从 0 开始，即 list_a[0]，元素索引的最大值为 len(list_a)-1，列表最后一个元素的值为 list_a[len(list_a)-1]。也可以通过负值访问列表元素，将从列表的末端开始访问列表元素，最后一个元素的索引值为 -1。试图访问不存在的索引值会出错。测试代码如下：

```
list_a=[20,30,10 ,15,8]
print("list_a[0]=",list_a[0])
print("list_a[4]=",list_a[4])
print("list_a[-1]=",list_a[-1])
print("list_a[-3]=",list_a[-4])
```

程序运行结果：

```
list_a[0]=20
list_a[4]=8
list_a[-1]=8
list_a[-3]=30
```

2. 通过切片访问列表元素

除使用索引访问列表元素的值之外，也可以使用切片访问指定范围内列表元素的值。列表变量名 [start:end:step]，step 的默认值为 1，返回从索引 start 到 end-1 范围内列表的值。start 和 end 的值可以省略，若 start 省略则 start 为 0，若 end 省略则 end 为 len(列表名)-1。测试代码如下：

```
list_a=[0,1,2,3,4,5,6,7]
print("list_a[0:8]=",list_a[0:8])
print("list_a[:8]=",list_a[:8])
print("list_a[0:]=",list_a[0:])
```

```
print("list_a[3:8]=",list_a[3:8])
print("list_a[3:8:2]=",list_a[3:8:2])
```

程序运行结果：

```
list_a[0:8]=[0,1,2,3,4,5,6,7]
list_a[:8]=[0,1,2,3,4,5,6,7]
list_a[0:]=[0,1,2,3,4,5,6,7]
list_a[3:8]=[3,4,5,6,7]
list_a[3:8:2]=[3,5,7]
```

3.1.3 增加列表元素

Python 提供了多种方法向列表中添加元素。

（1）使用"+"向列表中添加一个元素。"+"的实际意义是新建一个列表，并将原列表中的元素和新元素一次性复制到新列表中，因为会有大量的数据复制，导致添加新元素的速度较慢，在涉及大量数据操作时很少使用这种方法，用法：列表名 +[elem]。测试代码如下：

```
list_a=[20,30,10 ,15,8]
list_a=list_a+[6]
print("list_a=",list_a)
```

程序运行结果：

```
list_a=[20,30,10,15,8,6]
```

（2）使用 append() 函数，这种方式只能向列表的末尾添加元素，用法：列表名 .append(元素)。测试代码如下：

```
list_a=[20,30,10 ,15,8]
list_a.append(6)
print("list_a=",list_a)
```

程序运行结果：

```
list_a=[20,30,10,15,8,6]
```

（3）使用 extend() 函数，这种方法把另一个对象的所有元素添加到列表末尾，和 append() 函数不同的是，extend() 可以向队列末尾添加多个元素，append() 只能添加一个元素。测试代码如下：

```
list_a=[20,30,10 ,15,8]
list_b=[20,31,11 ,15,8]
list_a.extend(list_b)
print("list_a=",list_a)
```

程序运行结果：

```
list_a=[20,30,10,15,8,20,31,11,15,8]
```

（4）使用 insert() 函数，该函数可以向列表的任何位置添加元素。测试代码如下：

```
list_a=[20,30,10 ,15,8]
list_a.insert(2,9)
list_a.insert(5,7)
list_a.insert(4,6)
print("list_a=",list_a)
```

程序运行结果：

```
list_a=[20,30,9,10,6,15,7,8]
```

3.1.4　查找列表中的元素

Python 语言提供了多种方法用来查找列表中的元素。

（1）使用 in 和 not in 判断某个元素是否在列表中，in 表示元素在列表中，如果元素存在返回 True，如果元素不存在返回 False；not in 恰好相反，元素不存在返回 True，元素存在则返回 False。测试代码如下：

```
list_a=[20,30,10 ,15,8]
print(20 in list_a)
print(40 in list_a)
print(20 not in list_a)
print(40 not in list_a)
```

程序运行结果：

```
True
False
False
True
```

（2）count() 函数用来统计某一元素在队列中出现的次数。用法：元素出现的次数 = 列表名 .count(elem)。测试代码如下：

```
list_a=[20,30,10 ,15,8,20,40,20]
print(list_a.count(20))
print(list_a.count(30))
print(list_a.count(6))
```

程序运行结果：

```
3
1
0
```

（3）index() 函数用来查找指定元素在列表中首次出现的位置，也可以在指定区域内进行查找。用法：列表名 .index(elem,start_index,end_index)，需要注意列表的索引从 0 开始，最大索引值是"元素个数 -1"。测试代码如下：

```
list_a=[20,30,10 ,15,8,20,40,20]
```

```
print(list_a.ind ex(20))
print(list_a.index(20,1,6))
print(list_a.index(20,1,8))
```

程序运行结果:

```
0
5
5
```

3.1.5 删除列表元素

把元素从列表中删除也有多种方法可以实现,remove()、pop()、del() 函数只能用来删除元素,但 del 可以用来删除整个列表。

(1)使用 remove() 函数:从左到右查找列表中的元素,如果找到指定的元素,则直接删除;如果元素有多个,只会删除第一个;如果没有找到需要删除的元素,则抛出异常。测试代码如下:

```
list_a=[20,30,10 ,15,8,20,40,20]
list_a.remove(20)
print("list_a=",list_a)
list_a.remove(25)
print("list_a=",list_a)
```

程序运行结果如图 3-2 所示:

```
list_a =  [30, 10, 15, 8, 20, 40, 20]
Traceback (most recent call last):
  File "C:\Users\Administrator\AppData\Local\Programs\Python\Python312\test.py", line 4, in <module>
    list_a.remove(25)
ValueError: list.remove(x): x not in list
```

图 3-2 remove() 函数使用测试结果

(2)使用 pop() 函数:该函数也会删除列表中的元素,但它的返回值是成功删除的元素。pop(i) 表示删除索引为 i 的元素的值,如果 i 的值不指定,则表示删除最后一个元素。测试代码如下:

```
list_a=[20,30,10 ,15,8,20,40,20]
pop_param=list_a.pop(2)
print("pop_param=",pop_param)
print("list_a=",list_a)
pop_param=list_a.pop()
print("pop_param=",pop_param)
print("list_a=",list_a)
```

程序运行结果:

```
pop_param=10
list_a=[20,30,15,8,20,40,20]
pop_param=20
list_a=[20,30,15,8,20,40]
```

（3）使用 del() 函数：该函数不仅可以删除整个列表，也可以删除列表中的某个元素。测试代码如下：

```
list_a=[20,30,10 ,15,8,20,40,20]
del list_a[2]
print("list_a=",list_a)
del list_a[5]
print("list_a=",list_a)
```

程序运行结果：

```
list_a=[20,30,15,8,20,40,20]
list_a=[20,30,15,8,20,20]
```

3.1.6 修改列表元素

修改列表元素即把列表中某个元素的值替换掉，用"="直接修改索引的值即可达到目的。测试代码如下：

```
list_a=[20,30,10 ,15,8,20,40,20]
list_a[0]=50
print("list_a=",list_a)
list_a[6]=80
print("list_a=",list_a)
```

程序运行结果：

```
list_a=[50,30,10,15,8,20,40,20]
list_a=[50,30,10,15,8,20,80,20]
```

3.1.7 列表的运算

列表支持一些简单的"+"和"*"运算。"+"用来将两个列表元素合并在一起产生新的列表：列表名1+列表名2。"*"将列表中的元素重复 N 次：N*列表名。测试代码如下：

```
list_a=[0,1]
list_b=[2,3]
print("list_a+list_b=",list_a+list_b)
print("3*list_a=",3*list_a)
```

程序运行结果：

```
list_a+list_b=[0,1,2,3]
3*list_a=[0,1,0,1,0,1]
```

3.1.8 常用方法

Python 语言中列表的操作方法非常多，常用的方法见表 3-1。此外，还有如下一些其他方法：

（1）reverse()：列表的反转，把列表中所有元素进行反转。

（2）copy()：列表的复制，新建一个新的列表。
（3）clear()：清除列表中的所有元素，但是列表还存在，还可以对表进行其他操作。
（4）len(列表名)：获取列表中元素的个数。
（5）max(列表名)：列表中元素的最大值。
（6）min(列表名)：列表中元素的最小值。
（7）sum(列表名)：列表中所有元素的和。

表 3-1　列表对象常用的方法

方法	说　　明
list.append(x)	把元素 x 添加到列表末尾
list.extend(L)	把列表 L 中的所有元素添加到列表末尾
list.insert(index,x)	在列表指定的位置 index 处添加元素 x
list.remove(x)	在列表中输出首次出现的指定元素 x
list.pop([index])	删除并返回列表对象指定位置的元素，默认是列表的最后一个元素
list.clear()	删除列表中所有的元素，但保留列表对象
list.index(x)	返回值为 x 的首个元素出现的下标，若元素不存在则抛出异常
list.count(x)	返回指定元素 x 出现的次数
list.reverse()	对列表中的所有元素进行翻转
list.sort()	对列表中的所有元素进行排序
list.copy()	返回列表对象的浅复制，只适用于 Python 3.x

3.2　元　　组

元组和列表类似，都是用于存储数据的序列结构，和列表不同的是元组中的元素不可修改，无法执行任何修改元组的操作，如果需要修改数据，只能重新创建一个元组序列。

3.2.1　创建元组

Python 语言中有多种方法可以给元组赋值。

（1）同列表类似，可以用"="给元组赋值，不同的是元组用小括号把所有元素括起来，元素之间用逗号分隔。用法：

```
元组名=(elem,elem,…)
```

（2）可以用 tuple() 函数给元组赋值，用法：

```
元组名=tuple("elem")
```

（3）通过切片给元组赋值。测试代码如下：

```
a=(20,30,10 ,15,8,20,40,20)
print("a=",a)
b=tuple("1234567")
print("b=",b)
a=[20,30,10 ,15,8,20,40,20]
c=tuple(a)
print("c=",c)
print("a=",tuple(a[3:]))
```

程序运行结果：

```
a=(20,30,10,15,8,20,40,20)
b=('1','2','3','4','5','6','7')
c=(20,30,10,15,8,20,40,20)
a=(15,8,20,40,20)
```

3.2.2　元组的基本操作

虽然元组中的元素不可以修改，但也可以实现一些基本的功能，如反转、通过索引访问元素的值、元组的拼接和遍历等。

（1）使用 reversed() 函数实现元组中元素的逆序，使用方法：

```
tuple(reversed(元组名))  #reversed()返回的是reversed类型，需要再转成tuple
```

（2）通过索引访问元组中的元素，元组名 [index]，index 的起始值最小值为 0，最大值为元组的元素个数 -1。也可以通过负值访问元组中的元素，-1 表示元组的最后一个元素的索引值。

（3）同列表类似，可以通过切片访问范围区域内元素的值，元组名 [start:end:step]，start 的默认值为 0，end 的默认值为最大元素索引值 -1，step 的默认值为 1。

（4）使用"+"可以把两个元组拼接在一起，使用方法：

```
元组 a+ 元组 b
```

（5）使用 in 或 not in 判断元组中是否存在某个元素。
（6）使用 for 循环遍历元组中所有的元素。
（7）只能使用 del 删除整个元组。
（8）不能向元组中插入、删除和修改元素。

测试代码如下：

```
a=(20,30,10 ,15,8,20,40,20)
b=tuple(reversed(a))
print("a[2]=",a[2])
print("a[3]=",a[3])
print("b[2]=",b[2])
print("b[3]=",b[3])
print("b[3:]=",b[3:])
print("b[:5]=",b[:5])
print("b[3:8:2]=",b[3:8:2])
```

```
print("b[-1]=",b[-1])
c=('a','b','c')
print("a+c=",a+c)
print("20 in c=",20 in c)
print("'a' in c=",'a' in c)
print("20 not in c=",20 not in c)
print("'a' in c=",'a' in c)
for index,value in enumerate(c):
    print(index,value)
```

程序运行结果：

```
a[2]=10
a[3]=15
b[2]=20
b[3]=8
b[3:]=(8,15,10,30,20)
b[:5]=(20,40,20,8,15)
b[3:8:2]=(8,10,20)
b[-1]=20
a+c=(20,30,10,15,8,20,40,20,'a','b','c')
20 in c=False
'a' in c=True
20 not in c=True
'a' in c=True
0 a
1 b
2 c
```

3.3 字　　典

字典的结构比较复杂，它的每个元素都由键和值（key-value）两部分组成，每个元素的键不能相同，值可以相同。键和值之间用冒号分隔，元素之间用逗号分隔，所有元素用大括号括起来。

3.3.1 字典的创建和删除

可以使用"="直接创建字典，也可以使用dict()函数把列表转换成字典，也可以使用字典名={}创建一个空字典。Python的测试代码如下：

```
dict_a={'phone':'apple','fruit':'banana','name':'tomy'}
print("dict_a=",dict_a)
keys=['phone','fruit','name']
values=['apple','banana','tomy']
dict_b=dict(zip(keys,values))
print("dict_b=",dict_b)
c=(123,'小张')
d=(456,'小明')
e=(789,'小马')
```

```
f=[c,d,e]
print('dict_f=',dict(f))
```

程序运行结果：

```
dict_a={'phone':'apple','fruit':'banana','name':'tomy'}
dict_b={'phone':'apple','fruit':'banana','name':'tomy'}
dict_f={123:'小张',456:'小明',789:'小马'}
```

直接用"del 字典名"就可以把字典删除。尝试访问已经删除的字典，系统会报错。

3.3.2 字典元素的访问与修改

访问字典某个元素的值有多种方法可以使用。

（1）与列表类似，可以通过索引访问字典的某个元素，不同的是索引必须是字典的"键"，而列表和元组的索引是整数值。如果"键"不存在就会抛出异常。

（2）使用 get(key[,default]) 函数，通过键获取对应元素的值，如果键不存在，则返回默认值。

（3）使用 items() 函数返回字典所有的键值对。

（4）使用 keys() 函数返回字典所有元素的键。

（5）使用 values() 函数返回字典所有元素的值。

测试代码如下：

```
dict_a={'phone':'apple','fruit':'banana','name':'tomy'}
print("dict_a['phone']=",dict_a['phone'])
print("dict_a['name']=",dict_a['name'])
print("get('phone')=",dict_a.get('phone'))
print("get('age',10)=",dict_a.get('age',10))
print("dict_a.items()=",dict_a.items())
print("dict_a.keys()=",dict_a.keys())
print("dict_a.values()=",dict_a.values())
```

程序运行结果：

```
dict_a['phone']=apple
dict_a['name']=tomy
get('phone')=apple
get('age',10)=10
dict_a.items()=dict_items([('phone','apple'),('fruit','banana'),('name','tomy')])
dict_a.keys()=dict_keys(['phone','fruit','name'])
dict_a.values()=dict_values(['apple','banana','tomy'])
```

通过"="可以把键对应的值进行修改。测试代码如下：

```
dict_a={'phone':'apple','fruit':'banana','name':'tomy'}
print("dict_a['phone']=",dict_a['phone'])
dict_a['phone']='huawei'
print("dict_a['phone']=",dict_a['phone'])
```

测试结果如下所示，可以发现键 'phone' 的值被修改成 'huawei'。

```
dict_a['phone']=apple
dict_a['phone']=huawei
```

3.3.3　字典元素的运算符操作

具体操作方法如下：

（1）使用 in 或 not in 判断一个键是否在字典中。

（2）用 is 或 is not 判断两个字典是否是同一个对象。

测试代码如下：

```
dict_a={'phone':'apple','fruit':'banana','name':'tomy'}
dict_b={'age':'10','height':'110','sex':'male'}
print("'phone' in dict_a=",'phone' in dict_a)
print("'phone' not in dict_b=",'phone' not in dict_b)
print("dict_a is dict_b=",dict_a is dict_b)
print("dict_a is not dict_b=",dict_a is not dict_b)
```

程序运行结果：

```
'phone' in dict_a=True
'phone' not in dict_b=True
dict_a is dict_b=False
dict_a is not dict_b=True
```

3.3.4　删除字典元素

删除字典元素包括删除一个字典元素和删除所有字典元素。删除一个元素使用 del(keys) 函数，删除所有字典元素使用 clear() 函数。测试代码如下：

```
dict_a={'Name':'Zara','Age':'7','Class':'First'}
print("dict_a=",dict_a)
del(dict_a['Name'])
print("dict_a=",dict_a)
dict_a.clear()
print("dict_a=",dict_a)
del(dict_a)
print("dict_a=",dict_a)
```

测试结果如图 3-3 所示，从测试结果中可以看出，clear() 函数仅仅是删除字典的元素，但是字典还存在，可以访问，但是删除字典后，字典就不能再被访问，否则会报出异常。

除此之外，还可以使用 pop() 和 popitem() 函数，pop(keys[,default]) 函数删除键值对时，如果键值不存在，则返回默认值 default。用 popitem() 函数可以删除最末尾的键值对，返回值是删除的键值对构成的字典元素。

```
dict_a =  {'Name': 'Zara', 'Age': '7', 'Class': 'First'}
dict_a =  {'Age': '7', 'Class': 'First'}
dict_a =  {}
Traceback (most recent call last):
  File "C:\Users\Administrator\AppData\Local\Programs\Python\Python312\test.py", line 8, in <module>
    print("dict_a = ", dict_a)
NameError: name 'dict_a' is not defined. Did you mean: 'dict'?
```

图 3-3　删除字典元素的测试结果

测试代码如下：

```
dict_a={'Name':'Zara','Age':'7','Class':'First'}
print("dict_a=",dict_a)
print("dict_a.pop('Name')=",dict_a.pop('Name'))
print("dict_a.pop('Phone')=",dict_a.pop('Phone','Not exist'))
print("dict_a=",dict_a)
print("dict_a.popitem()=",dict_a.popitem())
print("dict_a=",dict_a)
```

程序运行结果：

```
dict_a={'Name':'Zara','Age':'7','Class':'First'}
dict_a.pop('Name')=Zara
dict_a.pop('Phone')=Not exist
dict_a={'Age':'7','Class':'First'}
dict_a.popitem()=('Class','First')
dict_a={'Age':'7'}
```

3.3.5　字典的复制和更新

1. 字典的两种复制方式

字典有两种复制方式，分别是浅复制 copy() 和深复制 deepcopy()。浅复制没有对子对象进行复制，原字典子对象数据改变时，复制对象子对象内部的数据也会改变。深复制对子对象也进行复制，原字典子对象数据改变时，复制对象子对象内部的数据不会变化。测试代码如下：

```
import copy
dict_a={'phone':['apple','huawei'],'fruit':['banana','orange']}
dict_b=dict_a.copy()
print("dict_b=",dict_b)
dict_a['phone'].append('xiaomi')
print("dict_a=",dict_a)
print("dict_b=",dict_b)
print("------------------------------------------")
dict_a={'phone':['apple','huawei'],'fruit':['banana','orange']}
dict_b=copy.deepcopy(dict_a)
print("dict_b=",dict_b)
dict_a['phone'].append('xiaomi')
print("dict_a=",dict_a)
print("dict_b=",dict_b)
```

程序运行结果：

```
dict_b={'phone':['apple','huawei'],'fruit':['banana','orange']}
dict_a={'phone':['apple','huawei','xiaomi'],'fruit':['banana','orange']}
dict_b={'phone':['apple','huawei','xiaomi'],'fruit':['banana','orange']}
----------------------------------------
dict_b={'phone':['apple','huawei'],'fruit':['banana','orange']}
dict_a={'phone':['apple','huawei','xiaomi'],'fruit':['banana','orange']}
dict_b={'phone':['apple','huawei'],'fruit':['banana','orange']}
```

2．更新字典

更新字典调用 update() 函数，测试代码如下：

```
dict_a={'phone':['apple','huawei'],'fruit':['banana','orange']}
dict_b={'phone':['xiaomi']}
dict_c={'name':['tomy']}
dict_a.update(dict_b)
print('dict_a=',dict_a)
dict_a.update(dict_c)
print('dict_a=',dict_a)
```

程序运行结果：

```
dict_a={'phone':['xiaomi'],'fruit':['banana','orange']}
dict_a={'phone':['xiaomi'],'fruit':['banana','orange'],'name':['tomy']}
```

3.3.6　字典的遍历

字典的遍历包括键遍历和值遍历，也可以同时遍历。测试代码如下：

```
dict_a={'Name':'Zara','Age':'7','Class':'First'}
print("....键遍历....")
for key in dict_a:
    print("keys=",key)

print("....值遍历....")
for value in dict_a.values():
    print("value=",value)

print("....键:值遍历....")
for key,value in dict_a.items():
    print("key:{0} values: {1}".format(key,value))
```

程序运行结果：

```
....键遍历....
keys=Name
keys=Age
keys=Class
....值遍历....
value=Zara
value=7
value=First
```

```
....键：值遍历....
key:Name values: Zara
key:Age values: 7
key:Class values: First
```

3.4 集　　合

集合是一种可迭代的、无序的且所有元素不能重复的数据结构。和序列的区别是序列中的元素可以重复出现，而集合中的元素是唯一的。集合分为可变集合和不可变集合，不可变集合不能被修改，这里不作讨论，接下来讨论的都是可变集合。

3.4.1 集合的创建

可以使用多种方法创建集合：

（1）使用 {} 将所有元素括起来，元素之间用逗号分隔。若元素有重复的，创建时会自动剔除重复的元素。

（2）使用 set() 函数将字符串、列表、元组等其他数据结构转换成集合，若原始数据中有重复的只会保留一个。

集合创建的测试代码如下：

```
set_a={1,2,3}
print("set_a=",set_a)
set_b={1,2,3,1,2,3}
print("set_a=",set_b)
set_c=set([1,2,3])
print("set_c=",set_c)
set_d=set("abcd")
print("set_d=",set_d)
```

程序运行结果：

```
set_a={1,2,3}
set_a={1,2,3}
set_c={1,2,3}
set_d={'b','d','a','c'}
```

3.4.2 集合的访问与修改

集合的元素和字典一样是无序的，但没有字典键值对的概念，所以无法通过索引访问集合中的元素，只能通过集合名整体输出或通过 for 循环实现元素的遍历。

访问集合的测试代码如下：

```
set_a={1,2,3}
print("set_a=",set_a)
for a in set_a:
    print("a=",a)
```

程序运行结果：

```
set_a={1,2,3}
a=1
a=2
a=3
```

集合类似于列表，可以对集合中的元素进行插入和删除。
（1）add(元素)：添加元素，如果元素存在则不能添加。
（2）remove(元素)：删除元素，如果元素不存在，抛出错误。
（3）discard(元素)：删除元素，如果元素不存在，不抛出错误。
（4）pop()：删除返回集合中任意一个元素，返回值是删除的元素。
（5）clear()：清除集合。

测试代码如下：

```
set_a={1,2,3,4,5,6,7}
set_a.add(1)
set_a.add(10)
print("set_a.add()=",set_a)
set_a.remove(10)
print("set_a.remove()=",set_a)
set_a.discard(8)
print("set_a.discard()=",set_a)
set_a={1,2,3,4,5,6,7}
print("set_a.pop()=",set_a.pop())
set_a.clear()
print("set_a.clear()=",set_a)
```

程序运行结果：

```
set_a.add()={1,2,3,4,5,6,7,10}
set_a.remove()={1,2,3,4,5,6,7}
set_a.discard()={1,2,3,4,5,6,7}
set_a.pop()=1
set_a.clear()=set()
```

3.4.3　集合的删除

调用 del 删除整个集合：del 集合名。集合删除的测试代码如下：

```
set_a={1,2,3,4,5,6,7}
print("set_a=",set_a)
del set_a
print("set_a=",set_a)
```

测试结果如图 3-4 所示。

```
set_a =  {1, 2, 3, 4, 5, 6, 7}
Traceback (most recent call last):
  File "C:\Users\Administrator\AppData\Local\Programs\Python\Python312\test.py", line 4, in <module>
    print("set_a = ", set_a)
NameError: name 'set_a' is not defined
```

图 3-4　集合的删除

3.4.4　集合的运算符操作

集合支持多种运算符操作，总结如下：

（1）"&"集合的交集。

（2）"|"集合的并集。

（3）in 和 not in 用来判断元素是否在集合中。

（4）is 和 is not 用来判断两个集合是否是同一个对象。

（5）"=="和"!="用来判断两个集合的元素是否相同。

测试代码如下：

```
set_a={1,2,3,4}
set_b={5,6,7,4}
print("set_a & set_b=",set_a & set_b)
print("set_a|set_b=",set_a|set_b)
print("3 in set_a=",3 in set_a)
print("3 not in set_b=",3 not in set_b)
print("id(set_a)=",id(set_a))
print("id(set_b)=",id(set_b))
print("set_a is set_b=",set_a is set_b)
print("set_a is not set_b=",set_a is not set_b)
print("set_a==set_b=",set_a==set_b)
print("set_a=",set_a)
print("set_b=",set_b)
print("set_a!=set_b=",set_a!=set_b)
```

程序运行结果：

```
set_a & set_b={4}
set_a|set_b={1,2,3,4,5,6,7}
3 in set_a=True
3 not in set_b=True
id(set_a)=2982754481568
id(set_b)=2982754478656
set_a is set_b=False
set_a is not set_b=True
set_a==set_b=False
set_a={1,2,3,4}
set_b={4,5,6,7}
set_a!=set_b=True
```

小　结

本章主要介绍了Python语言中的几种数据结构：列表、元组、字典和集合，通过学习可以让读者掌握这几种数据结构的概念和一些常用的操作方法，在实际编程过程中可以高效地使用这些方法对数据进行操作。列表中的元素是有序的、可重复的，可通过索引进行访问；元组中的元素是不可变的，元组一旦创建就不能修改；字典有键值对，其中键是唯一的，可通过键对数据进行访问；集合中的元素是无序的且不能重复。

习　题

一、填空题

1. 使用 _____ 方法可以访问队列中指定索引的元素值。
2. 假设列表有 N 个元素，第一个元素的索引值是 _____，最后一个元素的索引值是 _____。
3. 已知 x=[1,2,3,4]，执行语句 x.pop() 后，x 的值为 _____。
4. 已知 b=(1,2,3,4)，则 b[1]=_____，b[3]=_____。
5. 字典中"键值对"的键值可以相同 _____（是否）。
6. 集合中的元素可以重复 _____（是否）。

二、单选题

1. 有如下程序，执行结果是（　　）。

```
list=[3,2,1]
list.append(list[1])
print("list=",list)
```

  A. [3,2,1,1]　　　　B. [3,2,1,2]　　　　C. [3,2,1,3,2,1]　　　　D. 异常

2. 有如下程序，执行结果是（　　）。

```
list=(3,2,1)
list.append(list(1))
print("list=",list)
```

  A. [3,2,1,1]　　　　B. [3,2,1,2]　　　　C. [3,2,1,3,2,1]　　　　D. 异常

3. 以下（　　）语句定义了一个字典。

  A. {}　　　　　　　B. {1,2,3}　　　　　C. [1,2,3]　　　　　　D. (1,2,3)

4. 下列（　　）类型的数据是不可以变化的。

  A. 列表　　　　　　B. 元组　　　　　　C. 字典　　　　　　　D. 以上三个

5. 有如下程序，执行结果是（　　）。

```
dict_a={'num1':1,'num2':2,'num3':3}
```

```
for key in dict_a:
    dict_a[key]=dict_a[key]+3
print(dict_a['num3']+3)
```

  A. 3   B. 6   C. 9   D. 4,5,6

三、编程题

1. 假设队列的值是：[1,22,34,27,3,58,69,100,3,48,95,20]。

(1) 查找元素 3 所在的索引。

(2) 反向查找元素 3 所在的索引。

(3) 查找所有大于或小于 50 的元素。

(4) 从元素 38 开始查找元素 3 所在的索引。

(5) 把索引为 7 的元素的值修改为 66。

2. 有如下元组，name=("jack","jason"," 小明 "," 小李 ","George")。

(1) 计算元组的长度。

(2) 获取元组的第二个元素。

(3) 是否可以修改元组的第二个元素的值。

(4) 遍历元组所有元素的值并输出。

3. 有如下字典 dic={"a1":"11","a2":"22","a3":[11,22,33] ,"a4":"44" }

(1) 输出字典中所有的键及所有的值。

(2) 在字典中添加键值对 "a4":"55" 后输出整个字典的键值对。

(3) 修改键 a2 的值为 88。

4. 设计一个字典用来存放商品的信息和价格，例如，"面粉：2.5 元""大米：3.0 元""白菜：0.99 元"，可以添加、删除、修改商品的价格。

第4章 控制语句

学习目标

◎ 掌握 if 语句。
◎ 掌握 while 和 for 循环语句。
◎ 会使用 break 和 continue 语句控制程序的执行顺序。

程序中的语句默认自上而下顺序执行。在设计程序时，复杂问题的求解需要通过流程的控制来实现。程序的流程控制可归纳为三种：顺序结构、分支结构和循环结构。可以说每一个结构化程序都是由这三种结构组合或嵌套而成。Python 用条件语句 if 实现分支结构，用 for 和 while 语句实现循环结构。

4.1 条件语句

4.1.1 单分支结构：if 语句

if 语句的语法格式如下：

```
if 条件表达式：
    语句
```

条件表达式两边没有圆括号，":"是单分支 if 语句的组成部分。
语句可以是一条或多条语句。语句必须相对于 if 向右缩进（建议向右缩进 4 个空格）；若为多条语句，必须向右缩进相同的空格。

首先计算条件的值，如果条件的值为"真"，则执行语句后结束单分支 if 语句；如果条件的值为"假"。则立即结束 if 语句。if 语句的控制过程如图 4-1 所示。

注意：判断条件后面的冒号必须要有。对于语句块，Python 利用缩进量是否一致来表示是否属于同一个语句块，其他程序语言通常使用大括号来表示同一个语句块。Python 对缩进的要求非常严格，同一个语句块的每一层缩进量必须保持一致，否则程序无法运行或出错。

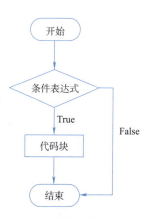

图 4-1 if 语句执行流程

例 4.1：设置一个标志变量 flag，初始值为 False。输入一个字符串并赋给变量

name，然后判断该变盘的值是否为 Python，如果是，则将标志变量 flag 置为 True，并输出 "Hello,Python!" 信息。

```
flag=False
name=input("输入变量 name 的值:")
if name=='python':
    flag=True
    print("Hello,Python!")
```

运行结果如下所示：

```
输入变量 name 的值: Python
Hello,Python!
```

例 4.2：输入两个数，以从小到大的顺序，输出这两个数。

```
a=input("输入变量 a 的值:")
b=input("输入变量 b 的值:")
if a>b:
   t=a
   a=b
   b=t
print(a,b)
```

运行结果如下所示：

```
输入变量 a 的值:2
输入变量 b 的值:1
1 2
```

4.1.2 双分支结构：if...else 语句

if...else 语句的语法如下：

```
if 条件表达式：
    语句 1
else:
    语句 2
```

条件表达式两边没有圆括号，":"是双分支 if...else 语句的组成部分。

语句（语句 1 或语句 2）可以是一条或多条语句。语句必须相对于 if（else）向右缩进（建议向右缩进 4 个空格）；若为多条语句的话，必须向右缩进相同的空格。

首先计算条件的值，如果条件的值为"真"，则执行语句 1 后结束双分支 if...else 语句；如果条件的值为"假"，则执行 else 后边的语句 2 后结束双分支 if…else 语句。if...else 语句执行流程如图 4-2 所示。

注意：Python 中的缩进是强制的。通过缩进，Python

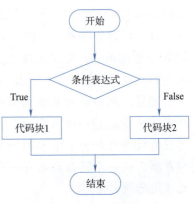

图 4-2 if...else 语句执行流程

能够识别出语句是隶属于单分支 if 语句或双分支 if...else 语句。

例 4.3：设置一个标志变量 flag，初始值为 False。输入一个字符串并赋给变量 name，然后判断该变盘的值是否为 Python，如果是，则将标志变量 flag 置为 True，并输出"Welcome,Python!"信息，否则输出变量 name。

```
flag=False
name=input("输入变量name的值:")
if name=="python":
    flag=True
    print("Welcome,Python!")
else:
    print(name)
```

运行结果如下所示：

```
输入变量name的值:java
java
```

当判断条件为多个值时，可以用嵌套的 if...else 分支结构。做法是将一个 if...else 分支结构放入另一个 if...else 分支结构中。

例 4.4：若学生成绩大于或等于 90 分，则打印 A；若在 80～90 分，则打印 B；若在 70～79 分，则打印 C；若在 60～69 分，则打印 D；若小于 60 分，则打印 E。

```
grade=int(input("输入成绩 grade:"))
if grade>=90:
    print("A")
else:
    if grade>=80:
        print("B")
    else:
        if grade>=70:
            print("C")
        else:
            if grade>=60:
                print("D")
            else:
                print("E")
```

运行结果如下所示：

```
输入成绩 grade:78
C
```

由于 grade=78 大于或等于 70，所以程序会进入第三层 if...else 结构的 if 语句中，则打印出 C。

注意：该程序有多层嵌套，编写程序的时候要小心，确保同一个语句块中的语句的缩进量保持一致。相较于嵌套的 if...else 结构，使用 if...elif...else 分支结构更为方便。下面介绍 if...elif...else 多分支结构。

4.1.3 多分支结构：if...elif...else 语句

if 语句或 if...else 语句中的语句可以是任何一个合法的 Python 语句，甚至可以包括另一个 if 语句或 if...else 语句。内部 if 语句嵌套在外部 if 语句中。内部 if 语句还可以包含另一个 if 语句，嵌套 if 语句的深度并没有限制。Python 通过缩进来表明 else 与哪个 if 匹配。嵌套 if 语句可以用来实现多种选择。由此形成了多分支 if...elif...else 语句，语法如下：

```
if 条件表达式 1:
    语句 1
elif 条件表达式 2:
    语句 2
……
elif 条件表达式 n-1:
    语句 n-1
else:
    语句 n
```

首先计算条件表达式 1 的值，如果条件表达式 1 的值为"真"，则执行语句 1 后结束多分支 if...elif...else 语句；否则计算条件表达式 2 的值，如果条件表达式 2 的值为"真"，则执行语句 2 后结束多分支 if...elif...else 语句；条件表达式 1 至条件表达式 $n-1$ 的值都为"假"时，最后执行 else 子句的语句 n。if...elif...else 语句的控制过程如图 4-3 所示。

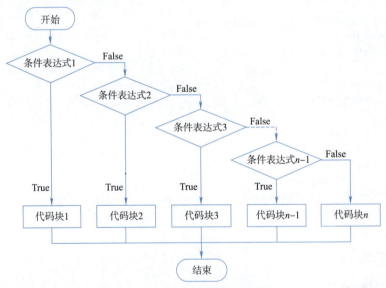

图 4-3 if...elif...else 语句的控制过程

上述判断学生成绩所属等级的嵌套 if...else 结构也可转换为 if...elif...else 结构的 Python 程序。

例 4.5： if...elif...else 结构的用法。

```
grade=int(input(" 输入成绩 grade:"))
if grade>=90:
```

```
        print("A")
elif grade>=80:
        print("B")
elif grade>=70:
        print("C")
elif grade>=60:
        print("D")
else:
        print("E")
```

由于 Python 不支持 switch 语句,所以多个条件判断只能用 if...elif...else 结构或嵌套的 if...else 结构来实现。

例 4.6:面试资格确认。

```
age=24
subject="计算机"
college="非重点"
if(age>25 and subject=="电子信息工程") or(college=="重点" and subject=="电子信息工程") or(age<=28 and subject=="计算机"):
        print("恭喜,你已获得我公司的面试机会!")
else:
        print("抱歉,你未达到面试要求")
```

例 4.7:用户输入若干个成绩,求所有成绩的总和。每输入一个成绩后询问是否继续输入下一个成绩,回答 yes 就继续输入下一个成绩,回答 no 就停止输入成绩。

```
endFlag='yes'
s=0
while endFlag.lower()=='yes':
        x=input("请输入一个正整数:")
        if x.isdigit() and 0<=eval(x)<=100:
                s=s+eval(x)
        else:
                print('不是数字或不符合要求')
        endFlag=input('继续输入?(yes or no)')
print('整数之和=',s)
```

4.2 循环语句

计算机最擅长的就是重复,可以使用循环来告诉程序重复地执行某些语句。

假设要累加 10 个整数,可以声明 10 个变量,将键盘上输入的 10 个整数分别存放在这 10 个变量中,最后将这 10 个变量中的值相加。如果要累加 100 个或者更多的整数,声明 100 个或者更多的变量将导致重复而冗余的程序,采用这样的方法肯定是行不通的。

考虑另一种方法:假如输入 10 个整数 1、2、3……在输入每个整数的同时将其累加起来。1 加 2 等于 3,3 加 3 等于 6……这样就不用单独保存每个输入的整数,只保存当前的累加和,当输入最后一个整数时,也就算出了这 10 个整数的和。即声明两个变量,变量

total 用于保存当前的累加和，其初始值为 0，变量 value 用于保存当前输入的整数。每当输入一个整数时，执行以下步骤：

（1）用户从键盘上输入一个整数，并将其保存到变量 value 中：

```
value=eval(input())
```

（2）将 value 累加到保存累加和的变量 total 中：

```
total+=value
```

剩下的问题就是如何让程序重复执行步骤（1）、（2）共 10 次。

循环是解决许多问题的基本控制结构。

Python 提供了两种类型的循环语句：while 循环和 for 循环。下面详细讲解两种类型的循环结构。

4.2.1 for 循环语句

for 循环是一种计数器控制循环，根据计数器的计数来控制循环次数。for 循环一般适用于循环次数提前可以确定的情况，尤其适用于枚举或遍历序列或迭代对象的元素。编程时一般建议优先考虑使用 for 循环。

for 语句的语法如下：

```
for var in sequence:
    循环体
```

其中，"："是 for 语句的组成部分。循环体由一条或多条语句组成。语句必须相对于 for 向右缩进（建议向右缩进 4 个空格）；若为多条语句，必须向右缩进相同的空格。通过缩进，Python 能够识别出循环体是隶属于 for 的。

序列 sequence 中保存着一组元素，元素的个数决定了循环次数，因此，for 循环的循环次数是确定的。for 循环依次从序列 sequence 中取出元素，赋值给变量 var，var 每取序列 sequence 中的一个元素值，就执行一次循环体。

range() 函数是 Python 提供的内置函数。range() 函数与 for 语句关系密切。range(stop) 函数或 range(start,stop[,step]) 函数生成一个整数序列。

（1）start，stop 和 step 均为整数。

（2）若 start 参数省略，则默认值为 0；若 step 参数省略，则默认值为 1。

（3）如果 step 是正整数，则最后一个元素小于 stop。

（4）如果 step 是负整数，则最后一个元素大于 stop。

（5）若 step 为零，会导致 ValueError 异常。

注意：range() 函数返回一个可迭代对象。

4.2.2 嵌套 for 循环语句

Python 语言允许在一个循环体中嵌入另一个循环，可以在 for 循环中再嵌套一层 for 循环。

Python for 循环嵌套语法：
```
for iterating_var in sequence:
    for iterating_var in sequence:
        statements(s)
    statements(s)
```

例 4.8：编程输出所有的水仙花数，水仙花数是指一个 3 位数，它的每个位上的数字的 3 次幂之和等于它本身（如：$1^3+5^3+3^3=153$）。

分析：由于水仙花数是一个三位数，用 a、b、c 分别表示这个三位数的个位、十位和百位。个位数的范围是 0~9；十位数的范围是 0~9；百位数的范围是 1~9，然后可以用三层 for 循环嵌套实现。

```
for a in range(10):             # 个位数的范围是 0~9
    for b in range(10):         # 十位数的范围是 0~9
        for c in range(1,10):   # 百位数的范围是 1~9
            if(a+10*b+100*c==a**3+b**3+c**3):
                print(a+10*b+100*c)
```

4.2.3　while 循环语句

while 循环是一种条件控制循环，根据条件的真假来控制循环次数。while 循环一般用于循环次数难以提前确定的情况，当然也可以用于循环次数确定的情况。

while 语句用于循环执行某段程序，即当给定的判断条件成立时，循环执行某段程序，以处理需要重复执行的相同任务。

while 语句的语法如下：

```
while 条件：
    循环体
```

条件两边没有圆括号，":" 是 while 语句的组成部分。循环体由一条或多条语句构成。语句必须相对于 while 向右缩进（建议向右缩进 4 个空格）；若为多条语句，必须向右缩进相同的空格。

通过缩进，Python 能够识别出循环体是隶属于 while 的。

程序执行 while 语句时，先计算条件的值。判断条件可以是任何条件表达式，任何非零或非空的值均为 True。如果值为"假"，则结束 while 语句。如果值为"真"，则执行循环体，然后回到 while 语句的开头，再次计算条件的值，持续执行循环体直到条件的值为"假"。如果一开始条件检测的结果为"假"，则循环体一次都不执行。while 循环的流程如图 4-4 所示。

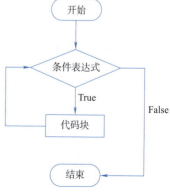

图 4-4　while 循环的流程

例 4.9：求 $S_{100}=1+2+3+\cdots+100$。

```
sn=0
an=1
```

```
while(an<=100):
    sn=sn+an
    an=an+1
print("sn=",sn)
```

运行结果如下所示。

```
sn=5050
```

例 4.10：输入两个正整数 m 和 n，求其最大公约数和最小公倍数。

本题可以采用辗转相除法求最大公约数，而最小公倍数等于两个数的乘积再除以最大公约数。辗转相除法算法：当 m 大于或等于 n 时（若 m<n，交换 m、n 的值），m 对 n 求余为 r，若 r 不等于 0，则将 n 赋给 m，r 赋给 n，继续求余，直到 r 等于 0。此时，n 就为最大公约数。程序如下：

```
def gcd(a,b):
    """计算最大公约数"""
    while b:
        a,b=b,a%b
    return a
def lcm(a,b):
    """计算最小公倍数"""
    return a*b//gcd(a,b)
# 输入两个正整数 m 和 n
m=int(input("请输入第一个正整数m:"))
n=int(input("请输入第二个正整数n:"))
# 计算最大公约数和最小公倍数
gcd_value=gcd(m,n)
lcm_value=lcm(m,n)
print(f"最大公约数为:{gcd_value}")
print(f"最小公倍数为:{lcm_value}")
```

输出结果如下：

```
请输入第一个正整数m:6
请输入第二个正整数n:8
最大公约数为:2
最小公倍数为:24
```

例 4.11：编写程序，随机生成一个 [0, 100] 的整数（称为神秘数），提示用户连续输入数字，直至其与神秘数相等；对于用户输入的数字，会提示它比神秘数大或小，便于用户更明智地选择下一个输入的数字。

```
import random
number=random.randint(0, 100)
print("猜测[0,100]之间的神秘数")
guess=-1
while guess!=number:
    guess=eval(input("请输入你的猜数:"))
    if guess==number:
```

```
        print("你猜对了,神秘数是:",(number))
    elif guess>number:
        print("猜数太大")
    else:
        print("猜数太小")
```

由于生成的是一个随机数,因此每次运行的结果可能是不同的,程序运行结果:

```
猜测 [0,100] 之间的神秘数
请输入你的猜数:50
猜数太大
请输入你的猜数:25
猜数太大
请输入你的猜数:10
猜数太小
请输入你的猜数:15
你猜对了,神秘数是:15
```

需要用到随机数,第1行导入random模块。第2行产生一个[0,100]之间的随机整数。第4行guess初始化为-1,要避免将它初始化为一个[0,100]的数,因为那可能是要猜测的数。第5~12行是while语句,其功能是与用户交互直到猜出神秘数为止。

注意:为了优化程序以获得更高的效率和运行速度,在编写循环语句时,应尽量减少内部不必要的计算,将与循环变量无关的代码尽可能地提取到循环之外,如果不得不使用多重循环嵌套时,应尽量减少内部循环中不必要的计算,尽可能地向外提;另外,在循环中应尽量引用局部变量,因为局部变量的查询和访问速度比全局变量快一些,在使用模块中的方法时,可以通过将其转换为局部变量来提高运行速度。

4.3 break 和 continue 语句

break语句在while循环和for循环中都可以使用,一般常与选择结构结合使用,以达到在特定条件得到满足时跳出循环的目的。一旦执行break语句,将使得整个循环提前结束。continue语句的作用是终止本次循环,并忽略continue之后的所有语句,然后回到循环的顶端,提前进入下一次循环。需要注意的是,过多的break和continue语句会严重降低程序的可读性,除非break或continue语句可以让代码更简单或更清晰,否则不要轻易使用。

4.3.1 break 语句

break语句用于某种情况发生时提前结束循环,需要和if语句配合使用。

例4.12:编写程序,将1~20的整数依次相加,直到和大于或等于100。

```
total=0
for i in range(1,21):
    total+=i
    if total>=100:
        break
```

```
print(total)
```

程序运行结果：

```
105
```

第 2~5 行是 for 语句。正常情况下，执行 20 次循环，最后输出结果为 210。但在第 14 次循环时，累加和 total 的值大于 100 了，第 4 行 if 语句条件判断结果为"真"，就执行第 5 行 break 语句，跳出当前循环体，提前结束循环。

4.3.2 continue 语句

coninue 语句使程序执行流程跳过当次循环，继续下一次循环。continue 语句一般也需要和 if 语句配合使用。

例 4.13：编写程序，将 1~20 中除了 10 和 11 以外的整数依次相加。

```
total=0
for i in range(1,21) :
    if i==10 or i==11:
        continue
    total+=i
print(total)
```

程序运行结果：

```
189
```

第 2~5 行是 for 语句。正常情况下，执行 20 次循环，最后输出结果为 210。但在第 10 次循环时，i 的值为 10，第 3 行 if 语句条件判断结果为"真"，就执行第 4 行 continue 语句，跳过本次循环，即 i 的值 10 不会累加到 total 中，继续下一次循环。同理，第 11 次循环时，i 的值 11 也不会累加到 total 中。continue 语句和 break 语句的区别是：continue 语句只结束本次循环的执行，继续下一次，而不是终止整个循环；而 break 语句则是终止整个循环的执行。

4.4 pass 语句

pass 语句是空语句，不做任何事情，只起占位的作用。
例如：

```
for  i  in range(10):
     pass
```

小　结

本章主要介绍了 Python 控制语句的语法，包括 if 语句、if 语句嵌套、循环语句、循环嵌套以及跳转语句。分支结构和循环结构往往会互相嵌套使用来实现复杂的逻辑。在使用控制语句时可以遵循以下建议：应优先考虑使用for循环；编写循环语句时，应尽量减少内循环中的无关计算；for循环和while循环都可以带有else子句，如果循环因为条件表达式不满足而自然结束时，执行else子句中的代码；除非break和continue语句可以让代码变得更简单或更清晰，否则请不要轻易使用。

习　　题

一、填空题

1. 写出下列程序的输出结果 _____ 。

```
a=3
b=2
x=a if a>b else b
print(x)
```

2. 写出下列程序的输出结果 _____ 。

```
a,b,c=1,2,6
if a<=b or c<0 or b<c:
    s=b+c
else:
    s=a+b+c
print(s)
```

3. 写出下列程序的输出结果 _____ 。

```
m,n,x=1,0,2
if not n:
    x-=1
if m:
    x-=2
if x:
    x-=3
print(x)
```

4. 写出下列程序的输出结果 _____ 。

```
a,b,c=1,2,3
while a<b<c:
    a,b=b,a
    c-=1
print(a,b,c)
```

5. 写出下列程序的输出结果 _____ 。

```
counter=0
for i in range(10) :
    for j in range(10):
        if i==j:
            continue
        counter+=1
print(counter)
```

二、单选题

1. 执行下列语句后的显示结果是（　　）。

```
world="world"
print("hello"+world)
```

  A．helloworld B．"hello" world C．hello world D．语法错

2. 以下（　　）是不合法的布尔表达式。

  A．x in range(6) B．3=a C．e>5 and 4==f D．(x-6)>5

3. 设有如下程序段：

```
1i=['alex','eric','rain']
print(len(li))
```

程序运行后，输出结果为（　　）。

  A．3 B．12 C．4 D．18

4. 设有如下程序段：

```
sum=0
n=0
for i in range(1,5):
    x=n/i
    n=n+1
    sum=sum+x
```

该程序通过 for 循环计算一个表达式的值，这个表达式是（　　）。

  A．1+1/2+2/3+3/4   B．1/2+2/3+3/4

  C．1/2+2/3+3/4+4/5   D．1+1/2+1/3+1/4+1/5

5. 设有如下程序段：

```
i=2
total_1=0
total_2=0
while i<=10:
    if i%2==0:
        total_1+=i
    else:
        total_2+=-i
    i+=1
total=total_1+total_2
print(total)
```

程序运行后,输出结果为(   )。

A. 5　　　　　　B. 6　　　　　　C. 7　　　　　　D. 8

三、编程题

1. 编写程序,从键盘输入一个整数,存放在 number 中,检查它是否能同时被 2 和 3 整除,是否被 2 或 3 整除,是否被 2 或 3 整除且只被其一整除。

运行示例:

```
输入一个整数:4
4 能被 2 或 3 整除!
4 能被 2 或 3 整除且只被其一整除!
输入一个整数:18
18 能同时被 2 或 3 整除!
18 能被 2 或 3 整除!
```

2. 编写程序,求一元二次方程 $ax^2+bx+c=0$ 的根(保留 2 位小数)。系数 a、b、c 为浮点数,其值在运行时由键盘输入。

3. 编写程序,从键盘输入学生的考试成绩(0~100),将学生的成绩划分等级并输出。学生的成绩可分为 5 个等级:90~100 为 A 级,80~89 为 B 级,70~79 为 C 级,60~69 为 D 级,0~59 为 E 级。

4. 编写程序,输入若干整数,判定读入的整数中有多少个正整数、多少个负整数,并计算这些整数的总和及平均值。平均值结果保留 2 位小数。

5. 某工地需要搬运砖块,已知男人一人搬 3 块,女人一人搬 2 块,小孩两人搬 1 块。用 45 人正好搬 45 块砖,问有多少种搬法?

第 5 章 函数

学习目标

◎ 熟练掌握函数。
◎ 理解函数及函数参数的分类并能够灵活使用。
◎ 掌握函数的嵌套调用。
◎ 掌握函数的递归调用。
◎ 掌握变量的作用域。

函数可以看成是语句的集合，程序通过函数调用来执行其包含的语句。函数可以返回一个计算结果，根据每次函数调用的参数返回不同的计算结果。Python 利用函数提高代码的重用率，减少了代码冗余。

5.1 函数的概念

"函数"这个术语来自数学，最早见于 1692 年德国数学家 Leibniz 的著作。一般来说，如果在某一变化过程中有两个变量 x 和 y，对于变量 x 在研究范围内的每一个确定的值，变量 y 都有唯一确定的值和它对应，那么变量 x 就称为自变量，而变量 y 则称为因变量，或变量 x 的函数，记为 $y=f(x)$，f 称为函数名。记号 $f(x)$ 则是由瑞士数学家 Euler 于 1724 年首次使用。

在计算机领域，也继承了这种思维方式，把一段经常需要使用的代码片段封装起来，记为 $y=f(x)$，f 称为函数名，x 称为参数，y 称为返回值，在需要使用时可以直接调用，并且返回结果。要注意的是，Python 语言的函数并不完全等同于数学函数。

函数是为了完成某项任务而组合在一起的相关语句的集合，并被指定了一个名字。在实际开发中，有很多操作是完全相同或者是非常相似的，仅仅是处理的数据不同而已，因此经常会在不同的代码位置多次执行相似或完全相同的代码块。从软件设计和代码复用的角度来讲，很显然，直接将该代码块复制到多个相应的地方然后进行简单修改并不实用。虽然这样可以使得多份复制的代码可以彼此独立地进行修改，但这样不仅增加了代码量，使得程序文件变大，也增加了代码理解和代码维护的难度，更重要的是为代码测试和纠错带来了很大麻烦。一旦被复制的代码块将来某天被发现存在问题而需要修改，则必须将所有的复制都做同样的修改，这在实际中是很难完成的一项任务。由于代码量的大幅度增加，导致代码之间的关系更加复杂，很可能在修补了旧漏洞的同时又引入了新漏洞。

解决上述问题的一个常用的方式是设计和编写函数。将可能需要反复执行的代码封装为函数，并在需要执行该段代码功能的地方进行调用，不仅可以实现代码的复用，更重要的是可以保证代码的一致性，只需要修改该函数代码则所有调用位置均受到影响。当然，在实际开发中，需要对函数进行良好的设计和优化才能充分发挥其优势。在编写函数时，有很多原则需要参考和遵守，例如，不要在同一个函数中执行太多的功能，尽量只让其完成一个功能，以提高模块的内聚性。另外，尽量减少不同函数之间的隐式耦合，如减少全局变量的使用，使得函数之间仅通过调用和参数传递来显式体现其相互关系。

5.2 函数的定义和调用

函数是 Python 程序的基本组成单位，就像人体中的细胞一样。其重要性不言而喻，函数设计的好坏是编写高质量 Python 程序的关键要素之一。

从函数使用者的角度看函数，关心的是如何使用函数，并不关心函数内部是如何实现的，只需知道函数实现了什么功能；函数名是什么，函数有几个参数；函数返回什么值，调用函数遵从这些规定，提供相应的实际参数，正确接收返回值，就能得到预期的结果。例如，对于标准库函数，不知道它们内部是如何实现的，但这并不妨碍在程序中使用它们。

从函数定义者的角度看函数，关心的是如何实现函数的功能。调用函数时外部将提供哪些参数，如何用这些参数完成所需功能，得到所需结果函数应在什么情况下结束，如何产生返回值等。

函数头构成了函数内部与外部之间的联系界面，函数外部和内部通过这个界面交换信息，达到函数定义和使用之间的沟通。

在 Python 中，定义函数的语法如下：

```
def 函数名([参数列表]):
    函数体
```

使用 def 关键字来定义函数，然后是一个空格和函数名称，接下来是一对圆括号，在圆括号内是形式参数列表，如果有多个参数则使用逗号分隔开，圆括号之后是一个冒号，最后以换行开始的函数体代码。定义函数时需要注意的问题是：①函数形参不需要声明其类型；②即使该函数不需要接受任何参数，也必须保留一对空的圆括号；③函数体相对于 def 关键字必须保持一定的空格缩进。

函数包括函数头和函数体。函数头以关键字 def 开始，紧接着函数名、形式参数表并以冒号结束。

函数头中的形式参数表是可选的，函数可以没有参数。函数可以有返回值，也可以没有返回值。函数体是语句集合，用于描述函数所要执行的操作。语句必须相对于 def 向右缩进（建议向右缩进 4 个空格）；若为多条语句，必须向右缩进相同的空格。通过缩进，Python 能够识别出函数体是隶属于 def 的。

函数通过函数名加上一组圆括号进行调用，参数放在括号内，多个参数之间用逗号分隔。在 Python 中，所有的语句都是实时执行的，不像 C/C++ 存在编译过程。def 也是一条可执行语句，定义一个函数。所以函数的调用必须在函数定义之后。另外，函数名也是一个变量，其引用 return 语句返回的值，没有返回值时，函数值为 None。

例 5.1：编写程序，从键盘输入圆的半径，计算并输出圆面积。

```
def  compute_area(r) :
    """
    参数 r 为圆半径
    返回参数 r 对应的圆面积
    """
    PI=3.14159
    area=0.0
    if   r>0:
        area=PI *r**2
    return area
def  main() :
    r=eval(input("请输入圆半径:"))
    area=compute_area(r)
    print("半径为 ",r," 的圆面积是 ",area)
main()
```

运行结果如下：

```
请输入圆半径:2.5
半径为  2.5  的圆面积是  19.6349375
```

第 1~10 行是 compute_area() 函数，函数名 compute_area 后面圆括号中的标识符 r 是函数的形式参数。函数的形式参数本质上是变量，其值在调用该函数时才提供。函数体开头用 """ 包围的字符串被称为函数文档字符串，用于描述函数的参数、返回值和功能等。函数如果有返回值，则函数体中至少要有一个 return 语句。使用 return 语句来返回值。

为了使用函数，必须调用函数。若函数带有参数，调用函数时，需要将值传递给形参，这个值被称为实际参数或实参。若函数带有返回值，函数调用通常当作值来处理，返回值可以存放在变量中，还可以用于输出等其他用途。

```
area=compute_area(10)              #10 为实参，返回值赋值给变量 area
print(compute_area(10))            #10 为实参，返回值传递给 print() 函数输出
```

带有返回值的函数也可以当作语句来处理，这种情况下，函数返回值被舍弃。

```
compute_area(10)                   #10 为实参，返回值被舍弃
```

第 15 行调用 main() 函数。在 main() 函数中，第 13 行调用 compute_area() 函数，将键盘上输入的圆半径 r 作为实参传递给 compute_area() 函数的形参 r。在 compute_area() 函数中，根据 r 值计算圆面积 area，如果 r 值为负或为 0，则圆的面积 area 为 0。最后将圆的面积 area 作为结果值返回给 main() 函数中的变量 area。

compute_area() 函数中声明了形参 r 和变量 area，main() 函数中也声明了变量 r 和 area，

尽管同名,但它们是不同的变量,有各自的存储单元,具有不同的作用域,不会相互干扰。

当调用一个函数时,程序控制权就会转移到被调用的函数上。当被调用函数执行结束时,被调用函数就会将程序控制权交还给调用者。

这里 main() 函数定义在 compute_area() 函数之后。在 Python 中,函数可以定义在源程序文件的任意位置。因此,也可以在 compute_area() 函数之前定义 main() 函数。

例 5.2:编写程序,根据读入的字符值以及三角形的高,输出以该字符为填充字符的等腰三角形。

```
def  triangle(ch,height):
    """
    参数 ch 为填充字符
    参数 height 为三角形高度
    无返回值
    输出等腰三角形
    """
    for i in range(1,height+1):
        for j in range(1,height-i+1):
            print(" ",end='')
        for k in range(1,2*i-1+1):
            print(ch,end='')
        print()
def main():
    ch=input("输入三角形填充字符:")
    height=eval(input("输入三角形高度:"))
    triangle(ch,height)
main()
```

运行结果:

```
输入三角形填充字符:B
输入三角形高度:2
 B
BBB
```

程序的开始位置定义了 triangle() 函数,用于输出一个等腰三角形。该函数没有返回值,也没有 return 语句。在执行完最后一条语句后会自动运行结束并返回 main() 函数。

如果函数没有返回值,函数调用通常当作语句来处理。

```
triangle('A',5)                    #'A' 和 5 为实参, 函数没有返回值
```

在 triangle() 函数中声明了形式参数 ch 和 height,在 main() 函数中也声明了变量 ch 和 height,尽管同名,但它们是不同的变量,占用不同的存储单元,具有不同的作用范围,不会相互干扰。实际上,所有 Python 函数都将返回一个值。若某个函数没有 return 语句,默认情况下,它将返回 None。

例如:

```
def add(x,y):
```

```
        total=x+y
print(add(1,2))
```

输出：

```
None
```

Python 的 return 语句可以返回多个值。但其本质上还是返回单个值，只是利用了元组的自动包裹功能，将多个值包裹成单个元组返回。

例如：

```
def calculate(x,y):
    return x+y,x-y,x*y,x/y

print(calculate(1,2))
t1,t2,t3,t4=calculate(3,4)
print(t1,t2,t3,t4)
```

输出：

```
(3,-1,2,0.5)
7 -1 12 0.75
```

在语法上，返回一个元组可以省略圆括号。输出结果显示确实返回的是一个元组。

还可以利用元组的自动解包裹功能，将 return 语句中元组的元素值按位置赋给对应的多个变量（t1、t2、t3 和 t4）。

注意：函数体允许为空，通常放置 pass 语句，该函数不做任何工作，只起占位作用。

```
def dummy():
    pass
```

如果函数没有参数，调用函数时圆括号不能省略。

```
dummy()
```

例 5.3：编写程序，从键盘输入某年的年份，若是闰年，则在屏幕上显示"闰年"；否则在屏幕上显示"平年"。

```
def  is_leap_year(y) :
    return(y%4==0 and y%100!=0) or(y%400==0 )
def  main() :
    y=eval(input("输入某年的年份:"))
    print("闰年" if is_leap_year(y) else "平年")
main()
```

运行结果：

```
输入某年的年份:1996
闰年
```

第 1、2 行是 is_leap_year() 函数，用于判断闰年，其返回值为 True，说明是闰年，其值为 False，说明是平年。is_leap_year() 函数称为谓词函数，其返回值为布尔值。习惯上，谓词函数名以 is 开头。第 5 行调用 is_leap_year() 函数。谓词函数通常要和 if 语句配合使用。

5.3 函数的参数和参数传递

在定义函数时，参数表中的各个参数称为形式参数，简称形参。调用函数时，参数表中提供的参数称为实际参数，简称实参。在 Python 中，变量保存的是对象的引用，类似 C/C++ 中的指针。实参传递给形参就是将对象的引用赋值给形参。

在定义 Python 函数时可定义形参，这些形参的值要等到调用时才能确定下来，由函数的调用者负责为形参传入参数值。简单来说，就是谁调用函数，谁负责传入参数值。

5.3.1 函数的形参和实参

函数定义时圆括号内是使用逗号分隔开的形参列表，一个函数可以没有形参，但是定义时一对圆括号必须要有，表示该函数不接收参数。函数调用时向其传递实参，根据不同的参数类型，将实参的值或引用传递给形参。

在定义函数时，对参数个数并没有限制，如果有多个形参，则需要使用逗号进行分隔。

例如，下面的函数用来接收 2 个参数，并输出其中的较大值。

```
def print_Max(a,b):
    if a>b:
        print(a,'is the max')
    else:
        print(b,'is the max')
```

当然，这里只是为了演示，而忽略了一些细节，如果输入的参数不支持比较运算，则会出错，可以参考第 9 章介绍的异常处理结构来解决这个问题。

在绝大多数情况下，在函数内部直接修改形参的值不会影响实参。

例如：

```
def add_One(a) :
    print(a)
    a+=1
    print(a)
a=3
add_One(a)
print(a)
```

运行结果：

```
3
4
3
```

从运行结果可以看出，在函数内部修改了形参 a 的值，但是当函数结束以后，实参 a 的值并没有被修改。当然，在有些情况下，可以通过特殊的方式在函数内部修改实参的值。

5.3.2 位置参数

位置参数：在调用函数时，要求实参按形参在函数头中的定义顺序（即位置）进行传递。实参默认采用位置参数的形式传递给函数。

例如：

```
def print_message(msg,n):
    for i in range(n):
        print(msg)
print_message("Hello",3)
```

输出：

```
Hello
Hello
Hello
```

print_message("Hello",3) 将 "Hello" 传递给 msg，将 3 传递给 n，输出 "Hello" 3 次。

粗心的程序员往往会搞混位置参数的顺序，以至于调用函数出错。

print_message(3,"Hello") 将 3 传递给 msg，将 "Hello" 传递给 n，这时函数体中 range(n) 会导致 TypeError 异常。使用关键字参数可以有效避免这个问题。

5.3.3 关键字参数

关键字参数主要指实参，即调用函数时的参数传递方式，而与函数定义无关。通过关键字参数传递，实参顺序可以和形参顺序不一致，但不影响传递结果，避免了用户需要牢记参数位置与顺序的麻烦，使得函数的调用和参数传递更加灵活方便。

关键字参数：使用"形参名=值"的形式传递参数。使用关键字参数，参数意义明确，传递的参数与顺序无关。

例如：

```
print_message(msg="Hello",n=3)
print_message(n=3,msg="Hello")
```

都能正确输出 "Hello" 3 次。

位置参数和关键字参数可以混合使用，但在调用函数时所有的位置参数一定要出现在关键字参数之前。

假设函数头是：

```
def foo(x,y,z)
```

则如下调用是正确的：

```
foo(10,y=20,z=30)
```

如下调用是错误的：

```
foo(10,y=20,30)
```

位置参数 30 出现在关键字参数 y=20 之后。

5.3.4 默认值参数

在 Python 中，可以在函数定义时为一个或多个形参提供明确的初始值。这种形参称为默认参数，其初始值称为默认值。如果函数调用时未给出实参，默认值将作为实参传递给函数。

例 5.4：编写程序，根据矩形的宽度和高度，计算并输出矩形面积。

```
def print_area(width=1,height=2):
    area=width*height
    print("width:",width,"\theight:",height,"\tarea:",area)
def main():
    print_area()
    print_area(4.2,2.5)
    print_area(height=8,width=5)
    print_area(width=2.4)
    print_area(height=3.8)
main()
```

运行结果：

```
width:1         height:2         area:2
width:4.2       height:2.5       area:10.5
width:5         height:8         area:40
width:2.4       height:2         area:4.8
width:1         height:3.8       area:3.8
```

第 1~3 行是 print_area() 函数，其形参为 width 和 height，width 的默认值为 1，height 的默认值为 2。

第 5 行在没有传递实参的情况下调用函数，将默认值 1 传递给形参 width，将默认值 2 传递给形参 height。

第 6 行以位置参数的形式，将实参 4.2 和 2.5 分别传递给形参 width 和 height，此时默认值 1 被 4.2 取代，默认值 2 被 2.5 取代。

第 7 行以关键字参数的形式，将实参 5 和 8 分别传递给形参 width 和 height，此时默认值 1 被 5 取代，默认值 2 被 8 取代。

第 8 行以关键字参数的形式，将实参 2.4 传递给形参 width，将默认值 2 传递给形参 height，此时默认值 1 被 2.4 取代。

第 9 行以关键字参数的形式，将实参 3.8 传递给形参 height，将默认值 1 传递给形参 width，此时默认值 2 被 3.8 取代。

如果函数形参中，有的有默认值，有的没有默认值，那么所有没有默认值的参数应该放在参数列表的左边，而有默认值的参数应该放在参数列表的右边，即如果一个函数形参指定了默认值,那么位于它右侧的所有形参都必须指定默认值。

```
def  f1(x,y=0,z) :                    # 错误
def  f2(x=0,y=0,z):                   # 错误
def  f3(x,y=0,z=0) :                  # 正确
def  f4(x=0,y=0,z=0) :                # 正确
```

当调用一个带默认值的函数时,如果一个实参未给出,则在它之后的所有实参也不能给出。

```
f3(1,,20)                             # 错误
f4(,,20)                              # 错误
f3(1)                                 # 正确
f4(1,2)                               # 正确
```

5.3.5　参数传递

通常,函数调用时按参数的先后顺序,将实参传递给形参。Python 允许以形参赋值的方式,指定将实参传递给形参。传递参数时,可以使用 Python 列表、元组、集合、字典以及其他可迭代对象作为实参,并在实参名称前加一个星号,Python 解释器将自动进行解包,然后传递给多个单变量形参。但需要注意的是,如果使用字典作为实参,则默认使用字典的键;如果需要将字典中的键值对作为参数则需要使用 items() 函数;如果需要将字典的值作为参数则需要调用字典的 values() 函数。最后,请保证实参中元素个数与形参个数相等,否则将出现错误。

如果实参是数字或字符串或布尔值或元组,那么不管函数中的形参有没有变化,实参都是不受影响的。因为数字、字符串、布尔值和元组是不可变对象,不可变对象的内容是不能被更改的,相当于通过"值传递"来传递对象。

例 5.5:不可变对象作为函数参数。

```
def  main() :
    x=1
    print(" 调用 increase() 函数前, x 是 ",x)
    increase(x)
    print(" 调用 increase() 函数后, x 是 ",x)
def  increase(n) :
    n+=1
    print(" 在 increase() 函数内部, n 是 ",n)
main()
```

运行结果:

```
调用 increase() 函数前, x 是 1
在 increase() 函数内部, n 是 2
调用 increase() 函数后, x 是 1
```

第 3 行和第 5 行的输出结果显示调用 increase() 函数前后 x 的值没有任何变化。

在 increase() 函数中,第 7 行改变了形参 n 的值,但对实参 x 没有任何影响。

在函数体内,修改变量(如 n)的值(将新值赋值给变量)时,实际上是为新值创建

了新对象，然后将新对象的引用赋值给变量。

如果实参是列表或字典，那么函数中形参值的变化也带来实参值的变化。因为列表、字典是可变对象，相当于通过"引用传递"来传递对象。

例 5.6：可变对象作为函数参数。

```
def main():
    x=[1,2,3]
    print("x[0]是 ",x[0])
    modify(x)
    print("x[0]是 ",x[0])
def modify(n):
    n[0]=111
main()
```

运行结果：

```
x[0]是 1
x[0]是 111
```

第 3 行和第 5 行的输出结果显示调用 modify() 函数前后 x 的值发生了变化。

调用 modify() 函数时，x 的引用值被传递给了 n。由于 x 包含了指向列表的引用值，所以 n 也包含了指向同一列表的相同引用值。即 x 和 n 指向同一个列表。

在 modify() 函数中，第 7 行改变了形参 n 的值，也就改变了实参 x 的值。

5.4 变量的作用域

变量起作用的代码范围称为变量的作用域。不同作用域内同名变量之间互不影响。一个变量在函数外部定义和在函数内部定义，其作用域是不同的。函数内部定义的变量一般为局部变量。而不属于任何函数的变量一般为全局变量。一般而言，局部变量的引用比全局变量速度快，应优先考虑使用。除非真的有必要，应尽量避免使用全局变量，因为全局变量会增加不同函数的耦合度，从而降低代码的可读性，并使得代码测试和纠错变得很困难。

在函数内定义的普通变量只在该函数内起作用，称为局部变量。当函数运行结束后，在该函数内部定义的局部变量被自动删除。如果想要在函数内部修改一个定义在函数外的变量值，那么这个变量就不能是局部的，其作用域必须为全局的，能够同时作用于函数内外，称为全局变量，可以通过 global 来声明或定义。这分两种情况：

（1）一个变量已在函数外定义，如果在函数内需要修改这个变量的值，并要将这个赋值结果反映到函数外，可以在函数内用 global 声明这个变量，明确声明使用同名的全局变量。

（2）在函数内部直接将一个变量声明为全局变量，在函数外没有声明，在调用这个函数之后，将增加为新的全局变量。

5.4.1 局部变量

在函数内部定义的变量称为局部变量。局部变量只能在函数内部使用，在函数外部是无法访问局部变量的。函数调用结束局部变量将不存在。函数形式参数拥有和局部变量一样的性质。

例如：

```
def  main() :
    x=1             #局部变量
    print("main() 函数中, x是 ",x)
    foo()
    print("main() 函数中, x是 ",x)
def  foo() :
    x=2             #局部变量
    print("foo() 函数中, x是 ",x)
main()
```

输出：

```
main() 函数中, x是 1
foo() 函数中, x是 2
main() 函数中, x是 1
```

main() 函数中的变量 x 和 foo() 函数中的变量 x 是不同的变量，有不同的作用域，互不干扰 Python 在处理时，将它们的名字变成类似 main.x 和 foo.x 这样的名字。

例如：

```
def  main():
    x=2                            # 局部变量
    foo()
def  foo() :
    print(x)                       #x 未定义
main()
```

输出：

```
NameError:name 'x' is not defined
```

main() 函数中定义的变量 x 在 foo() 函数中无法访问，因此 foo() 函数中的 x 是未定义变量，产生 NameError 异常。

5.4.2 全局变量

在函数外部声明的变量称为全局变量。在程序执行的全过程中均有效。在函数的内部可以访问全局变量。

例如：

```
x=1                                # 全局变量 x
def  foo() :
    x=8                            # 局部变量 x
    print(x)                       # 使用局部变量 x，输出 8
foo()
print(x)                           # 使用全局变量 x，输出 1
```

输出：

```
8
1
```

如果在一个函数内定义的局部变量与全局变量重名，则重名的局部变量是新生成的局部变量，在函数中局部变量优先，即函数中使用的是新生成的局部变量，而不是全局变量。要避免上述问题，可以使用 global 语句。

例如：

```
x=1                          # 全局变量 x
def   foo() :
    global x                 # 全局变量 x
    x=8                      # 修改全局变量 x 的值
    print(x)                 # 输出 8
foo()
print(x)                     # 输出 8
```

输出：

```
8
8
```

在函数中，要为定义在函数外的全局变量赋值，必须使用 global 语句限定该变量是全局变量。

全局变量可以在函数中使用，看上去挺有吸引力，实际上是一种不好的编程习惯。尤其在函数中修改全局变量的值，可能会导致隐蔽的错误。应尽量避免使用全局变量。

此外，在 for 语句中定义的循环变量，循环结束后，仍然有效。

例如：

```
total=0
for i in range(5) :
    total+=i
print(i)
```

输出

```
4
```

循环结束后，循环变量 i 的值是 4，输出 4。

5.5 迭代器和生成器

5.5.1 迭代器和生成器

1. 迭代器

迭代（iterate）意味着重复多次，就像循环那样。本书前面只使用 for 循环迭代过序列和字典，但实际上也可迭代其他对象：实现了方法 __iter__() 的对象。

方法 __iter__() 返回一个迭代器，它是包含方法 __next__() 的对象，而调用这个方法时可不提供任何参数。当调用方法 __next__() 时，迭代器应返回其下一个值。如果迭代器没有可供返回的值，应引发 StopIteration 异常。还可使用内置的遍历函数 next()，在这种情况下，next(it) 与 it.__next__() 等效。

注意：在 Python3 中，迭代器协议有细微的变化。在以前的迭代器协议中，要求迭代器对象包含函数 next() 而不是 __next__()。

这有什么意义呢？为何不使用列表呢？因为在很多情况下，使用列表都有点类似于用大炮打蚊子。例如，如果你有一个可逐个计算值的函数，你可能只想逐个地获取值，而不是使用列表一次性获取。这是因为如果有很多值，列表可能占用太多的内存。但还有其他原因：使用迭代器更通用、更简单、更优雅。下面看一个不能使用列表的示例，因为如果使用列表，这个列表的长度必须是无穷大的。

这个"列表"为斐波那契数列，表示该数列的迭代器如下：

```
class Fibs:
    def __init__(self):
        self.a=0
        self.b=1
    def __next__(self):
        self.a,self.b=self.b,self.a+self.b
        return self.a
    def __iter__(self):
        return self
```

注意到这个迭代器实现了方法 __iter__()，而这个方法返回迭代器本身。在很多情况下，都在另一个对象中实现返回迭代器的方法 __iter__()，并在 for 循环中使用这个对象。但推荐在迭代器中也实现方法 __iter__()（并像刚才那样让它返回 self），这样迭代器就可直接用于 for 循环中。

注意：更正规的定义是，实现了函数 __iter__() 的对象是可迭代的，而实现了函数 __next__() 的对象是迭代器。

首先，创建一个 Fibs 对象。

```
fibs=Fibs()
```

然后就可在 for 循环中使用这个对象，如找出第一个大于 1 000 的斐波那契数。

```
for f in fibs:
    if f>1 000:
        print(f)
        break
```

运行结果：

```
1597
```

这个循环之所以会停止，是因为其中包含 break 语句；否则，这个 for 循环将没完没了地执行。

除了对迭代器和可迭代对象进行迭代（通常这样做）之外，还可将它们转换为序列。在可以使用序列的情况下，大多也可使用迭代器或可迭代对象（诸如索引和切片等操作除外）。一个这样的例子是使用构造函数 list 显式地将迭代器转换为列表。

```
class TestIterator:
    value=0
    def __next__(self):
        self.value+=1
        if self.value>10:
            raise StopIteration
        return self.value
    def __iter__(self):
        return self
ti=TestIterator()
print(list(ti))
```

运行结果：

[1,2,3,4,5,6,7,8,9,10]

2. 生成器

生成器是一个相对较新的 Python 概念。由于历史原因，它也被称为简单生成器（simplegenerator）。生成器和迭代器可能是近年来 Python 最强大的功能，但生成器是一个相当复杂的概念，可能需要花些功夫才能明白其工作原理和用途。虽然生成器能够编写出非常精巧的代码，但无论编写什么程序，都完全可以不使用生成器。

Python 中的生成器（Generator）是一种特殊的迭代器，它可以动态地生成值，而不需要一次性将所有值存储在内存中。这使得生成器在处理大量数据或无限序列时非常有用，因为它可以节省内存并提高效率。

生成器通常是通过定义包含 yield 语句的函数来创建的。当调用这样的函数时，它不会立即执行函数体中的代码，而是返回一个生成器对象。然后，每次从生成器对象请求一个值时，它都会执行到下一个 yield 语句，并返回该语句的值。

这里我们依然以斐波那契数列为例讲解生成器。代码如下：

```
# 生成器
def fibonacci(n):
    a,b=0,1
    for _ in range(n):
        yield a
        a,b=b,a+b
```

上面代码实现了一个生成斐波那契数列的生成器函数。生成器函数是一个特殊类型的函数，它使用 yield 语句而不是 return。当调用生成器函数时，它返回一个迭代器，可以使用这个迭代器逐个获取生成器产生的值。这个 fibonacci() 函数定义了一个生成斐波那契数列前 n 项的生成器。函数内部使用了两个变量 a 和 b 来计算斐波那契数列，初始时 a=0 和 b=1。在每次循环中，函数通过 yield 关键字返回当前的 a 值，并暂停执行。当再次请求生成器的下一个值时,它会从上次暂停的地方继续执行,更新 a 和 b 的值,并再次 yield 新的 a。

接下来,使用这个生成器打印斐波那契数列的前 10 项。

```
# 使用生成器
for num in fibonacci(10):
    print(num)
```

运行结果:

```
0
1
1
2
3
5
8
13
21
34
```

这里代码运行高效,因为它使用了生成器来逐个生成斐波那契数列的值,而不是一次性计算并存储在内存中。这种方法在处理大数据集或无限序列时特别有用,可以节省内存并提高性能。

5.5.2 排序与 lambda

Lambda 函数称为表达式函数,用于定义一个匿名函数。Lambda 函数本质上是一名函数,匿名函数也是函数,有函数类型,也可以创建函数对象。可以将该函数赋值给变量,通过变量调用。

定义 Lambda 表达式语法如下:

```
lambda  参数列表: Lambda 体
```

lambda 是关键字声明,这是一个 Lambda 表达式,"参数列表"与函数的参数列表是一样的,但不需要小括号括起来,冒号后面是"Lambda 体",Lambda 表达式的主要代码在此处编写,类似于函数体。

注意:Lambda 体部分不能是一个代码块,不能包含多条语句,只能有一条语句,语句会一个结果返回给 Lambda 表达式,但是与函数不同的是,不需要使用 return 语句返回与其他语言中的 Lambda 表达式相比,Python 中提供的 Lambda 表达式只能处理一些简单的计算。

示例如下:

```
def  calculate_fun(opr):
    if  opr=='+':
        return lambda  a ,b:(a+b)
    else:
        return lambda  a,b:(a-b)
```

```
f1=calculate_fun('+')
f2=calculate_fun('-')
print(type(f1))
print("10+5={0}".format(f1(10,5)))
print("10-5={0}".format(f2(10 ,5)))
```

输出结果：

```
<class 'function'>
10+5=15
10-5=5
```

5.5.3 高阶函数

高阶函数（Higher-order function）是指那些操作其他函数的函数。在 Python 中，函数本身也是对象，可以作为参数传递给其他函数，也可以作为其他函数的返回值。这种特性使得 Python 能够非常灵活地处理函数，实现许多强大的功能。

1. 作为参数传递

高阶函数的一个常见用法是将函数作为参数传递给另一个函数。这样，可以编写一些通用的函数，用于处理不同的函数对象。

例如，可以编写一个高阶函数，用于计算另一个函数的值：

```
def call_func(func,*args,**kwargs):
    return func(*args,**kwargs)      # 调用传入的函数，并返回结果
def add(x,y):                         # 定义一个加法函数
    return x+y
result=call_func(add,3,4)             # 调用 add 函数，并传递参数 3 和 4
print(result)                         # 输出：7
```

2. 作为返回值

高阶函数也可以返回另一个函数。这种用法常用于实现装饰器、闭包等功能。

例如，可以编写一个高阶函数，用于生成一个带缓存功能的函数：

```
def memoize(func):
    """生成一个带缓存功能的函数"""
    cache={}
    def wrapper(*args):
        if args in cache:
            return cache[args]
        result=func(*args)
        cache[args]=result
        return result
    return wrapper
@memoize
def fibonacci(n):
    """计算斐波那契数列的第 n 项"""
    if n<=1:
        return n
    return fibonacci(n-1)+fibonacci(n-2)
```

```
print(fibonacci(10))                    #输出：55，由于使用了缓存，避免了重复计算
```

在这个例子中，memoize() 是一个高阶函数，它接受一个函数作为参数，并返回一个新的函数 wrapper()。wrapper() 函数在调用时会检查缓存中是否已经计算过相同的参数，如果是则直接返回缓存结果，否则调用原函数计算结果并保存到缓存中。这样，就可以通过装饰器的方式为任何函数添加缓存功能。

高阶函数是 Python 中一种非常强大的特性，它允许将函数作为参数传递或作为返回值，从而实现了许多灵活且强大的功能。通过学习和掌握高阶函数，可以更加深入地理解 Python 的函数式编程范式，提高编程效率和代码质量。

小 结

本章主要介绍了 Python 中函数的使用，包括函数的定义和调用、函数的参数传递、变量的作用域、迭代器和生成器等。通过本章的学习，做到灵活地定义和使用函数。

习 题

一、填空题

1. 写出下列程序的输出结果 _____。

```
def fun(x,y):
    x=x+y
    y=x-y
    x=x-y
    print("%d#%d"%(x,y))
def main() :
    x,y=2,3
    fun(x,y)
    print("%d#%d"%(x,y))
main()
```

2. 写出下列程序的输出结果 _____。

```
def fun(x,y,z):
    return x+y+z
print(fun(1,3,4))
print(fun(2,y=3,z=4))
print(fun(x=3,y=3,z=4))
print(fun(y=4,z=5,x=2))
```

3. 写出下列程序的输出结果 _____。

```
def fun(x,y=2,z=3):
```

```
        return x+y+z
print(fun(1,1,1))
print(fun(y=2,x=1,z=3))
print(fun(1,z=4))
```

4. 写出下列程序的输出结果 _____。

```
def fun(x,*y,**z):
    print(x)
    print(y)
    print(z)
fun(1,2,3,4,a=1,b=2,c=3)
```

5. 写出下列程序的输出结果 _____。

```
def fun(n):
    if n==1:
        return 1
    else:
        return n+fun(n-1)
def main():
    print(fun(5))
main()
```

二、单选题

1. 检查字符串是否只由字母组成，可用到下列（　　）函数。
   A. Isdigit()　　　B. Isalpha()　　　C. Isspace()　　　D. isABC()
2. 下列表达式正确的是（　　）。
   A. ord("a")=97　　　　　　　　B. chr(65)='A'
   C. len([1,2,3,4])=3　　　　　　D. zip([1,2],[3,4])=[(1,4),(2,3)]
3. 下列描述正确的是（　　）。
   A. 在函数的调用中，形参与实参必须严格地一一对应
   B. main 函数在运行中不是必须要写的
   C. 写函数时，必须要声明函数的返回类型
   D. 不能在定义一个函数时，再去调用其他函数

三、编程题

1. 编写函数，判断一个整数是否为素数，并编写主程序调用该函数。
2. 编写函数，接收一个字符串，分别统计大写字母、小写字母、数字、其他字符的个数，并以元组的形式返回结果。
3. 在 Python 程序中，局部变量会隐藏同名的全局变量吗？请编写代码进行验证。
4. 编写函数，可以接收任意多个整数并输出其中的最大值和所有整数之和。
5. 编写函数，模拟内置函数 sum()。
6. 编写函数，模拟内置函数 sorted()。

第 6 章 面向对象程序设计

学习目标

◎理解 Python 的面向对象。
◎掌握类、对象以及它们之间的关系。
◎掌握类、对象的属性和方法。
◎掌握类的组合、继承与派生。

面向对象（Object Oriented）是程序开发领域中的重要思想，这种思想模拟了人类认识客观世界的逻辑，是当前计算机软件工程学的主流方法；类是面向对象的实现手段。Python 在设计之初就已经是一门面向对象语言，了解面向对象编程思想对于学习 Python 开发至关重要。本章将针对面向对象程序设计的知识进行详细介绍。

6.1 面向对象概述

面向对象编程（Object-Oriented Programming，简称 OOP）是一种程序设计模型，它将现实世界中的事物抽象为"对象"，并通过类和对象的概念来组织和管理代码。在面向对象编程中，不再只是简单地编写执行特定任务的函数或过程，而是设计和使用代表真实世界实体或概念的"对象"。

面向对象编程主要有以下几个核心概念：

（1）对象（Object）：对象是对现实世界中的实体或概念的抽象表示。在 Python 中，对象通常包含数据（属性）和能够对这些数据进行操作的方法。

（2）类（Class）：类是对象的蓝图或模板。它定义了对象应该具有的结构和行为。类描述了具有相同属性和方法的对象的集合。在 Python 中，使用 class 关键字来定义一个类。

（3）封装（Encapsulation）：封装是隐藏对象的内部状态和实现细节，并且只允许通过对象方法进行访问的过程。这有助于确保对象内部状态的完整性和安全性。

（4）继承（Inheritance）：继承是面向对象编程中的一个核心概念，它允许一个类（子类或派生类）继承另一个类（父类或基类）的属性和方法。这有助于代码重用和组织。

（5）多态（Polymorphism）：多态意味着可以使用父类类型的变量来引用子类的对象，并且在运行时确定实际调用哪个子类的方法。这提供了代码的灵活性和可扩展性。

面向对象编程的优点：

（1）代码的可重用性：通过继承和组合，可以轻松地重用现有的类来创建新的类，从而减少代码冗余。

（2）代码的可维护性：封装和抽象使得代码更易于理解和维护。通过隐藏内部实现细节，可以保护代码免受外部干扰。

（3）扩展性：多态性允许以统一的方式处理不同类型的对象，从而简化了代码的扩展。

（4）灵活性：面向对象编程允许根据需求灵活地定义和组合对象，以适应不断变化的需求。

在 Python 中，面向对象编程是一种非常流行的编程范式。Python 提供了丰富的面向对象特性，包括类定义、继承、封装和多态等。通过使用这些特性，可以构建出结构清晰、易于维护和扩展的程序。

例如，可以定义一个表示"汽车"的类，该类具有"品牌""型号"和"颜色"等属性，以及"启动""停止"和"加速"等方法。然后，可以创建这个类的多个实例（即对象），每个实例代表一辆具体的汽车，具有不同的属性和行为。

对象的属性通常用数据来表示，对象的行为通常用对数据的处理过程来表示。面向对象程序设计把数据和对数据的处理过程作为一个相互依存、不可分割的整体来看待，将数据和对数据的处理过程抽象成一种新的数据类型——类。

因此，面向对象程序的基本构造单位是类。

6.2 类和对象

在 Python 程序设计中，类（Class）和对象（Object）是面向对象编程（OOP）的两个核心概念。它们之间的关系可以理解为一种模板与实例的关系，即类是对象的蓝图或模板，而对象则是根据这个模板创建出来的具体实例。

这种类与对象的关系使得面向对象编程更加灵活和可重用。通过定义类，可以创建具有相似属性和行为的多个对象，从而简化代码结构，提高代码的可维护性和可扩展性。同时，由于对象之间的独立性，可以轻松地对单个对象进行操作而不影响其他对象。

本书前面反复提到了类，并将其用作类型的同义词。从很多方面来说，这正是类定义的一种对象。每个对象都属于特定的类，并被称为该类的实例。在 Python 中，一切都是对象。

Python 中的对象包括：

（1）基本数据类型：如整数（int）、浮点数（float）、字符串（str）、布尔值（bool）、列表（list）、元组（tuple）、字典（dict）和集合（set）等，这些都是对象。

（2）函数：在 Python 中，函数也是对象。它们可以被赋值给变量，作为参数传递给其他函数，甚至可以作为返回值返回。

（3）类：类是用于创建对象的蓝图或模板，它本身也是一个对象。

（4）模块：模块是包含 Python 代码的文件，它们也是对象。

(5)异常:Python 中的错误和异常也是对象。

需要注意的是,尽管 Python 中的一切都是对象,但并非所有的对象都是类的实例。例如,基本数据类型(如整数和浮点数)在 Python 中不是通过类创建的,而是由语言本身直接支持的。然而,这些基本数据类型在 Python 中仍然被当作对象来处理,可以像其他对象一样进行操作。

6.2.1 类定义语法

Python 语言中一个类的实现包括类定义和类体。类定义语法格式如下:

```
class 类名[(父类)]:
    类体
```

其中,class 是声明类的关键字,"类名"是自定义的类名,自定义类名首先应该是合法的标识符,且应该遵守 Python 命名规范,类名的首字时一般要大写。"父类"声明当前类继承的父类,父类可以省略声明,表示直接继承 object 类。

定义动物(Animal)类代码如下:

```
class Animal(object):
    # 类体
    pass
```

上述代码声明了动物类,它继承了 object 类,object 是所有类的根类,在 Python 中任何一个动物类都直接或间接继承 object,所以(object)部分代码可以省略。

6.2.2 对象

前面章节已经多次用到了对象,类实例化可生成对象,所以"对象"也称为"实例"。一个对象的生命周期包括三个阶段:创建、使用和销毁。销毁对象时 Python 的垃圾回收机制释放不再使用对象的内存,不需要程序员负责。程序员只关心创建和使用对象,这一节介绍创建和使用对象。

创建对象很简单,就是在类后面加上一对小括号,表示调用类的构造方法。这就创建了一个对象,示例代码如下:

```
animal=Animal()
```

Animal 是上一节定义的动物类,Animal() 表达式创建了一个动物对象,并把创建的对象赋值给 animal 变量,animal 是指向动物对象的一个引用。通过 animal 变量可以使用刚刚创建的动物对象。以下代码打印输出动物对象。

```
print(animal)
```

输出结果如下:

```
<__main__.Animal object at 0x0000024A18CB90F0>
```

print() 函数打印对象会输出一些很难懂的信息。事实上,print() 函数调用了对象的__str__() 方法输出字符串信息,__str__() 是 object 类的一个方法,它会返回有关该对象的描述信息，由于本例中 Animal 的 __str__() 方法是默认实现的，所以会返回这些难懂的信息，如果要打印出友好的信息，需要重写 __str__() 方法。

提示： __str__() 这种双下画线开始和结尾的方法是 Python 保留的，有着特殊的含义，称为魔法方法。

6.2.3　self 参数

对于在类体中定义的实例方法，Python 会自动绑定方法的第一个参数（通常建议将该参数命名为 self），第一个参数总是指向调用该方法的对象。根据第一个参数出现位置的不同，第一个参数所绑定的对象略有区别。

（1）在构造方法中引用该构造方法正在初始化的对象。
（2）在普通实例方法中引用调用该方法的对象。

由于实例方法（包括构造方法）的第一个 self 参数会自动绑定，因此程序在调用普通实例方法、构造方法时不需要为第一个参数传值。

self 参数（自动绑定的第一个参数）最大的作用就是引用当前方法的调用者，比如前面介绍的在构造方法中通过 self 为该对象增加实例变量。也可以在一个实例方法中访问该类的另一个实例方法或变量。假设定义了一个 Dog 类，这个 Dog 对象的 run() 方法需要调用它的 jump() 方法，此时就可通过 self 参数作为 jump() 方法的调用者。

方法的第一个参数所代表的对象是不确定的，但它的类型是确定的，它所代表的只能是当前类的实例；只有当这个方法被调用时，它所代表的对象才被确定下来，谁在调用这个方法，方法的第一个参数就代表谁。

例如，定义如下 Dog 类。

```
class Dog:
    # 定义一个 jump() 方法
    def jump(self):
        print(" 正在执行 jump() 方法 ")

    # 定义一个 run() 方法，run() 方法需要借助 jump() 方法
    def run(self):
        # 使用 self 参数引用调用 run() 方法的对象
        self.jump()
        print(" 正在执行 run() 方法 ")
```

上面代码的 run() 方法中的 self 代表该方法的调用者：谁在调用 run() 方法，那么 self 就代表谁。因此该方法表示：当一个 Dog 对象调用 run() 方法时，run() 方法需要依赖它自己的 jump() 方法。

在现实世界里，对象的一个方法依赖另一个方法的情形很常见，例如，吃饭方法依赖拿筷子方法，写程序方法依赖敲键盘方法，这种依赖都是同一个对象的两个方法之间的依赖。

当 Python 对象的一个方法调用另一个方法时，不可以省略 self。也就是说，将上面的 run() 方法改为如下形式是不正确的。

```
# 定义一个 run() 方法，run() 方法需要借助 jump() 方法
def  run(self) :
    # 省略 self，下面代码会报错
    jump()
    print(" 正在执行 run() 方法 ")
```

提示：从 Python 语言的设计来看，Python 的类、对象有点类似于一个命名空间，因此在调用类、对象的方法时，一定要加上"类."或"对象."的形式。如果不使用面向对象编程，而是直接调用某个方法，这种形式属于调用函数。

此外，在构造方法中，self 参数（第一个参数）代表该构造方法正在初始化的对象。例如如下代码：

```
class  InConstructor :
    def __init__(self) :
        """
        在构造方法中定义一个 foo 变量 ( 局部变量 )
        使用 self 代表该构造方法正在初始化的对象
        下面的代码将会把该构造方法正在初始化的对象的 foo 实例变量设为 6
        """
        self.foo=6
# 所有使用 InConstructor 创建的对象的 foo 实例变量将被设为 6
print(InConstructor().foo)                    # 输出 6
```

在 InConstructor 的构造方法中，self 参数总是引用该构造方法正在初始化的对象。程序中粗体字代码将正在执行初始化的 InConstructor 对象的 foo 实例变量设为 6，这意味着该构造方法返回的所有对象的 foo 实例变量都等于 6。

需要说明的是，自动绑定的 self 参数并不依赖具体的调用方式，不管是以方法调用还是以函数调用的方式执行它，self 参数一样可以自动绑定。例如如下程序：

```
class User:
    def test(self):
        print('self 参数 :',self)
u=User()
```

以方法形式调用 test() 方法：

```
u.test()
```

输出：

```
self 参数 :<__main__.User object at 0x00000273696D2CF0>
```

以上是以方法形式调用 User 对象的 test() 方法，此时方法调用者当然会自动绑定到方法的第一个参数（self 参数）。

换一种调用方式，将 User 对象的 test() 方法赋值给 foo 变量：

```
foo=u.test
```

再通过 foo 变量（函数形式）调用 test() 方法：

```
    foo()
```

输出：

```
self 参数 :<__main__.User object at 0x0000022560042DB0>
```

以上以函数形式调用 User 对象的 test() 方法，看上去此时没有调用者了，但程序依然会把实际调用者绑定到方法的第一个参数，因此，上面程序中两种调用方式的输出结果完全相同。

当 self 参数作为对象的默认引用时，程序可以像访问普通变量一样来访问这个 self 参数，甚至可以把 self 参数当成实例方法的返回值。例如下面程序：

```
class ReturnSelf:
    def grow(self):
        if hasattr(self,'age'):
            self.age+=1
        else:
            self.age=1
          #return self 返回调用该方法的对象
        return self
rs=ReturnSelf()
# 可以连续调用同一个方法
rs.grow().grow().grow()
print("rs 的 age 属性值是 :",rs.age)
```

从上面程序中可以看出，如果在某个方法中把 self 参数作为返回值，则可以多次连续调用同一个方法，从而使得代码更加简洁。但是这种把 self 参数作为返回值的方法可能会造成实际意义的模糊，例如上面的 grow() 方法用于表示对象的生长，即 age 属性的值加 1，实际上不应该有返回值。

注意：使用 self 参数作为方法的返回值可以让代码更加简洁，但可能造成实际意义的模糊。

6.2.4 实例变量

在类体中可以包含类的成员，其中包括成员变量、成员方法和属性，成员变量又分为实例变量和类变量，成员方法又分为实例方法、类方法和静态方法。

提示：在 Python 类成员中有 attribute 和 property。attribute 是类中保存数据的变量，如果需要对 attribute 进行封装，那么在类的外部为了访问这些 attribute，往往会提供一些 setter 和 getter 访问器。setter 访问器是对 attribute 赋值的方法，getter 访问器是取 attribute 值的方法，这些方法在创建和调用时都比较麻烦，于是 Python 又提供了 property，property 本质上就是 setter 和 getter 访问器，是一种方法。一般情况下 attribute 和 property 中文都翻译为"属性"，这样很难区分两者的含义，也有很多书将 attribute 翻译为"特性"。"属性"和"特性"在中文中区别也不大。其实很多语言都有 attribute 和 property 概念，例如 Objective-C 中 attribute 称为成员变量 (或字段)，property 称为属性。本书采用 Objective-C 提法将 attribute 翻译为"成员变量"，而 property 翻译为"属性"。

"实例变量"就是某个实例（或对象）个体特有的"数据"，例如你家狗狗的名字、年龄和性别与邻居家狗狗的名字、年龄和性别是不同的。本节先介绍实例变量。

Python 中定义实例变量的示例代码如下。

```
class Animal(object):                                    #①
    """ 定义动物类 """
    def __init__(self,age,sex,weight):                   #②
        self.age=age                       # 定义年龄实例变量   #③
        self.sex=sex                       # 定义性别实例变量
        self.weight=weight                 # 定义体重实例变量
animal=Animal(2,1,10.0)
print('年龄:{0}'.format(animal.age))                      #④
print('性别:{0}'.format('雌性' if animal.sex==0 else '雄性'))
print('体重:{0}'.format(animal.weight))
```

上述代码第①行是定义 Animal 动物类，代码第②行是构造方法，构造方法是用来创建和初始化实例变量的。构造方法中的 self 指向当前对象实例的引用。代码第③行是在创建和初始化实例变量 age，其中 self.age 表示对象的 age 实例变量。代码第④行是访问 age 实例变量，实例变量需要通过"实例名.实例变量"的形式访问。

6.2.5 类变量

"类变量"是所有实例（或对象）共有的变量。例如，有一个 Account（银行账户）类，它有 3 个成员变量：amount（账户金额）、interest_rate（利率）和 owner（账户名）。在这三个成员变量中，amount 和 owner 会因人而异，对于不同的账户这些内容是不同的，而所有账户的 interest_rate 都是相同的。amount 和 owner 成员变量与账户个体实例有关，称为"实例变量"，interest_rate 成员变量与个体实例无关，或者说是所有账户实例共享的，这种变量称为"类变量"。

类变量示例代码如下：

```
class Account :
    """ 定义银行账户类 """
    interest_rate=0.0668                   # 类变量利率    ①
    def __init__(self,owner,amount):
        self.owner=owner                   # 定义实例变量账户名
        self.amount=amount                 # 定义实例变量账户金额
account=Account('Tony',1800000.0)
print('账户名:{0} '.format(account.owner))      #②
print('账户金额:{0}'.format(account.amount))
print('利率:{0}'.format(Account.interest_rate))  #③
```

输出结果如下：

```
账户名:Tony
账户金额:1800000.0
利率:0.0668
```

代码第①行是创建并初始化类变量。创建类变量与实例变量不同，类变量要在方法之外定义。代码第②行是访问实例变量,通过"实例名.实例变量"的形式访问。代码第③行是访问类变量,通过"类名.类变量"的形式访问。"类名.类变量"事实上是有别于包和模块的另外一种形式的命名空间。

注意:不要通过实例存取类变量数据。当通过实例读取变量时,Python解释器会先在实例中找这个变量,如果没有再到类中去找;当通过实例为变量赋值时,无论类中是否有该同名变量,Python解释器都会创建一个同名实例变量。

在类变量示例中添加如下代码:

```
print('Account 利率:{0}'.format(Account.interest_rate))
print('ac1 利率:{0} '.format(account.interest_rate))         #①
print('ac1 实例所有变量:{0}'.format(account.__dict__))        #②
account.interest_rate=0.01                                    #③
account.interest_rate2=0.01                                   #④
print('ac1 实例所有变量:{0}'.format(account.__dict__))        #⑤
```

输出结果如下:

```
Account 利率:0.0668
ac1 利率:0.0668
ac1 实例所有变量:{'owner':'Tony','amount':1800000.0}
ac1 实例所有变量:{'owner':'Tony','amount':1800000.0,'interest_rate':0.01,
'interest_rate2':0.01}
```

上述代码第①行通过实例读取 interest_rate 变量,解释器发现 account 实例中没有该变量,然后会在 Account 类中找,如果类中也没有,会发生 AttributeError 错误。虽然通过实例读取 interest_rate 变量可以实现,但不符合设计规范。

代码第③行为 account.interest_rate 变量赋值,这样的操作下无论类中是否有同名类变量都会创建一个新的实例变量。为了查看实例变量有哪些,可以通过 object 提供的 _dict_ 变量查看,见代码第②行和第⑤行。从输出结果可见,代码第③行和第④行的赋值操作会导致创建了两个实例变量 interest_rate 和 interest_rate2。

提示:代码第③行和第④行能够在类之外创建实例变量,主要原因是 Python 的动态语言特性,Python 不能从语法层面禁止此事的发生。这样创建实例变量会引起很严重的问题:一方面,类的设计者无法控制一个类中有哪些成员变量;另一方面,这些实例变量无法通过类中的方法访问。

6.3 方　　法

6.2 节中都使用了 _init_() 方法,该方法用来创建和初始化实例变量,这种方法就是"构造方法"。_init_() 方法也属于魔法方法。定义时它的第一个参数应该是 self,其后的参数才是用来初始化实例变量的。调用构造方法时不需要传入 self。

构造方法示例代码如下:

```
class Animal(object):
```

```
        """定义动物类"""
        def __init__(self,age,sex=1,weight=0.0):            # ①
            self.age=age                                    # 定义年龄实例变量
            self.sex=sex                                    # 定义性别实例变量
            self.weight=weight                              # 定义体重实例变量

a1=Animal(2,0,10.0)                                         # ②
a2=Animal(1,weight=5.0)
a3=Animal(1,sex=0)                                          # ③
print('a1 年龄:{0}'.format(a1.age))
print('a2 体重:{0}'.format(a2.weight))
print('a3 性别:{0} '.format('雌性' if a3.sex==0 else '雄性'))
```

上述代码第①行是定义构造方法，其中参数除了第一个 self 外，其他的参数可以有默认值，这也提供了默认值的构造方法，能够给调用者提供多个不同形式的构造方法。代码第②行和第③行是调用构造方法创建 Animal 对象，其中不需要传入 self，只需要提供后面的三个实际参数。

6.3.1 类方法

"类方法"与"类变量"类似属于类，不属于个体实例的方法，类方法不需要与实例绑定，但需要与类绑定，定义时它的第一个参数不是 self，而是类的 type 实例。type 是描述 Python 数据类型的类，Python 中所有数据类型都是 type 的一个实例。

定义类方法示例代码如下：

```
class Account:
    """定义银行账户类"""
    interest_rate=0.0668                                    # 类变量利率

    def __init__(self,owner,amount):
        self.owner=owner                                    # 定义实例变量账户名
        self.amount=amount                                  # 定义实例变量账户金额

                                                            # 类方法
    @classmethod
    def interest_by(cls,amt):                               # ①
        return cls.interest_rate*amt                        # ②

interest=Account.interest_by(12000.0)                       # ③
print('计算利息:{0:.4f} '.format(interest))
```

运行结果如下：

计算利息:801.6000

定义类方法有两个关键：第一，方法第一个参数 cls（见代码①行）是 type 类型，是当前 Account 类型的实例；第二，方法使用装饰器 @classmethod 声明该方法是类方法。

提示：装饰器（Decorators）是 Python 3.0 之后加入的新特性，以 @ 开头修饰函数、方法和类，用来修饰和约束它们，类似于 Java 中的注解。

代码第②行是方法体，在类方法中可以访问其他的类变量和类方法，cls.interest_rate 是访问类方法 interest_rate。

注意：类方法可以访问类变量和其他类方法，但不能访问其他实例方法和实例变量。代码第③行是调用类方法 interest_by()，采用"类名.类方法"形式调用。从语法角度可以通过实例调用类方法，但这不符合规范。

6.3.2 实例方法

实例方法与实例变量一样都是某个实例（或对象）个体特有的，本节先介绍实例方法。方法是在类中定义的函数。而定义实例方法时它的第一个参数也应该是 self，这个过程是将当前实例与该方法绑定起来，使该方法成为实例方法。

下面看一个定义实例方法示例。

```
class Animal(object):
    """ 定义动物类 """
    def __init__(self,age,sex=1,weight=0.0):
        self.age=age                            # 定义年龄实例变量
        self.sex=sex                            # 定义性别实例变量
        self.weight=weight                      # 定义体重实例变量
    def eat(self):                              # ①
        self.weight+=0.05
        print('eat...')
    def run(self):                              # ②
        self.weight-=0.01
        print('run...')
a1=Animal(2,0,10.0)
print('a1体重:{0:0.2f} '.format(a1.weight))     # ③
a1.eat()
print('a1体重:{0:0.2f} '.format(a1.weight))     # ④
a1.run()
print('a1体重:{0:0.2f}'.format(a1.weight))
```

运行结果如下：

```
a1体重:10.00
eat...
a1体重:10.05
run...
a1体重:10.04
```

上述代码第①行和第②行声明了两个方法，其中第一个参数是 self。代码第③行和第④行是调用这些实例方法，注意其中不需要传入 self 参数。

6.3.3 静态方法

静态方法的定义中没有参数 self，可直接通过类来调用。如果定义的方法既不想与实例绑定，也不想与类绑定，只是想把类作为它的命名空间，那么可以定义静态方法。

定义静态方法示例代码如下：

```python
class Account:
    """ 定义银行账户类 """
    interest_rate=0.0668                       # 类变量利率
    def __init__(self,owner,amount):
        self.owner=owner                       # 定义实例变量账户名
        self.amount=amount                     # 定义实例变量账户金额
                                               # 类方法
    @classmethod
    def interest_by(cls,amt):
        return cls.interest_rate*amt
                                               # 静态方法
    @staticmethod
    def interest_with(amt):                    # ①
        return Account.interest_by(amt)        # ②
interest1=Account.interest_by(12000.0)
print(' 计算利息:{0:.4f} '.format(interest1))
interest2=Account.interest_with(12000.0)       # ③
print(' 计算利息:{0:.4f}'.format(interest2))
```

上述代码第①行是定义静态方法，使用了 @staticmethod 装饰器，声明方法是静态方法，方法参数不指定 self 和 cls。代码第②行调用了类方法。调用静态方法与调用类方法类似都通过类名实现，但也可以通过实例调用。

类方法与静态方法在很多场景是类似的，只是在定义时有一些区别。类方法需要绑定类，静态方法不需要绑定类，静态方法与类的耦合度更加松散。在一个类中定义静态方法只是为了提供一个基于类名的命名空间。

6.4　封装、继承与多态

面向对象程序设计的三大特性是封装、继承、和多态。封装是基础，继承是核心，多态是补充。通过类将数据和对数据的处理过程封装为一个有机的整体。继承是提高软件可重用性的重要方法。多态进一步增强了软件可重用性和可维护性。

6.4.1　封装

封装性是面向对象的三大特性之一，Python 语言没有与封装性相关的关键字，它通过特定的名称实现对变量和方法的封装。

私有变量：默认情况下 Python 中的变量是公有的，可以在类的外部访问它们。如果想让它们成为私有变量，可以在变量前加上双下画线"__"。

示例代码如下：

```python
class Animal(object):
    """ 定义动物类 """
    def __init__(self,age,sex=1,weight=0.0):
        self.age=age                           # 定义年龄实例变量
        self.sex=sex                           # 定义性别实例变量
        self.__weight=weight                   # 定义体重实例变量         # ①
```

```
        def eat(self):
            self.__weight+=0.05
            print('eat...')
        def run(self):
            self.__weight-=0.01
            print('run...')
a1=Animal(2,0,10.0)
print('a1体重:{0:0.2f}'.format(a1.__weight))              #②
a1.eat()
a1.run()
```

运行结果如下：

```
AttributeError:'Animal' object has no attribute '__weight'
```

上述代码第①行在 weight 变量前加上双下画线，这会定义私有变量 __weight。__weight 变量在类内部访问没有问题，但是如果在外部访问则会发生错误，见代码第②行。

提示：Python 中并没有严格意义上的封装，所谓的私有变量只是形式上的限制。如果想在类的外部访问这些私有变量也是可以的，这些双下画线"__"开头的私有变量其实只是换了一个名字，它们的命名规律为"__类名__变量"，所以将上述代码 a1.weight 改成 a1.__Animal__weight 就可以访问了，但这种访问方式并不符合规范，会破坏封装。可见 Python 的封装性靠的是程序员的自律，而非强制性的语法。

私有方法：私有方法与私有变量的封装是类似的，只要在方法前加上双下画线"__"就是私有方法了。

示例代码如下：

```
class Animal(object):
    """定义动物类"""
    def __init__(self,age,sex=1,weight=0.0):
        self.age=age                    #定义年龄实例变量
        self.sex=sex                    #定义性别实例变量
        self._weight=weight             #定义体重实例变量
    def eat(self):
        self._weight+=0.05
        self.__run()
        print('eat...')
    def __run(self):                    #①
        self._weight-=0.01
        print('run...')
a1=Animal(2,0,10.0)
a1.eat()
a1.__run()                              #②
```

运行结果如下：

```
AttributeError:'Animal' object has no attribute '__run'
```

上述代码第①行中 __run() 方法是私有方法，__run() 方法可以在类的内部访问，不能在类的外部访问，否则会发生错误，见代码第②行。

提示：如果一定要在类的外部访问私有方法也是可以的。与私有变量访问类似，命名规律为"_类名_方法"。这也不符合规范，也会破坏封装。

定义属性：封装通常是对成员变量进行的封装。在严格意义上的面向对象设计中，一个类是不应该有公有的实例成员变量的，这些实例成员变量应该被设计为私有的，然后通过公有的 setter 和 getter 访问器访问。

使用 setter 和 getter 访问器的示例代码如下：

```
class Animal(object):
    """ 定义动物类 """
    def __init__(self,age,sex=1,weight=0.0):
        self.age=age                    # 定义年龄实例成员变量
        self.sex=sex                    # 定义性别实例成员变量
        self.__weight=weight            # 定义体重实例成员变量
    def set_weight(self,weight):        # ①
        self.__weight=weight
    def get_weight(self):               # ②
        return self.__weight
a1=Animal(2,0,10.0)
print('a1体重:{0:0.2f}'.format(a1.get_weight()))    # ③
a1.set_weight(123.45)                               # ④
print('a1体重:{0:0.2f} '.format(a1.get_weight()))
```

运行结果如下：

```
a1体重:10.00
a1体重:123.45
```

上述代码第①行中 set_weight() 方法是 setter 访问器，它有一个参数，用来替换现有成员变量。代码第②行的 get_weight() 方法是 getter 访问器。代码第③行是调用 getter 访问器。代码第④行是调用 setter 访问器。

访问器形式的封装需要一个私有变量，需要提供 getter 访问器和一个 setter 访问器，只读变量不用提供 setter 访问器。总之，访问器形式的封装在编写代码时比较麻烦。为了解决这个问题，Python 中提供了属性（property），定义属性可以使用 @property 和 @ 属性名 .setter 装饰器，@property 用来修饰 getter 访问器，@ 属性名 .setter 用来修饰 setter 访问器。

使用属性修改前面的示例代码如下：

```
class Animal(object):
    """ 定义动物类 """
    def __init__(self,age,sex=1,weight=0.0):
        self.age=age                # 定义年龄实例成员变量
        self.sex=sex                # 定义性别实例成员变量
        self.__weight=weight        # 定义体重实例成员变量
    @property
    def weight(self):               # 替代 get_weight(self)：            ①
        return self.__weight
    @weight.setter
```

```
        def weight(self,weight):      #替代set_weight(self,weight):    #②
            self.__weight=weight
a1=Animal(2,0,10.0)
print('a1体重:{0:0.2f}'.format(a1.weight))                              #③
a1.weight=123.45                     #等价于a1.set_weight(123.45)      #④
print('a1体重:{0:0.2f}'.format(a1.weight))
```

上述代码第①行是定义属性 getter 访问器，使用了 @property 装饰器进行修饰，方法名就是属性名，这样就可以通过属性取值，见代码第③行。代码第②行是定义属性 setter 访问器，使用了 @weight.setter 装饰器进行修饰，weight 是属性名，与 getter 和 setter 访问器方法名保持一致，可以通过 a1.weight=123.45 赋值，见代码第④行。

从上述示例可见，属性本质上就是两个方法，在方法前加上装饰器使得方法成为属性。属性使用起来类似于公有变量，可以在赋值符 "=" 左边或右边，左边是被赋值，右边是取值。

提示：定义属性时应该先定义 getter 访问器，再定义 setter 访问器，即代码第①行和第②行不能颠倒，否则会出现错误。这是因为 @property 修饰 getter 访问器时，定义了 weight 属性，这样在后面使用 @weight.setter 装饰器才是合法的。

6.4.2 继承

类的继承性是面向对象语言的基本特性，多态性的前提是继承性。

继承是为代码复用而设计的，是面向对象程序设计的重要特性之一。继承就是在一个或多个已有的类的基础上经过扩充及适当的修改构造出一个新类。当设计一个新类时，如果可以继承一个已有的设计良好的类进行二次开发，无疑会大幅度减少开发工作量。在继承关系中，已有的、设计好的类称为父类或基类，新设计的类称为子类或派生类。派生类可以继承父类的公有成员，但是不能继承其私有成员。子类继承了父类中所有可访问的数据域和方法，还可以增加新的数据域与方法。

（1）继承概念：为了了解继承性，先看这样一个场景：一位面向对象的程序员小赵，在编程过程中需要描述和处理个人信息，于是定义了类 Person，如下所示：

```
class Person:
    def __init__(self,name,age):
        self.name=name              #名字
        self.age=age                #年龄

    def info(self):
        template='Person[name={0},age={1}]'
        s=template.format(self.name,self.age)
        return s
```

一周以后，小赵又遇到了新的需求，需要描述和处理学生信息，于是他又定义了一个新的类 Student，如下所示：

```
class student:
    def __init__(self,name,age,school):
        self.name=name              #名字
```

```
        self.age=age                    # 年龄
        self.school=school              # 所在学校

    def info(self):
        template='student[name={0},age={1},school={2}]'
        s=template.format(self.name,self.age,self.school)
        return s
```

很多人会认为小赵的做法能够被理解并认为这是可行的,但问题在于 Student 和 Person 两个类的结构太接近了,后者只比前者多了一个 school 实例变量,却要重复定义其他所有的内容,实在让人"不甘心"。Python 提供了解决类似问题的机制,那就是类的继承,代码如下所示:

```
class  student(Person) :                        #①
    def _ _init_ _(self,name,age,school) :      #②
        super()._ _init_ _(name,age)            #③
        self.school=school           # 所在学校   #④
```

上述代码第①行是声明 Student 类继承 Person 类,其中小括号中的是父类,如果没有指明父类(一对空的小括号或省略小括号),则默认父类为 object,object 类是 Python 的根类。代码第②行定义构造方法,子类中定义构造方法时首先要调用父类的构造方法,初始化父类实例变量。代码第③行 super()._ _init_ _(name,age) 语句是调用父类的构造方法,super() 函数是返回父类引用,通过它可以调用父类中的实例变量和方法。代码第④行是定义 school 实例变量。

提示:子类继承父类时只是继承父类中公有的成员变量和方法,不能继承私有的成员变量和方法。

(2)重写方法:如果子类方法名与父类方法名相同,而且参数列表也相同,只是方法体不同,那么子类重写(Override)了父类的方法。

示例代码如下:

```
class Animal(object):
    """定义动物类"""

    def __init__(self,age,sex=1,weight=0.0):
        self.age=age
        self.sex=sex
        self.weight=weight
    def eat(self):                      #①
        self.weight+=0.05
        print('动物吃...')
class Dog(Animal):
    def eat(self):                      #②
        self.weight+=0.1
        print('狗狗吃...')
a1=Dog(2,0,10.0)
a1.eat()
```

输出结果如下：

```
狗狗吃...
```

上述代码第①行是父类中定义 eat() 方法，子类继承父类并重写了 eat() 方法，见代码第②行。那么通过子类实例调用 eat() 方法时，会调用子类重写的 eat()。

（3）多继承：所谓多继承，就是一个子类有多个父类。大部分计算语言如 Java、Swift 等，只支持单继承，不支持多继承。主要是多继承会发生方法冲突。例如，客轮是轮船也是交通工具，客轮的父类是轮船和交通工具，如果两个父类都定义了 run() 方法，子类客轮继承哪一个 run() 方法呢？

Python 支持多继承，但 Python 给出了解决方法名字冲突的方案。这个方案是，当子类实例调用一个方法时，先从子类中查找，如果没有找到则查找父类。父类的查找顺序是按照子类声明的父类列表从左到右查找，如果没有找到再找父类的父类，依次查找下去。

多继承示例代码如下：

```
class ParentClass1:
    def run(self):
        print('ParentClass1 run...')


class ParentClass2:
    def run(sel):
        print('ParentClass2 run...')


class SubClass1(ParentClass1,ParentClass2):
    pass


class SubClass2(ParentClass2,ParentClass1):
    pass


class SubClass3(ParentClass1,ParentClass2):
    def run(self):
        print('Subclass3 run...')

sub1=SubClass1()
sub1.run()
sub2=SubClass2()
sub2.run()
sub3=SubClass3()
sub3.run()
```

输出结果如下：

```
ParentClass1 run...
ParentClass2 run...
```

```
Subclass3 run...
```

上述代码中定义了两个父类 ParentClass1 和 ParentClass2，以及三个子类 SubClass1、SubClass2 和 SubClass3，这三个子类都继承了 ParentClass1 和 ParentClass2 两个父类。当子类 SubClass1 的实例 sub1 调用 run() 方法时，解释器会先查找当前子类是否有 run() 方法，如果没有则到父类中查找，按照父类列表从左到右的顺序，找到 ParentClass1 中的 run() 方法，所以最后调用的是 ParentClass1 中的 run() 方法。按照这个规律，其他的两个实例 sub2 和 sub3 调用哪一个 run() 方法就很容易知道了。

6.4.3 多态

在面向对象程序设计中，多态是一个非常重要的特性，理解多态有利于进行面向对象的分析与设计。

（1）发生多态要有两个前提条件：第一，继承——多态发生一定是子类和父类之间；第二，重写——子类重写了父类的方法。

下面通过一个示例解释什么是多态。父类 Figure（几何图形）有一个 draw（绘图）函数，Figure（几何图形）有两个子类 Ellipse（椭圆形）和 Triangle（三角形），Ellipse 和 Triangle 重写 draw() 方法。Ellipse 和 Triangle 都有 draw() 方法，但具体实现的方式不同。

具体代码如下：

```
# 几何图形
class Figure:
    def draw(self):
        print('绘制 Figure...')
# 椭圆形
class Ellipse(Figure):
    def draw(self):
        print('绘制 Ellipse...')
# 三角形
class Triangle(Figure):
    def draw(self):
        print('绘制 Triangle...')
f1=Figure()                              #①
f1.draw()
f2=Ellipse()                             #②
f2.draw()
f3=Triangle()                            #③
f3.draw()
```

输出结果如下：

```
绘制 Figure...
绘制 Ellipse...
绘制 Triangle...
```

上述代码第②行和第③行符合多态的两个前提，因此会发生多态。而代码第①行不符合，没有发生多态。多态发生时，Python 解释器根据引用指向的实例调用它的方法。

提示：与 Java 等静态语言相比，多态性对于动态语言 Python 而言意义不大。多态性优势在于运行期动态特性。例如在 Java 中多态性是指，编译期声明变量是父类的类型，在运行期确定变量所引用的实例。而 Python 不需要声明变量的类型，没有编译，直接由解释器运行，运行期确定变量所引用的实例。

（2）类型检查：无论多态性对 Python 影响多大，Python 作为面向对象的语言多态性是存在的，这一点可以通过运行期类型检查证实，运行期类型检查使用 isinstance（object，classinfo）函数，它可以检查 object 实例是否由 classinfo 类或 classinfo 子类所创建的实例。

```
# 几何图形
class Figure:
    def draw(self):
        print('绘制 Figure...')
# 椭圆形
class Ellipse(Figure):
    def draw(self):
        print('绘制 Ellipse...')
# 三角形
class Triangle(Figure):
    def draw(self):
        print('绘制 Triangle...')
f1=Figure()                             # 没有发生多态
f1.draw()
f2=Ellipse()                            # 发生多态
f2.draw()
f3=Triangle()                           # 发生多态
f3.draw()
print(isinstance(f1,Triangle))          #False                ①
print(isinstance(f2,Triangle))          #False
print(isinstance(f3,Triangle))          #True
print(isinstance(f2,Figure))            #True                 ②
```

上述代码第①行和第②行添加的代码，需要注意代码第②行的 isinstance(f2,Figure) 表达式是 True，f2 是 Ellipse 类创建的实例，Ellipse 是 Figure 类的子类，所以这个表达式返回 True，通过这样的表达式可以判断是否发生了多态。另外，还有一个类似于 isinstance(object,classinfo) 的 issubclass(class,classinfo) 函数，issubclass(class,classinfo) 函数用来检查 class 是否是 classinfo 的子类。示例代码如下：

```
print(issubclass(Ellipse,Triangle))         #False
print(issubclass(Ellipse,Figure))           #True
print(issubclass(Triangle, Ellipse))        #False
```

（3）鸭子类型：多态性对于动态语言意义不是很大，在动态语言中有一种类型检查称为"鸭子类型"，即一只鸟走起来像鸭子、游起泳来像鸭子、叫起来也像鸭子，那它就可以被当作鸭子。鸭子类型不关注变量的类型，而是关注变量具有的方法。鸭子类型像多态一样工作，但是没有继承，只要有像"鸭子"一样的行为（方法）就可以了。

鸭子类型示例代码如下：

```
class Animal(object):
    def run(sel):
        print('动物跑...')
class Dog(Animal):
    def run(sel):
        print('狗狗跑...')
class Car:
    def run(self):
        print('汽车跑...')
def go(animal):                    # 接收参数是Animal              ①
    animal.run()
go(Animal())
go(Dog())
go(Car())                          # ②
```

运行结果如下：

```
动物跑...
狗狗跑...
汽车跑...
```

上述代码定义了三个类 Animal、Dog 和 Car，Dog 继承了 Animal，而 Car 与 Animal 和 Dog 没有任何的关系，只是它们都有 run() 方法。代码第①行定义的 go() 函数设计时考虑接收 Animal 类型参数，但是由于 Python 解释器不做任何的类型检查，所以可以传入任何的实际参数。当代码第②行给 go() 函数传入 Car 实例时，它可以正常执行。这就是"鸭子类型"。

在 Python 这样的动态语言中使用"鸭子类型"替代多态性设计，能够充分地发挥 Python 动态语言的特点，但是也给软件设计者带来了困难，对程序员的要求也非常高。

小 结

本章主要介绍了面向对象编程知识。首先介绍了面向对象的一些基本概念和面向对象的三个基本特性，然后介绍了类、对象、封装、继承和多态。定义类时使用关键字class。在 Python 中，运算符重载是通过重新实现一些特殊函数来实现的。Python 支持多继承，如果父类中有相同的方法名，而在子类中使用时没有指定父类名，则 Python 解释器将从左向右按顺序进行搜索。

习 题

一、填空题

1. 设计一个三维向量类，并实现向量的加法、减法以及向量与标量的乘法和除法运算。

2. 面向对象程序设计的三要素分别为 _____、_____ 和 _____。
3. 与运算符 "**" 对应的特殊方法名为 _____，与运算符 "//" 对应的特殊方法名为 _____。

二、单选题

1. Python 中定义类的保留字是（   ）。
   A. def   B. class   C. object   D. __init__
2. 在方法定义中，如何访问实例变量 x（   ）。
   A. x   B. self.x   C. self[x]   D. self.getX()
3. 下面（   ）不是面向对象设计的基本特征。
   A. 集成   B. 多态   C. 一般性   D. 封装
4. 下列 Python 语句的运行结果为（   ）。

```
class Account:
    def __init__(self,id):
        self.id=id
        id=888
    acc=Account(100)
print(acc.id)
```

   A. 888   B. 100
   C. 0   D. 错误，找不到属性 id

三、编程题

1. 请描述实例方法、类方法、静态方法的区别，以及分别如何定义。
2. 将学生信息封装成一个 Student 类，包括姓名、性别、年龄、家庭地址。并在 display（ ）方法中显示这些信息。
3. 设计一个类代表长方体，含有长、宽、高 3 个对象属性，含有计算体积的公有方法、计算表面积的公有方法。编写主程序，生成一个一般长方体和一个正方体。
4. 定义一个类代表三角形，类中含三条边、求周长的方法、求面积的方法。
5. 找到一个你喜欢的简单的纸牌游戏，并实现一个互动的方案来玩这个游戏。例如，战争（war）、二十一点（blackjack）、各种单人纸牌游戏。
6. 写一个棋盘游戏的交互式程序。例如，黑白棋（Othello，reversi）、四子棋（Connect Four）等。

第 7 章 模块与包

学习目标

◎ 理解命名空间的概念。
◎ 掌握模块及模块的导入。
◎ 了解模块导入的特性及模块内建函数。
◎ 掌握包的相关概念。

Python 程序是由包、模块、类、函数与类中方法、语句和表达式组成的，其中，包是由一系列模块组成的集合，而模块是处理某一类问题的函数或（和）类的集合。

7.1 命名空间

命名空间是从变量或标识符的名称到对象的映射。当一个名称映射到一个对象上时，这个名称和这个对象就绑定了。我们可以把命名空间理解为一个容器，在这个容器中可以装许多名称。

7.1.1 命名空间的分类

Python 中的一切都是对象，如整数、字符串、列表等数据，此外，还包括函数、模块、类和包本身。这些对象都存在于内存中。但是我们怎么找到所需的对象呢？这就需要首先判断所找的对象所处的命名空间。Python 中有三类命名空间：内建命名空间、全局命名空间和局部命名空间。在不同的命名空间中的名称是没有关联的。此外，不同的全局命名空间或不同的局部命名空间，所对应的名称也是没有关联的。

每个对象都有自己的命名空间，可以通过对象、名称的方式访问对象所处的命名空间下的名称，每个对象的名称都是独立的。即使不同的命名空间中有相同的名称，它们也是没有任何关联的。命名空间都是动态创建的，并且每一个命名空间的生存时间也不一样。内建命名空间是在 Python 解释器启动时创建，一直存在于当前编程环境中，直到退出解析器。全局命名空间在读入模块定义时，即该模块被导入（import）的时候创建。通常情况下，全局命名空间也会一直保存到解释器退出。局部命名空间在函数或类的方法被调用时创建，在函数返回或者引发了一个函数内部没有处理的异常时删除。

7.1.2 命名空间的规则

理解 Python 的命名空间需要掌握以下三条规则：

（1）赋值语句（包括显式赋值和隐式赋值）会把名称绑定到指定对象中，赋值的地方决定名称所处的命名空间。

（2）函数、类定义会创建新的命名空间。

（3）Python 搜索一个名称的顺序是 LEGB。

所谓的 LEGB 是 Python 中四层命名空间的英文名字首字母的缩写。这里的四层命名空间是上面所说的三个命名空间的一个细分。

第一层是 L（Local）：表示在一个函数定义中，而且在这个函数里面没有再包含函数的定义。

第二层是 E（Enclosing Function）：表示在一个函数定义中，但这个函数里面还包含有函数的定义。其实 L 层和 E 层只是相对的，这两层空间合起来就是上面所说的局部命名空间。

第三层是 G（Global）：表示一个模块的命名空间，也就是说在一个 .py 文件中，且在函数或类外构成的一个空间，这一层空间对应上面所说的全局命名空间。

第四层是 B（Builtin）：表示 Python 解释器启动时就已经加载到当前编程环境中的命名空间。之所以叫 Builtin，是因为在 Python 解释器启动时会自动载入 _builtin_ 模块。这个模块中的 list、str 等内置函数就处于 B 层的命名空间中。这一层空间对应上面所说的内建命名空间。

下面通过一个例子来理解命名空间。

```
a=int('12')
def  outFunc():
    print('调用outFunc函数')
    b=3
    a=4
    def  inFunc():
        print('调用inFunc函数')
        b=5
        c=a+b
        print('调用inFunc函数的返回值为 ',c)
        return  c
    e=b+inFunc()
    print('调用outFunc函数的返回值为 ',e)
    return e
outFunc()
```

程序运行结果如下：

```
调用outFunc函数
调用inFunc函数
调用inFunc函数的返回值为 9
调用outFunc函数的返回值为 12
```

首先，当程序保存成一个 .py 文件，然后启动 Python 解析器。此时内建命名空间和全局命名空间被创建。在主函数调用 outFunc() 函数时创建局部命名空间。接下来分析该程序中的各个名称处于什么命名空间。

第 1 行，赋值语句，适用第一条规则，把名称 a 绑定到由内建函数 int() 创建的整型 3 这个对象。赋值的地方决定名称所处的命名空间，因为 a 是在函数外定义的，所以 a 处于 G 层命名空间中，即全局命名空间。

注意：这一行中还有一个名称，那就是 int。由于 int 是内置函数，是在 _builtin 模块中定义的，所以 int 就处于 B 层命名空间中，即内建命名空间。

第 2 行，由于 def 中包含一个隐性的赋值过程，适用第一条规则，把名称 outFunc 绑定到所创建的函数对象中。由于 outFunc 是在函数外定义的，因此 outFunc 处于 G 层命名空间中。此外，这一行还适用第二条规则，函数定义会创建新的命名空间，即局部命名空间。

第 4 行，适用第一条规则，把名称 b 绑定到 3 这个对象中。由于这是在一个函数内定义，且内部还有函数定义，因此 b 处于 E 层命名空间中，精确来说是处于 outFunc() 函数创建的局部命名空间。

第 5 行，适用第一条规则，把名称 a 绑定到 4 这个对象中。需要注意：这个名称 a 与 b 名称一样都处于 E 层命名空间中，但这个名称 a 与第 1 行的名称 a 是不同的，因为它们所处的命名空间是不一样的。

第 6 行，适用第一条规则，把名称 inFunc 绑定到所创建的函数对象中。由于名称 inFunc 是在 outFunc() 函数内部定义的，所以名称 inFunc 处于 L 层命名空间中，即定义 outFunc() 函数时创建的局部命名空间。同样，函数定义也会创建新的局部命名空间。

第 8 行，适用第一条规则，把名称 b 绑定到 5 这个对象中。由于这个名称 b 是在 inFunc() 函数内定义的，而且在这个函数内部没有其他的函数定义，所以这个名称 b 处于 L 层命名空间中，精确来说是处于 inFunc() 函数创建的局部命名空间中。这个名称 b 和第 4 行中的名称 b 是不同的，它们分别处于 inFunc() 函数创建的局部命名空间和 outFunc() 函数创建的局部命名空间。

第 9 行，适用第三条规则，Python 解释器首先识别到名称 a，按照 LEGB 的顺序查找，先找 L 层，即在 inFunc 内部的层，没有找到，再找 E 层，也就是在 outFunc 内部 inFunc 外部找到，其值为 4。然后又识别到名称 b，同样按 LEGB 顺序查找，在 L 层找到，其值为 5，然后把 4 和 5 相加得到 9，紧接着创建 9 这个对象，把名称 c 绑定到这个对象中。和第 8 行的 b 一样，这个名称 c 也处于 L 层命名空间。

后面的语句类似，这里就不再一一进行分析。其实，所谓的 LEGB 是为了学术上便于表述而创造的。对于一个程序员来说只要知道对于一个名称，Python 是怎么寻找它的值的就可以了。

通过上面的例子可以看出，如果在不同的命名空间中定义了相同的名称是没有关系的，不会产生冲突。寻找一个名称的过程总是从当前层（命名空间）开始查找，如果找到就停止查找，没找到就继续往上层查找，直到找到为止或抛出找不到的异常。总之，B 层内的名称在所有模块（.py 文件）中可用，G 层内的名称在当前模块（.py 文件）中可用，

E 和 L 层内的名称在当前函数内可用。

7.2 模　　块

在 Python 中，模块就是一个包含变量、函数或类的定义的程序文件，除了各种定义之外，还可包含其他的各种 Python 语句。在大型系统中，往往将系统功能分别使用多个模块来实现或者将常用功能集中在一个或多个模块文件中，然后在顶层的主模块文件或其他文件中导入使用。Python 本身也提供了大量内置模块，并可集成各种扩展模块。前面各章中已经使用到了一些 Python 的内置模块，如小数模块 decimal、分数模块 fractions、数学模块 math 等。

7.2.1　导入模块

模块需要先导入，然后才能使用其中的变量或函数。可使用 import 或 from 语句来导入模块，基本格式如下：

```
import 模块名称
import 模块名称 as 新名称
from 模块名称 import 导入对象名称
from 模块名称 import 导入对象名称 as 新名称
from 模块名称 import*
```

1．import语句

import 语句用于导入整个模块，可用 as 为导入的模块指定一个新的名称。使用 import 语句导入模块后，模块中的对象均以"模块名称.对象名称"的方式来引用。

模块导入示例一：

```
>>>import math                          # 导入模块
>>>math.fabs(-5)                        # 调用模块函数
5.0
>>>math.e                               # 使用模块常量
2.718281828459045
>>>fabs(-5)                             # 试图直接使用模块中的变量，出错
报错信息如下：
NameError:name 'fabs' is not defined
>>>import math as m                     # 导入模块并指定新名称
>>>m.fabs(-5)                           # 通过新名称调用模块函数
5.0
>>>m.e                                  # 通过新名称使用模块常量
2.718281828459045
>P>math.fabs(-10)                       # 模块原名称仍可使用
10.0
```

2．from语句

from 语句用于导入模块中的指定对象。导入的对象直接使用，不需要使用模块名称作为限定符。

模块导入示例 2：

```
>>>import math as m                    # 导入模块并指定新名称
>>>m.fabs(-5)                          # 通过新名称调用模块函数
5.0
>>>m.e                                 # 通过新名称使用模块常量
2.718281828459045
>>>math.fabs(-10)                      # 模块原名称仍可使用
10.0
>>>from math import fabs               # 从模块导入指定函数
fabs(-5)
5.0
>>>from math import e                  # 从模块导入指定常量
>>>e
2.718281828459045
>>>from math import fabs as f1         # 导入时指定新名称
>>>f1(-10)
10.0
```

3. from…import*语句

使用星号时，可导入模块顶层的全局变量和函数。

模块导入示例 3：

```
>>>from math import*                   # 导入模块顶层全局变量和函数
>>fabs(-5)                             # 直接使用导入的函数
5.0
>>>e                                   # 直接使用导入的常量.
2.718281828459045
```

7.2.2 导入与执行语句

　　import 和 from 语句在执行导入操作时，会执行被导入的模块。模块中的赋值语句执行时创建变量，def 语句执行时创建函数对象。总之，模块中的全部语句都会被执行，且只执行一次。当再次使用 import 或 from 语句导入模块时，不会执行模块代码，只是重新建立到已经创建的对象的引用而已。所以，import 和 from 语句是隐性的赋值语句。

　　（1）Python 执行 import 语句时，创建一个模块对象和一个与模块文件同名的变量，并建立变量和模块对象的引用。

　　（2）Python 执行 from 语句时，会同时在当前模块和导入模块中创建同名变量，并引用模块在执行时创建的对象。

　　下面通过示例说明通过使用模块导入的操作。

　　模块导入操作说明示例：

　　首先，下面的模块文件 test.py 包含了一条赋值语句、一个函数定义和一条输出语句。代码如下：

```
x=100                                  # 赋值，创建变量 x
def   show():                          # 定义的数，执行时创建函数对象
```

```
        print('这是模块test.py中的show()函数中的输出！')
print('这是模块test.py中的输出！')
```
下面通过使用该模块说明导入操作。

```
>>>import  test              # 导入模块，下面的输出说明模块在导入时被执行
>>>test.x                    # 使用模块变量
```

运行结果：

```
100
```

```
>>>test.x=200     # 为模块变量赋值
>>>import test               # 重新导入模块
>>>test.x                    # 使用模块变量，输出结果显示重新导入未影响变量的值
```

运行结果：

```
200
```

```
>>>test.show()    # 调用模块函数
```

运行结果：

```
这是模块test.py中的show()函数中的输出！
```

```
>>abc=test                   # 将模块变量赋值给另一个变量
>>>abc.x                     # 使用模块变量
```

运行结果：

```
200
```

```
>>>abc.show()     # 调用模块函数
```

运行结果：

```
这是模块test.py中的show()函数中的输出！
```

从上面的代码执行过程和输出结果可以看出，重新导入并不会执行代码，而只是重新建立到已经创建的对象的引用而已，所以并不会改变模块中变量在之前已经赋的值。在执行了import test后，test是与模块文件同名的变量，所以可以将它赋值给另一个变量abc，引用同一个模块对象。

再考察使用from导入test模块。

```
>>>from test import x,show   # 导入模块中的变量名x,show
>>>x                         # 输出模块中变量的原始值
```

运行结果：

```
200
```

```
>>>show()  # 调用模块函数
```

运行结果：

```
这是模块 test.py 中的 show() 函数中的输出！
>>>x=300                              # 这里是为当前模块变量赋值
>>>from test import x,show            # 重新导入
>>>x                                  #x 的值为模块中变量的原始值
```

运行结果：

```
200
```

在执行 from 语句时，可以看到模块重新导入，同时 from 语句将模块中的变量名 x 和 show 赋值给当前模块中的变量名 x 和 show。语句 "x=300" 只是为当前模块中的变量 x 赋值，不会影响到模块中的变量 x。再次重新导入后，当前模块变量 x 被重新赋值为 test 模块变量 x 的值。

从对比可以看出，import 导入模块后，可使用模块变量名 "test." 作为限定词，直接使用模块中的变量和函数；而 from 通过将模块中的变量名赋值给当前模块中的同名变量，来引用模块中的对象。

7.2.3 import 和 from 的使用

在使用 import 导入模块时，模块中的变量名使用 "模块名." 作为限定词，所以不存在歧义，即使与其他模块变量同名也没有关系。在使用 from 时，当前模块的同名变量引用了模块内部的对象。在遇到与当前模块或其他模块变量同名时，使用时应特别注意。

1. 使用模块内的可修改对象

使用 from 导入模块时，可以直接使用变量名引用模块中的对象，避免了输入 "模块名." 作为限定词。

在下面的模块 test2.py 中，变量 x 引用了一个不可修改的整数对象 100，y 引用了一个可修改的列表对象。

使用模块内的可修改对象示例：

```
test2.py:
x=100                # 赋值，创建整数对象 100 和变量 x，使 x 引用整数对象
y=[10,20]            # 赋值，创建引用列表对象 [10,20] 和变量 y，使 y 引用列表对象
```

下面使用 from 导入模块 test2.：

```
>>>x=10                   # 创建当前模块变量 x
>>>y=[1,21]               # 创建当前模块变量 y
>>>from test2 import*     # 使当前模块变量引用模块中的整数对象 100 和列表
>>>x, y                   # 输出结果显示确实引用了模块中的对象
```

运行结果：

```
(100,[10,20])
```

```
>>>x=200                  # 赋值，使当前模块变量 x 引用整数对象 200，断开与原来的引用
>>y[0]=['abc']            # 修改第一个列表元素，此时修改了模块中的列表对象
>>>import test2           # 再次导入模块
```

```
>>>test2.x,test2.y        #输出结果显示模块中的列表对象已经被修改,而模块中的变量x
没有被修改
```

运行结果:

```
(100,[['abc'],20])
```

在执行"from test2 import*"时,隐含的赋值操作改变了当前模块变量 x 和 y 的引用,使其引用了模块中的对象。执行"x=200"时,使当前模块变量 x 引用整数对象 200,原来与模块中整数对象 100 的引用断开。所以,赋值操作改变了变量的引用,并不会改变变量引用的对象。当执行"y[0]=['abc']"时,并没有改变 y 的引用,而是修改了引用的列表对象。如果本意只是修改了当前模块中的列表,只是刚好遇到与模块中引用了列表的变量同名,显然,目的并没有达到。这说明了在使用 from 导入模块时,应注意对可修改对象的使用。如果无法确定,建议使用 import。

2. 使用from导入两个模块中的同名变量

在下面的两个模块 test3.py 和 test4.py 中包含了同名的变量名。

使用 from 导入两个模块中的同名变量示例:

```
#test3.py
def  show():
    print('out in test3.py')


#test4.py
def  show():
    print('out in test4.py')
```

下面导入这两个模块:

```
>>>from test3 import show
>>>from test4.import show
>>>show()
```

运行结果:

```
out in test4.py
```

```
>>>from test4import show
>>>from test3import show
>>>show()
```

运行结果:

```
out in test3.py
```

由上可以看出,虽然导入了两个模块,但后面的导入为 show 赋值覆盖了前面的赋值,因此只能调用后面赋值时引用的模块函数。

如果使用 import 来导入,则不存在这种问题。

```
>>>import test3
```

```
>>>import test4
>>>test3.show()
```

运行结果：

```
out in test3.py
>>>test4.show()
```

运行结果：

```
out in test4.py
```

因此，通过前面例子可以看到，使用 from 执行导入时，有时可能会带来一些不确定性。为了避免不必要的冲突，建议使用 import 来执行导入。

7.2.4 重新载入模块

很多时候，再次使用 import 和 from 导入模块时，其本意通常是重新执行模块代码，恢复相关变量到模块执行时的状态。显然，这种愿望通过再次使用 import 和 from 导入是无法达到的。因此，Python 在 imp 模块中提供了 reload() 函数来重新载入并执行模块代码。使用 reload() 重载模块时，如果模块文件已经被修改，则会执行修改后的代码。reload() 函数用模块变量名作为参数，重载对应模块，所以 reload 重载的必须是使用 import 语句已经导入的模块。

重新载入模块示例：

```
>>>import test                          # 导入模块，模块代码被执行
```

运行结果：

```
这是模块 test.py 中的输出！
>>>test.x
```

运行结果：

```
100
>>>test.x=200
>>>import test                          # 再次导入
>>>test.x                               # 再次导入没有影响之前的赋值
```

运行结果：

```
200
>>>from imp import reload               # 导入 reload 函数
>>>reload(test)                         # 重载模块，可以看到模块代码被再次执行
```

运行结果：

```
这是模块 test.py 中的输出！
```

```
>>>test.x                                    #因为模块代码再次执行,x被赋值为原始值
```
运行结果:
```
100
```

7.2.5 嵌套导入模块

Python 允许任意层次的嵌套导入模块。每个模块都是一个命名空间,嵌套导入意味着名字空间的嵌套。在使用模块变量名时,需要依次使用模块变量名作为限定符。

嵌套导入模块示例:

有两个模块文件 module1.py 和 module2.py,代码分别如下:

```
#module1.py
x=100
def  show():
    print('这是模块 module1.py 中的 show()函数中的输出!')
print('载入模块 module1.py!')
import module2
```

```
#module2.py
x2=200
print('载入模块 moduLe2.py!')
```

在交互模式下导入 module1.py:

```
>>>import module1                          #导入模块 module1
载入模块 module1.py!
载入模块 module2.py!
>>>module1.x                               #使用 module1 模块变量
100
>>>module1.show()                          #调用 module1 模块函数
这是模块 module1.py 中的 show()函数中的输出!
>>>module1.module2.x2                      #使用嵌套调用的 module2 模块中的变量
200
```

7.2.6 模块对象属性和命令行参数

在导入模块时,Python 会使用模块文件创建一个模块对象。模块中引用的各种对象的变量名称为对象的属性。Python 也为模块对象添加了一些内置的属性。可使用 dir()函数来查看对象属性。

有模块 test5.py,代码如下:

```
'''
模块包含一个全局变量和函数
'''
#test5.py
x=100
y=[1,3]
def show():
```

```
        print('这是模块test5.py中的show函数中的输出!')
def add(a,b):
    return a+b
```

下面导入该模块，查看其属性：

```
>>>import test5
>>>print(dir(test5))
['__builtins__','__cached__','__doc__','__file__','__loader__','__name__','__package__','__spec__','add','show','x','y']
>>>test5.__doc__
模块包含一个全局变量和函数
```

当尝试访问一个不存在的属性时，会报异常。

```
>>>test5.__fi__
AttributeError:module 'main' has no attribute '__fi__'.
```

```
>>>test5.__file__
'test5.py'
>>>test5.__name__
'test5'
```

dir() 函数返回的列表包含了模块对象的属性，运行结果中以双下画线"__ __"开头和结尾的是 Python 内置的属性，其他为代码中的变量名。

在作为导入模块使用时，模块 _name_ 属性值为模块文件的主名。当作为顶层模块直接执行时，_name_ 属性值为"_main_"。在下面的 test6.py 中，检查 _name_ 属性值是否为"_main_"如果为"_main_"则将命令行参数输出。

name 属性和命令行参数示例：

```
#test6.py
if _name_=='_main_':
# 模块独立运行时，执行下面的代码
    def show():
        print('test6.py 独立运行')
    show()
    import sys
    print(sys.argv)                          # 输出命令行参数
else:
            # 作为导入模块时，执行下面的代码
    def show():
        print('test6.py 作为导入模块使用')
    show()
print('test6.py 执行完毕!')                   # 该语句总会执行
```

直接执行 test6.py，运行结果如下：

```
test6.py 独立运行
['C:/Users/Administrator/AppData/Local/Programs/Python/Python312/test6.py']
    test6.py 执行完毕!
```

在交互模式下导入 test6.py，执行其 show() 方法如下：

```
>>>import test6
test6.py 作为导入模块使用
test6.py 执行完毕！
>>>test6.show()
test6.py 作为导入模块使用
```

从上面的例子可以看出，通过检查 _name_ 属性值是否为 "_main_"，可以分别定义作为顶层模块或导入模块时执行的代码。

7.2.7 模块搜索路径

在导入模块时，Python 会执行下列 3 个步骤。

（1）搜索模块文件：在导入模块时，省略了模块文件的路径和拓展名，因为 Python 会按特定的路径来搜索模块文件。

（2）必要时编辑模块：找到模块文件后，Python 会检查文件的时间戳，如果字节码比源文件旧，即源代码文件做了修改，Python 会执行编译操作，生成最新的字节码文件。如果字节码文件是最新的，则跳过编译环节。如果在搜索路径中只发现了字节码而没有源代码文件，则直接加载字节码文件。如果只有源代码文件，Python 则直接执行编译操作，生成字节码文件。

（3）执行模块：执行模块的字节码文件。文件中所有的可执行语句都会被执行。变量在第一次赋值时被创建，函数对象也在执行 def 语句时创建。如果有输出，也会直接显示。

在使用模块导入功能时，不能在 import 或 from 语句中指定模块文件的路径，只能依赖于 Python 搜索路径。可使用标准模块 sys 的 path 属性来查看当前搜索路径设置。例如：

```
>>>import sys
>>>sys.path
['','C:\\Users\\Administrator\\AppData\\Local\\Programs\\Python\\Python312\\Lib\\idlelib',
 'C:\\Users\\Administrator\\AppData\\Local\\Programs\\Python\\Python312\\python312.zip',
 'C:\\Users\\Administrator\\AppData\\Local\\Programs\\Python\\Python312\\DLLs',
 'C:\\Users\\Administrator\\AppData\\Local\\Programs\\Python\\Python312\\Lib',
 'C:\\Users\\Administrator\\AppData\\Local\\Programs\\Python\\Python312',
 'C:\\Users\\Administrator\\AppData\\Local\\Programs\\Python\\Python312\\Lib\\site-packages']
```

第一个空字符表示 Python 当前工作目录，Python 按照先后顺序依次在 path 列表中搜索模块。如果要导入的模块不在这些目录中，导入操作失败。通常，sys.path 由四部分设计组成。

（1）程序的当前目录，可用 os 模块中的 getcwd() 函数查看当前目录名称。

（2）操作系统的环境变量 PYTHONPATH 中包含的目录（如果有的话）。

（3）Python 标准库目录。
（4）任何 .pth 文件包含的目录（如果有的话）。

Python 也会按照上面的顺序搜索各个目录。从 sys.path 的组成可以看出，可以使用系统环境变量 PYTHONPATH 或使用 .pth 文件来配置搜索路径。

.pth 文件通常放在 Python 安装目录中。.pth 文件的文件名可以任意，例如 searchpath.pth。.pth 文件中，每个目录占一行，可包含多个目录。

7.3 包

在大型系统中，通常会根据代码功能将模块文件放在多个目录中。在导入这种位于目录中的模块文件时，需要指定目录路径。Python 将存放模块文件的目录称为包。包是一个有层次的文件目录结构，其定义了一个由模块和子包组成的 Python 应用程序执行环境。包可以解决如下问题：

（1）把命名空间组织成有层次的结构。
（2）允许程序员把有联系的模块组合到一起。
（3）允许程序员使用有目录结构而不是一大堆杂乱无章的文件。
（4）解决有冲突的模块名称。

包的顶层目录 pytemp 应该包含在 Python 的模块搜索路径中。在包的各个子目录中，必须包含一个 _init_.py 文件，包的顶层目录不需要 _init_.py 文件。_init_.py 文件可以是一个空文件，或者在其中定义 _all_ 列表指定包中可导入的模块。这个文件是用来初始化对应模块的。通过 from-import 语句导入子句时需要用到该文件。如果不是通过这种方式导入的，则这个文件可以是空文件。

一个简单的 Python 包的目录结构如图 7-1 所示。

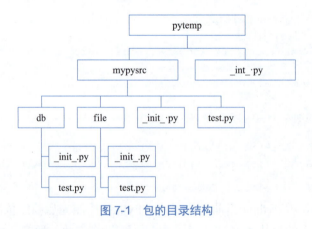

图 7-1 包的目录结构

包的导入包括绝对路径导入和相对路径导入两种。

1. 绝对路径导入

导入包中的模块，需要指明包的路径，在路径中使用点号分隔目录。

假设 db 目录中的"test.py"文件代码如下：

```
#pytemp/mypysrc/db/test.py
x=100
def show():
    print('这是模块 "pytemp/mypysrc/db/test.py" 中的 show() 函数中的输出！')
print('模块 pytemp/mypysrc/db/test.py 执行完毕！')
```

在交互模式下导入这个模块：

```
>>>import pytemp.mypysrc.db.test
模块 pytemp/mypysrc/db/test.py 执行完毕！
>>>pytemp.mypysrc.db.test.show()
这是模块 "pytemp/mypysrc/db/test.py" 中的 show() 函数中的输出！
>>>from pytemp.mypysrc.db.test import show
>>>show()
这是模块 "pytemp/mypysrc/db/test.py" 中的 show() 函数中的输出！
```

2. 相对路径导入

Python 总是在搜索路径中查找包。相对路径导入是 Python 对 from 语句的扩展，用于在模块文件中使用相对路径来导入包中的模块。在模块路径中，"."表示 from 导入命令的模块文件所在的路径，".."表示包含 from 导入命令的模块文件所在路径的上一级目录。

（1）使用"."执行相对导入：

在包 mypysrc 中有模块文件 reltest.py，其代码如下：

```
#pytemp/mypysrc/reltest.py
import os
print('当前工作目录为:',os.getcwd())
from .db.test import show                          # 使用相对路径导入
show()
print('相对导入测试完毕！')
```

在 mypysrc 的子包 db 中有模块文件 test.py，其代码文件如下：

```
#pytemp/mypysrc/db/test.py
x=100
def show():
    print('这是模块 "pytemp/mypysrc/db/test.py" 中的 show() 函数中的输出！')
print('模块 pytemp/mypysrc/db/test.py 执行完毕！')
```

在交互模式下导入 reltest.py：，代码如下：

```
>>>import pytemp.mypysrc.reltest                   # 导入模块
```

运行结果：

```
import pytemp.mypysrc.reltest
当前工作目录为 :C:\Users\Administrator\AppData\Local\Programs\Python\Python312
这是模块 "pytemp/mypysrc/db/test.py" 中的 show() 函数中的输出！
相对导入测试完毕！
```

从中可以看到导入时执行了 reltest.py 中的代码，在其中使用了相对路径导入了子目录 db 中 test.py 文件中的 show() 函数。

（2）使用".."执行相对导入：

在包 mypysrc 中有模块文件 test.py，其代码如下：

```
#pytemp/mypysrc/test.py          # 注意 test.py 是在 mypysrc 中，不再是 db 中
x=100
def show():
    print('这是模块 "pytemp/mypysrc/test.py" 中的 show() 函数中的输出！')
print('模块 pytemp/mypysrc/test.py 执行完毕！')
```

在 mypysrc 的子包 db 中有模块文件 reltest_up.py，其代码文件如下：

```
#pytemp/mypysrc/db/reltest_up.py
# 使用相对路径导入
from ..test import show
show()
print('模块 pytemp/mypysrc/db/reltest_up.py 执行完毕！')
print('相对导入测试完毕！')
```

在交互模式下导入 reltest_up.py：

```
>>>import pytemp.mypysrc.db.reltest_up
模块 pytemp/mypysrc/test.py 执行完毕！
这是模块 "pytemp/mypysrc/test.py" 中的 show() 函数中的输出！
模块 pytemp/mypysrc/db/reltest_up.py 执行完毕！
相对导入测试完毕！
```

从中可以看到导入时执行了子目录 db 中 reltest_up.py 中的代码，在其中使用了相对路径导入了上一级目录 mypysrc 中 test.py 文件中的 show() 函数。

小　结

本章主要讲解了以下几个知识点：

（1）命名空间。命名空间是从名称到对象的映射。Python中有3类命名空间:内建命名空间、全局命名空间和局部命名空间。不同的命名空间中的名称是没有关联的。

（2）模块。模块是把一组相关的名称、函数、类或它们的组合组织到一个文件中。一个文件被看作一个独立的模块，一个模块也可以被看作一个文件。模块的文件名就是模块的名字加上扩展名.opt-1.pyc或者.opt-2.pyc。

（3）模块导入。模块导入可以使用import语句导入整个模块或者使用from-import语句导入指定模块的变量、函数或者类等。

（4）包。包是一个有层次的文件目录结构，它定义了一个由模块和子包组成的Python应用程序执行环境。

习 题

一、填空题

1. Python 中模块分为内置模块、_____ 和 _____。
2. 通过 _____ 和 _____ 可导入模块。
3. Python 中的包是一个包含 _____ 文件的目录。

二、选择题

1. 下列关于 Python 中模块的说法中，正确的是（　　）。
    A. 程序中只能使用 Python 内置的标准模块
    B. 只有标准模块才支持 import 导入
    C. 使用 import 语句只能导入一个模块
    D. 只有导入模块后，才可以使用模块中的变量、函数和类
2. 下列关于标准模块的说法中，错误的是（　　）。
    A. 标准模块无须导入就可以使用
    B. random 模块属于标准模块
    C. 标准模块可通过 import 导入
    D. 标准模块也是一个 .py 文件
3. 下列导入模块的方式中，错误的是（　　）。
    A. import random   B. from random import random
    C. from random import*   D. from random
4. 下列选项中，能够随机生成指定范围的整数的是（　　）。
    A. random.random()   B. random.randint()
    C. random.choice()   D. random.uniform()
5. 下列关于包的说法中，错误的是（　　）。
    A. 包可以使用 import 语句导入
    B. 包中必须含有 __init_.py 文件
    C. 功能相近的模块可以放在同一包中
    D. 包不能使用 from..import... 方式导入

三、编程题

1. 两个文件 :module1.py 和 module2.py。
module1.py 的代码如下：

```
#module1.py
astring=' abc'
def display():
print('astringfrom module1:',astring)
```

module2.py 的代码如下：

```
#module2.py
import module1 as m
m.display()
astring='123'
print('astring from module2:',astring)
m.display()
print('--')
m.display()
m.astring='123'
print('astring from module2:',astring)
m.display()
```

现在执行 module2.py 脚本，其输出结果是什么？

2. 两个文件：module3.py 和 module4.py。

module3.py 的代码如下：

```
#module3.py
class Reference:
    count=0
    def __init__(self):
        Reference.count+=1
        print('count:',Reference.count)
```

module4.py 的代码如下：

```
#module4.py
import module3 as m1
r1=m1.Reference()
import module3 as m2
r2=m1.Reference()
r3=m2.Reference()
```

现在执行 module4.py 脚本，其输出结果是什么？

第 8 章 文件操作

学习目标

◎ 掌握文件路径的基本概念。
◎ 掌握文件的读写操作。
◎ 掌握文件定位的概念。
◎ 熟悉文件操作基本函数。

在目前为止,我们使用的主要是解释器自带的数据结构,程序与外部的交互很少,而且都是通过 input 和 print 进行的。本章将更进一步让程序能够更多地与外部世界交互。本章介绍的知识点函数或对象可以帮助开发人员永久存储数据以及处理来自其他程序的数据。

8.1 文件概述

当涉及计算机编程和数据处理时,文件是一种非常重要的数据存储形式。文件可以包含各种类型的信息,从简单的文本文件到复杂的图像、视频和音频文件,文件在计算机科学和软件开发中扮演着至关重要的角色。

文件是一组相关数据的集合,它们以某种特定的格式和结构存储在计算机的永久性存储设备(如硬盘或固态硬盘)中。这些数据可以包含文本、图像、数字、程序代码和其他任何形式的信息。文件在计算机科学中起着至关重要的作用,它们用于保存用户数据、配置信息、程序代码和任何其他形式的内容。在软件开发中,文件常常用于数据的输入和输出,例如,从文件读取配置设置或将计算结果写入文件供后续处理。

根据存储的数据类型,文件可以分为两种主要类型:

(1)文本文件:文本文件是由字符组成的文件,每个字符都使用某种编码(如 UTF-8)表示。文本文件可以用普通的文本编辑器打开和阅读,并且通常用于存储纯文本信息,例如日志文件、配置文件、CSV 文件等。

(2)二进制文件:二进制文件是由字节(bytes)组成的文件,其中可以包含任意类型的数据,图像、音频、视频文件以及编译后的程序都属于二进制文件。由于二进制文件不是纯文本形式,它们不能直接用文本编辑器打开,而需要专门的应用程序来解释和处理。

8.2　文件的路径

文件路径用于指定文件的位置。在计算机中，文件存储在特定的目录结构中，我们需要提供正确的路径才能找到文件。文件的组织形式是采用树型结构，树形数据结构是一类重要的非线性数据结构。树形数据结构可以表示数据表素之间一对多的关系。其中以树与二叉树最为常用，直观来看，树是以分支关系定义的层次结构。树形数据结构在计算机领域中有着广泛应用，如在编译程序中，可用树来表示源程序的语法结构。又如在数据库系统中，树形数据结构也是信息的重要组织形式之一。以及在文件管理中，多级目录结构就采用树形数据结构。在复杂的目录结构中操作文件夹或文件，需要用到路径。

8.2.1　路径的概念

操作系统组织文件的方式是采用倒立树形结构，从"根目录"开始，根目录下存放文件，也可以创建若干一级子目录，各一级子目录下又可以存放文件，或创建二级子目录，如此反复，目录的深度可以在操作系统限定的范围内（如 256 级）任意扩展。图 8-1 所示为一个文件目录结构。

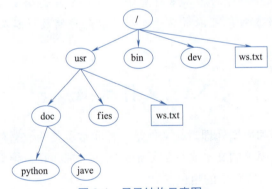

图 8-1　目录结构示意图

一个文件有两个属性：一是文件名，二是路径。路径指明了文件在计算机上的位置。路径由目录及目录分隔符组成。例如，在 Window7 系统下，D:\programs\java\myprogram.java 路径指明了文件 myprogram.java 的位置，它位于 D 盘 programs 目录下的 java 目录下，programs 和 java 均为目录，Windows 系统下目录分隔符为 "\"。文件的扩展名为 java，说明它是一个 java 源程序文件。目录下可以包含文件和目录，路径 D:\ 部分是根目录。在 Linux 或 OS X 中，根目录是 "/"（与 Windows 相反），目录分隔符是 "/"，请注意不同操作系统的区别。

8.2.2　绝对路径与相对路径

文件的路径可分为绝对路径与相对路径。绝对路径总是从根目录开始，通过一个绝对路径能唯一定位到一个确定的目录下，例如：D:\programs\java 是绝对路径，"D:" 表示 Windows 系统下 D 盘根目录，"programs" 是该根目录下的一个子目录，"java" 是 "programs"

目录下的一个子目录，因此该路径定位到 D 盘根目录下的 programs 目录下的 java 目录下。再如，在 Linux 系统中："/home/ws"表示根目录下的子目录 home 下的 ws 目录（注意：Linux 系统中没有 C 盘，D 盘这样的概念，整个系统只有一个根目录 /，根目录下有 home. usr. bin. dev. mnt 等子目录，硬盘上所有的逻辑分区都挂载到根目录下的某个层级的子目录上。关于 Linux 文件系统请参考 Linux 书籍。所以一旦一个路径从根目录开始，它就是绝对路径，没有二义性。

但相对路径不能唯一确定一个路径。根据当前目录的不同，相对路径代表的真实路径不同。相对路径相对于当前工作目录，如果当前工作目录是 D:\Python34。则相对路径 doc 表示的绝对路径是 D:\Python34\doc，这时用 os.mkdir("doc") 创建个子目录 doc，则会创建绝对路径 "D:Python34\doc"；如果当前目录是 "E:\ws"，则用上述命令创建的目录实际上是 E:\ws\doc，这显然是完全不同的另一个路径。

8.3 文本文件的读写

为了长期保存数据以便重复使用、修改和共享，必须将数据以文件的形式存储到外部介质（如磁盘、U 盘、光盘等）或云盘中。按文件中数据的组织形式可以把文件分为 2 种：文本文件、二进制文件。无论是文本文件还是二进制文件，其操作流程基本都是一致的。

（1）首先打开文件并创建对象。
（2）通过该文件对象对文件内容进行读取、写入、删除、修改等操作。
（3）关闭并保存文件内容。

8.3.1 文件的打开与关闭

Python 内置了文件对象，通过 open() 函数即可指定模式打开指定文件并创建文件对象。

```
文件对象名=open(file,mode='r',buffering=-1,encoding=None,errors=None,newline=None)
```

函数实现功能：打开计算机上的一个文件（若文件不存在，则在计算机上创建一个文件）
参数说明：

（1）file（文件名）：指定了被打开的文件路径，需要操作的文件名称 [可以包含全路径 / 或者只是文件名称（当前文件夹)]。

（2）mode（打开模式）：指定了打开文件后的处理方式（见表 8-1），包含了例如"只读""读写""追加"等功能选择。

表 8-1 文件操作方式

mode	文件操作方式
r	read 打开并且读取文件内容【默认参数】
w	write 打开并且向文件中写入内容（如果文件不存在，创建一个新文件；每次打开文件写入内容，都会覆盖原来的内容）

mode	文件操作方式
a	append 打开并且向文件中追加内容
t	text 打开一个文本文件进行操作（默认参数）
b	binray 打开一个二进制文件进行操作
w+	先清空所有文件内容，然后写入，才可以读取写入的内容
r+	不清空内容，可以同时读和写入内容。写入文件的最开始
a+	追加写，所有写入的内容都在文件的最后

（3）encoding：文件编码按照指定的编码方式，进行文件读写就不会出现文件乱码。如：以读取文件内容的方式打开文件：

```
file=open("c:/hello.txt","r",encoding="UTF-8")
```

表示打开路径为 c:/hello.txt 的文件，采用读模式，编码格式为 UTF-8（注：编码格式默认为 GBK，通常用 UTF-8）。

close() 方法用于关闭一个已打开的文件。关闭后的文件不能再进行读写操作，否则会触发 ValueError 错误。close() 方法允许调用多次。当 file 对象被引用到操作另外一个文件时，Python 会自动关闭之前的 file 对象。

例如，关闭文件：

```
file.close()
```

如果对文件进行了写入的操作，那么应该在完成写入之后进行文件的关闭操作。因为 Python 可能会缓存写入的数据，如果中间断了电或出现其他异常的情况，缓存的数据不会写入文件。所以，为了安全起见，要养成使用完文件后立刻关闭文件的习惯。

8.3.2 文件的读写

1．向文件中写入数据

（1）write（str）：向文件中写入 str 字符串，不会自动在字符串末尾添加"\n"换行字符。

（2）writelines（sequence）：向文件中写入 sequence 字符串列表，不会自动在字符串末尾添加"\n"换行字符。

例 8.1：文件写入示例。

```
fo=open("foo.txt",'w',encoding="UTF-8")
fo.write("This is the first line.\n")
fo.write("This is the second line.\n")
fo. write("This is the third line.\n")
fo.write("This is the fourth line.\n")
fo.write("This is the fifth line.\n")
fo.close()
```

使用记事本程序打开 foo.txt 查看其内容，如图 8-2 所示。

图 8-2　foo.txt 文件内容

由于文件读写时都有可能产生 IOError 异常，一旦出错，后面的 close() 方法就不会被调用。为了保证无论是否出错都能正确地关闭文件，可以使用 try...fnally 语句。

例 8.2：打开文件，使用 try...fnally 语句。

```
try:
    fo=open("foo.txt",'w',encoding="UTF-8")
    fo.write("This is the first line.\n")
    fo.write("This is the second line.\n")
    fo.write("This is the third line.\n")
    fo.write("This is the fourth line.\n")
    fo.write("This is the fifth line.\n")
finally:
    if fo:
    fo.close()
```

更好的方式是使用 With 语句。在 With 语句中，调用 open() 函数打开文件，但无须显式调用方法关闭文件，在合适的时候会自动关闭文件。

例 8.3：打开文件，使用 With 语句。

```
with open("foo.txt",'w') as fo:
    fo.write("This is the first line.\n")
    fo.write("This is the second line.\n")
    fo.write("This is the third line.\n")
    fo.write("This is the fourth line.\n")
    fo.write("This is the fifth line.\n")
```

为了防止文件中已存在的数据被意外清除，在打开文件前可以检测该文件是否存在。使用 os.path 模块中的 isfile() 方法判断一个文件是否存在，存在则返回 True，否则返回 False。

例 8.4：检查文件是否存在。

```
import os.path
if os.path.isfile("foo.txt"):
print("文件 foo.txt 已经存在！")
else:
pass
```

若文件存在，控制台输出"文件 foo.txt 已经存在！"。

2. 从文件中读取数据

（1）read()：读取文件中所有内容。

（2）read(size=-1)：从文件中读取 size 指定的字符数。如果未给定 size 或 size 为负数，则读取所有内容。

（3）readline(size=-1)：从文件中读取 size 指定的字符数。如果未给定 size 或 size 为负数，则读取一整行内容，包括"\n"换行字符。

（4）readlines(hint=-1)：从文件中读取 hint 指定的行数。如果未给定 hint 或 hint 为负数，则读取所有行内容。返回以每行为元素形成的一个列表。

例 8.5：在文件中读取数据。

```
with open("foo.txt",'r') as fo:
print(fo.read().rstrip())
```

或者：

```
with open("foo.txt",'r') as fo:
    lines=fo.readlines()
    for line in lines:
        print(line.rstrip())
```

也可以：

```
with  open("foo.txt",'r') as fo:
    for line in fo:
        print(line.rstrip())
```

输出：

```
This is the first line.
This is the second line.
This is the third line.
This is the fourth line.
This is the fifth line.
```

3. 往文件中追加数据

例 8.6：往文件中追加数据。

```
with open("foo.txt",'a+') as fo:
    lines=["Hello world!\n","Python is interesting!\n"]
    fo.writelines(lines)
with open("foo.txt",'r') as fo:
    for line in fo:
        print(line.rstrip())
```

追加数据需使用模式"a+"，运行程序后输出：

```
This is the first line.
This is the second line.
```

```
This is the third line.
This is the fourth line.
This is the fifth line.
Hello world!
Python is interesting!
```

4. 读写数值数据

例 8.7：读写数值数据。

```
from random import randint
with open("numbers.txt",'w') as fo:
    for i in range(10):          # 写入 10 个随机整数
        fo.write(str(randint(0,9))+' ')
with open("numbers.txt",'r') as fo:
    all_content=fo.read()        # 读取文件所有内容
    numbers=[eval(x) for x in all_content.split()]
    for number in numbers:
        print(number,end=' ')
```

运行程序后输出：

```
6 7 7 0 8 6 3 8 4 9
```

每次运行的结果可能是不同的。为了向文件中写入数字，首先要将它们转换为字符串，然后利用 write() 方法将它们写入文件。为了能从文件中正确读取数字，写入文件时利用空格来分隔数字。因为数字被空格分隔，字符串的 split() 方法能够将该字符串分解成列表，从列表中获取数字并显示。

8.3.3 文件的定位

用 open0 打开一个文件后，有一个指针指向文件的开始位置，read0 函数读取一个文件后，指针将向后移动相应的数目。

假设文件 ws.txt 中的内容为：

```
hello world
```

请看下面的代码执行情况：

```
fo=open("ws.txt ",'r')
str=fo.read(2)
print(str)
输出：he                          # 此处输出两个字符, 文件指针向后移动两个位置。
str=fo.read(2)
print(str)
输出：ll                          # 此处输出两个字符, 文件指针再次向后移动两个位置。
Str=fo.read(3)
print(str)
输出：o w                         # 此处输出三个字符（注意 o 与 w 间有一个空格）, 文件
                                    指针向后移动三个位置。
fo.close()
```

从以上代码可以看出，每次读取内容后文件指针向后移动相应的数量，下次读取从新的位置开始。

操作文件时获取文件内当前操作位置，需要使用 tell() 函数，tell() 函数告诉用户文件内的当前位置；换句话说，下一次的读写会发生在文件开头这么多字节之后。例如：

```
fo=open("ws.txt")
fo.tell()
输出：0              # 文件刚打开，指针指向文件开始位置。
str=fo.read(2)
fo.tel()
输出：2              # 读取 2 个字符后的指针位置
str=fo.read(3)
fo.tell()
输出：5              # 读取 5 个字符后的指针位置
fo.close()
```

seek(offset[,from]) 函数改变当前文件的位置，offset 变量表示要移动的字节数，from 变量指定开始移动字节的参考位置。如果 from 被设为 0，这意味着将文件的开头作为移动字节的参考位置。如果设为 1，则使用当前的位置作为参考位置。如果它被设为 2，那么该文件的末尾将作为参考位置。

例如：

```
fo=open("ws.txt ",'r')
fo.seek(3)           # 指针位置在 3 个字符后
str=fo.read()
print(str)
输出：lo world       # 从位置 3 开始输出（因为位置是从 0 开始，所以位置 3 是第四个字符）
fo.close()
```

8.3.4　文件读写异常处理

处理文件异常在文件操作中至关重要，因为在实际应用中，文件可能不存在、权限受限或发生其他错误。为了保证程序的稳健性，应该合理地处理这些异常情况。以下是一些常见的文件异常以及异常处理方法。

文件不存在的异常处理：当尝试打开一个不存在的文件时，Python 会引发 FileNotFoundError 异常。为了避免程序因此崩溃，可以使用异常处理来捕获该异常并采取相应的措施。

```
try:
    with open("non_existent_file.txt","r") as file:
        content=file.read()
        print(content)
except FileNotFoundError:
    print("文件不存在")
except Exception as e:
    print("发生了未知错误:",str(e))
```

文件访问权限异常处理：在某些情况下，文件可能处于只读或只写状态，或者用户没有访问该文件的权限，这时候打开文件可能引发 PermissionError 异常。

```
try:
    with open("protected_file.txt","w") as file:
        file.write("This is a protected file.")
except PermissionError:
    print(" 文件访问权限错误 ")
except Exception as e:
print(" 发生了未知错误 :",str(e))
```

异常处理的通用写法：如果不确定可能出现的具体异常类型，可以使用 Exception 来捕获所有异常，并在程序中打印或处理异常信息。

```
try:
    with open("file.txt","r") as file:
        content=file.read()
        print(content)
except Exception as e:
print(" 发生了未知错误 :",str(e))
```

有时，需要在异常发生与否都执行一些清理操作，比如关闭文件，可以使用 finally 块来确保这些操作始终得到执行。

```
try:
    file=open("file.txt","r")
    content=file.read()
    print(content)
except FileNotFoundError:
    print(" 文件不存在 ")
except Exception as e:
    print(" 发生了未知错误 :",str(e))
finally:
    if 'file' in locals():
        file.close()
```

在上述代码中，finally 块中的代码将在 try 块中的代码执行后无论是否出现异常都会执行，这样可以确保文件得到正确关闭。

通过合理的异常处理，可以优雅地处理文件操作中的各种异常情况，避免程序崩溃，并给用户更好的使用体验。当然，在具体的应用场景中，还可以根据需求进行更复杂的异常处理逻辑。

8.4 文件操作函数

8.4.1 文件操作相关函数

file 对象使用 open() 函数来创建，下面列出了 file 对象常用的函数。

（1）file.close()：关闭文件。关闭后文件不能再进行读写操作。
（2）file.flush()：刷新文件内部缓冲，直接把内部缓冲区的数据立刻写入文件，而不是被动地等待输出缓冲区写入。
（3）file.fileno()：返回一个整型的文件描述符（file descriptor FD 整型），可以用在如 os 模块的 read() 函数等一些底层操作上。
（4）fileisatty()：如果文件连接到一个终端设备返回 True，否则返回 False。
（5）file.next()：返回文件下一行。
（6）file.read（size）：从文件读取指定的字节数，如果未给定或为负则读取所有字节数。
（7）file.readline（size）：读取整行，包括 "\n" 字符。
（8）file.readlines（sizeint）：读取所有行并返回列表，若给定 sizeint>0，返回总和大约为 sizeint 字节的行，实际读取值可能比 sizeint 较大，因为需要填充缓冲区。
（9）file.seekoffset[,whencel]：设置文件当前位置。
（10）file.tell()：返回文件当前位置。
（11）file.truncate（size）：截取文件，截取的字节通过 size 指定，默认为当前文件位置。
（12）file.write（str）：将字符串写入文件，没有返回值。
（13）file.writelines（sequence）：向文件写入一个序列字符串列表，如果需要换行则要自己加入每行的换行符。

8.4.2 文件系统常用操作

os，语义为操作系统，即操作系统相关的功能，可以处理文件和目录等操作：
（1）os.getcwd()：得到当前工作目录，即当前 Python 脚本工作的目录路径。
（2）os.listdir()：返回指定目录下的所有文件和目录名。
（3）os.remove(filename)：删除文件 filename。
（4）os.removedirs()：删除多个目录。
（5）os.path.isfile()：检验给出的路径是否是一个文件。
（6）os.path.isdir()：检验给出的路径是否是一个目录。
（7）os.path.isabs()：判断是否是绝对路径。
（8）os.path.exists()：检验给出的路径是否存在。
（9）os.path.split()：将参数指定的路径分割成目录和文件名二元组返回。

8.5　二进制文件操作

数据库文件、图像文件、可执行文件、音视频文件和 Office 文档等均属于二进制文件。对于二进制文件，不能使用记事本或其他文本编辑软件进行正常读写，也无法通过 Python 的文件对象直接读取和理解。必须正确理解二进制文件结构和序列化规则，才能准确地理解二进制文件内容，并且设计正确的反序列化规则。序列化是指把内存中的数据在不丢失其类型信息的情况下转成对象的二进制形式表示的过程，对象序列化后的形式经过正确的反序列化过程应该能够准确地恢复为原对象。

Python 中常用的序列化模块有 struct、pickle、json、marshal 和 shelve，其中 pickle 有 C 语言实现的 cPickle，速度约提高 1 000 倍，应优先考虑使用。本节主要介绍 struct 和 pickle 模块在对象序列化和二进制文件操作方面的应用，其他模块请参考有关文档。

8.5.1 使用 pickle 模块

pickle 是较为常用并且速度非常快的二进制文件序列化模块，下面通过两个示例来了解如何使用 pickle 模块进行对象序列化和二进制文件读写。

例 8.8：使用 pickle 模块写入二进制文件。

```
import pickle
f=open('sample_pickle.dat','wb')
n=7
i=13000000
a=99.056
s=' 中国人民123abc'
lst=[[1,2,3],[4,5,6],[7,8,9]]
tu=(-5,10,8)
coll={4,5,6}
dic={'a':'apple','b':'banana','g':'grape','o':'orange'}
try:
    pickle.dump(n,f)
    # 表示后面将要写入的数据个数
    pickle.dump(i,f)
    # 把整数 i 转换为字节串，并写入文件
    pickle.dump(a,f)
    pickle.dump(s,f)
    pickle.dump(lst,f)
    pickle.dump(tu,f)
    pickle.dump(coll,f)
    pickle.dump(dic,f)
except:
    print(' 写文件异常！')
# 如果写文件异常则跳到此处执行
finally:
    f.close()
```

例 8.9：读取例 8.8 中写入二进制文件的内容。

```
import pickle
f=open('sample_pickle.dat','rb')
n=pickle.load(f)# 读出文件的数据个数
i=0
while(i<n):
    x=pickle.load(f)
    print(x)
    i=i+1
f.close()
```

执行后，即可输出例 8.8 中输入文件的内容。结果为：

```
13000000
99.056
中国人民123abc
[[1,2,3],[4,5,6],[7,8,9]]
(-5,10,8)
{4,5,6}
{'a':'apple','b':'banana','g':'grape','o':'orange'}
```

8.5.2 使用 struct 模块

struct 也是比较常用的对象序列化和二进制文件读写模块，struct.pack 用于将 Python 的值根据格式符转换为字符串（因为 Python 中没有字节类型，可以把这里的字符串理解为字节流或字节数组）。其函数原型为：struct.pack(fmt,v1,v2,…)，参数 fmt 是格式字符串。v1，v2，…表示要转换的 Python 值。struct.unpack 做的工作刚好与 struct.pack 相反，用于将字节流转换成 Python 数据类型。它的函数原型为：struct.unpack(fmt,string)，该函数返回一个元组。下面通过一个示例来简单介绍使用 struct 模块对二进制文件进行读写的用法。

例 8.10：使用 struct 写入二进制文件并读取。

```
import struct
fp=open('test.bin','wb')
# 按照上面的格式将数据写入文件中
# 这里如果 string 类型的话，在 pack 函数中就需要 encode('utf-8')
name=b'lily'
age=18
sex=b'female'
job=b'teacher'
#int 类型占 4 个字节
fp.write(struct.pack('4si6s7s',name,age,sex,job))
fp.flush()
fp.close()
# 将文件中写入的数据按照格式读取出来
fd=open('test.bin','rb')
#21=4+4+6+7
print(struct.unpack('4si6s7s',fd.read(21)))
fd.close()
```

执行结果为：

```
(b'lily',18,b'female',b'teacher')
```

8.5.3 文件批量处理

下面通过一个综合例子来熟悉 os 模块中的函数功能。

编写一个程序，在目录树中搜索包含指定字符串的文本文件，并建立文件列表及文件所在目录的列表。搜索从当前目录开始，沿着目录树向下搜索，直到全部搜索完成。思路如下：在每一个目录中，检查该目录下的每个文件，判断其是否为文本文件（在 Windows 系统中，扩展名为 .txt）。如果是文本文件，则打开，读取其中的内容，然后搜索指定字符串。如果找到，则将文件添加至文件列表，同时将所在目录添加到目录列表。完成搜索后，输出找到的内容。

我们首先定义一个函数 check(searchStr ,count,fileList ,dirList)。此函数各参数含义如下：

（1）searchStr：待查找的字符串。

（2）count：用于统计目录树中所有的文本文件数量。

（3）fileList：用于保存包含 searchStr 字符串的文件列表。

（4）dirList：用于保存包含 searchStr 字符串的文件所在的目录的列表。该函数返回整数值 count。

此函数功能：从当前目录开始，沿目录树向下搜索。对目录中的每个文件，如果是文本文件，则进行如下操作：

（1）已检查文本文件计数加 1。

（2）打开文件，将文件内容读入一个字符串。

（3）如果 searchStr 在 file 字符串中，则进一步做如下操作：创建文件的路径，把文件添加到含有 searchStr 的文件列表中，在目录列表中添加目录。

程序提示用户输入搜索字符串，初始化计数和列表，然后调用函数，输出信息。

例 8.11：批量文件处理。

```
import os
def check(searchStr,count,fileList,dirList):
    for dirName,dirs,files in os.walk("."):
        for f in files:
            if os.path.split(f)[1].split(".")[1]=="txt":
                count=count+1
                aFile=open(os.path.join(dirName,f),"r")
                fileStr=aFile.read()
                if searchStr in fileStr:
                    fileName=os.path.join(dirName,f)
                    fileList.append(fileName)
                    if dirName not in dirList:
                        dirList.append(dirName)
                aFile.close()
    return count
print(os.getcwd())
theStr=input("what are you looking for? ")
fileList=[]
dirList=[]
count=0
count=check(theStr,count,fileList,dirList)
print("looked at%d text files"%(count))
print("found%d directories containing text files"%(len(dirList)))
print("found%d files containing string :%s"%(len(fileList),theStr))
print('\n****Direcotries List****')
for dirs in dirList:
    print(dirs)

print('\n****FileList****')
for f in fileList:
    print(os.path.split(f)[1])
```

小　结

　　文件被组织在目录(文件夹)中，路径描述了一个文件的位置。运行在计算机上的每个程序都有一个当前工作目录，它让用户相对于当前的位置指定文件路径，而并不是总需要绝对路径。os.path模块包含许多函数，用于操作文件路径。用户编写的程序可以直接操作文本文件的内容。Open()函数打开这些文件，将它们的内容读取为一个大字符串[read0)]，或读取为字符串的列表[readlines0)]。Open()函数可以将文件以写模式或添加模式打开，分别创建新的文本文件或在原来的文本文件中添加内容。本章介绍了许多操作文件及文件夹的函数，还有大量的相关函数未提及，需要时可查阅帮助文档或手册。

习　题

一、填空题

1. 文件的路径分为＿＿＿＿、＿＿＿＿，在编写Python程序时，常用＿＿＿＿。
2. 往文件中写入数据时，write(str)向文件中写入＿＿＿＿字符串，不会自动在字符串末尾添加＿＿＿＿换行字符。
3. 向文件中写入数据时，追加数据需使用模式＿＿＿＿。
4. 为了防止文件中已存在的数据被意外清除，在打开文件前可以检测该文件是否存在。使用＿＿＿＿模块中的＿＿＿＿方法判断一个文件是否存在，存在则返回True,否则返回False。
5. ＿＿＿＿函数可以刷新文件内部缓冲，直接把内部缓冲区的数据立刻写入文件，而不是被动地等待输出缓冲区写入。

二、单选题

1. 下列为相对路径的是（　　）。
   A. D:\programs\java\myprogram.java
   B. https://www.baidu.com/
   C. ../images/1.jpg
   D. C:/images/1.jpg
2. 在文件中写入数据需要使用函数（　　）。
   A. write()　　　　B. read()　　　　C. upcase()　　　　D. truncate()
3. 下列选项中不是Python对文件的写操作方法的是（　　）。
   A. writelines　　　B. write　　　C. write和seek　　　D. writetext
4. 假设文件ws.txt中的内容为hello world,请看下面的代码执行情况：

```
fo=open("ws.txt ",'r')
str=fo.read(2)
print(str)
```

程序输出（　　）。

　　A. he　　　　　　　　B. el　　　　　C. ld　　　　　　　　D. ll

5. 得到当前工作目录，即当前 Python 脚本工作的目录路径，所用函数为（　　）。

　　A. os.getcwd()　　　　　　　　B. os.listdir()

　　C. os.path.isfile()　　　　　　　D. os.path.split()

三、编程题

1. 用户输入一个目录和一个文件名，搜索该目录及其子目录中是否存在该文件。

2. 创建文件 data.txt，文件共 100 行，每行存放一个 1～100 之间的整数。

3. 假设有一个英文文本文件，编写程序读取其内容，并将其中的大写字母变为小写字母，小写字母变为大写字母。

4. 编写程序，将包含学生成绩的字典保存为二进制文件，然后再读取内容并显示。

第 9 章 异常处理

学习目标

◎ 熟悉异常的类型。
◎ 掌握异常的处理机制。
◎ 掌握异常的捕获方法。

程序中的错误分为 3 类：语法错误、运行时错误和逻辑错误。即使是有经验的程序员，也不能避免错误。学习程序设计首先应该认清这一情况。既然程序总会出错误，那么在程序开发过程中，不仅要尽可能地保证程序的正确性，还要保证程序的健壮性。本章将介绍如何用适当的方法去处理异常或错误。

9.1 异常的概念

当编写程序时，异常是指在代码执行过程中可能发生的错误、故障或意外情况。这些情况可能会导致程序无法继续正常执行，因此需要特殊的处理来防止程序崩溃或产生不可预测的结果。异常提供了一种在出现问题时进行适当处理的机制，以确保程序在遇到问题时能够以一种可控的方式响应。可能引发异常的情况有多种：

（1）输入错误：如果用户提供的输入与预期类型或格式不匹配，比如期望一个数字但输入了文本，就会引发异常。

（2）文件操作：当尝试打开、读取或写入文件时，如果文件不存在、权限不足或文件损坏，就会发生异常。

（3）网络通信：在进行网络通信时，如果连接中断、服务器不可用或数据包丢失，都可能导致异常。

（4）数学运算：例如，试图除以零会引发数学异常。

（5）数据结构访问：当尝试访问列表、字典或其他数据结构中不存在的元素或键时，会触发异常。

（6）硬件故障：在硬件故障的情况下，如内存耗尽、磁盘故障等，程序也可能遇到异常。

异常指的是在程序运行过程中发生的异常事件，异常（Exception）都是运行时产生的。编译时产生的不是异常，而是错误（Error）。最开始大家都将程序设计导致的错误（Error）认定为不属于异常（Exception），但是一般都将 Error 作为异常的一种，所以异常一般分两类，Error 与 Except。Python 过程中最常见的语法错误有如下几种，均属于异常，例如：

例 9.1：语法错误示例。

```
prin("hello,world ")
```

输出：

```
Traceback(most recent call last):
File " F:/Program Files/pythonwork/9.1.py ",line 1. in<module>
prin("hello,world ")
NameError:name 'prin' is not defined
```

语法分析器指出错误行为第 1 行，因为 print 少了一个"t"。错误会输出文件名和行号。这类错误需要编程者自己不断提高编辑和编程水平来减少发生的频率，而不能指望 Python 系统帮助解决。

即使一条语句或表达式在语法上是正确的，当试图执行它时也可能会引发错误。运行期检测到的错误即为异常。

例 9.2：异常示例。

```
20*(10/0)
```

输出：

```
Traceback(most recent call last):
  File " F:/Program Files/pythonwork/9.2.py ",line 1,in<module>
    20*(10/0)
ZeroDivisionError:division by zero
```

以上代码出现除数为 0 的异常。

```
20+mycar
```

输出：

```
Traceback(most recent call last):
  File "F:/Program Files/pythonwork/9.2.py",line 1,in<module>
    20+mycar
NameError:name 'mycar' is not defined
```

以上代码中的变量 mycar 在之前未定义。

错误信息最后一行指出到底发生了什么。异常是以不同的类型出现的，并且类型也被当作信息的一部分打印出来：示例中包含 ZeroDivisionError、NameError 类型。异常发生时打印的异常类型字符串就是 Python 内置异常的名称。标准异常的名称都是内置的标识符（不是保留关键字）。异常信息的前面部分以调用堆栈的形式显示了异常发生的上下文。通常，它包含一个调用堆栈的源代码行的清单，但从标准输入读取的行不会被显示。常见的异常类型见表 9-1。

表 9-1 常见异常

异常名称	描 述
BaseException	所有异常的基类
SystemExit	解释器请求退出
KeyboardInterrupt	用户中断执行 (通常是输入 ^C)
Exception	常规错误的基类
StopIteration	迭代器没有更多的值
GeneratorExit	生成器 (generator) 发生异常来通知退出
StandardError	所有的内建标准异常的基类
ArithmeticError	所有数值计算错误的基类
FloatingPointError	浮点计算错误
OverflowError	数值运算超出最大限制
ZeroDivisionError	除 (或取模) 零 (所有数据类型)
AssertionError	断言语句失败
AttributeError	对象没有这个属性
EOFError	没有内建输入，到达 EOF 标记
EnvironmentError	操作系统错误的基类
IOError	输入 / 输出操作失败
OSError	操作系统错误
WindowsError	系统调用失败
ImportError	导入模块 / 对象失败
LookupError	无效数据查询的基类
IndexError	序列中没有此索引 (index)
KeyError	映射中没有这个键
MemoryError	内存溢出错误 (对于 Python 解释器不是致命的)
NameError	未声明 / 初始化对象 (没有属性)
UnboundLocalError	访问未初始化的本地变量
ReferenceError	弱引用 (Weak reference) 试图访问已经垃圾回收了的对象
RuntimeError	一般的运行时错误
NotImplementedError	尚未实现的方法
SyntaxError	Python 语法错误
IndentationError	缩进错误
TabError	Tab 和空格混用
SystemError	一般的解释器系统错误
TypeError	对类型无效的操作
ValueError	传入无效的参数
UnicodeError	Unicode 相关的错误
UnicodeDecodeError	Unicode 解码时的错误

续表

异常名称	描 述
UnicodeEncodeError	Unicode 编码时错误
UnicodeTranslateError	Unicode 转换时错误
Warning	警告的基类
DeprecationWarning	关于被弃用的特征的警告
FutureWarning	关于构造将来语义会有改变的警告
OverflowWarning	旧的关于自动提升为长整型 (long) 的警告
PendingDeprecationWarning	关于特性将会被废弃的警告
RuntimeWarning	可疑的运行时行为 (runtime behavior) 的警告
SyntaxWarning	可疑的语法的警告
UserWarning	用户代码生成的警告

9.2 异常处理机制

为了使程序在发生异常时不崩溃，编程者需要按特定语法格式处理异常，使得程序可以继续运行。例如，一个程序要求用户输入年龄，显然程序期待的是一个数字，但如果用户输入了 "ab" 这样的字符串值（用户很容易输入类似的数据），程序若没有处理异常的代码就会退出运行，提示用户发生了 ValueError 异常。合理的处理方式是，当异常发生时程序要处理它，并提示用户输入正确格式的数字。

9.2.1 try...except 结构

捕获异常是通过 try-except 语句实现的，最基本的 try-except 语句语法如下：

```
try :
<可能会抛出异常的语句>
except[异常类型] ;
<处理异常>
```

（1）try 代码块：try 代码块中包含执行过程中可能会抛出异常的语句。

（2）except 代码块：每个 try 代码块可以伴随一个或多个 except 代码块，用于处理 try 代码块中所有可能抛出的多种异常。except 语句中如果省略"异常类型"，即不指定具体异常，则会捕获所有类型的异常；如果指定具体类型异常，则会捕获该类型异常，以及它的子类型异常。

例9.3： try-except 示例 1。

```
import datetime as dt
def read_date(in_date):
    try:
        date=dt.datetime.strptime(in_date,'%Y-%m-%d')
        return date
    except ValueError:
```

```
            print('处理 valueError 异常')
str_date='2018-8-18'
print('日期={0}'.format(read_date(str_date)))
```

上述代码第一行导入了 datetime 模块，datetime 是 Python 内置的日期时间模块。代码第二行定义了一个函数，在函数中将传入的字符串转换为日期，并进行格式化。但并非所有的字符串都是有效的日期字符串，因此调用代码第四行的 strptime() 方法有可能抛出 ValueError 异常。代码第六行是捕获 ValucError 异常。本例中的 '2018-8-18' 字符串是有效的日期字符串，因此不会抛出异常。如果将字符串改为无效的日期字符串，如 '201B-8-18'，则会打印以下信息。

```
处理 valueError 异常
日期=None
```

如果需要还可以获得异常对象，修改代码如下：

例 9.4：try-except 示例 2。

```
def read_date(in_date):
    try:
        date=dt.datetime.strptime(in_date,'%Y-%m-%d')
        return date
    except ValueError as e:
        print('处理 valueError 异常')
        print(e)
```

ValueError as e 中的 e 是异常对象，print（e）指令可以打印异常对象，打印异常对象会输出

异常描述信息，打印信息如下：

```
time data '2018-8-18' does not match format '%Y-%m-%d'
```

9.2.2 try...except...else 结构

try...except...else 结构增加了 else 块。如果 try 块中没有抛出异常，则执行 else 块。如果 try 块中抛出异常，则执行 except 块，不执行 else 块。修改上述例子，增加 else 块。

例 9.5：try-except-else 示例。

```
import datetime as dt
def read_date(in_date):
    try:
        date=dt.datetime.strptime(in_date,'%Y-%m-%d')
    except ValueError as e:
        print('处理 valueError 异常')
        print(e)
    else:
        return date
str_date='2018-8-18'
print('日期={0}'.format(read_date(str_date)))
```

本例中的 '2018-8-18' 字符串是有效的日期字符串，会执行 "else 块 "。输出：

```
日期=2018-08-18 00:00:00
```

如果将字符串改为无效的日期字符串，如 '201B-8-18'，则会进入异常处理。输出：

```
处理 valueError 异常
time data '201B-8-18' does not match format '%Y-%m-%d'
日期=None
```

9.2.3 多异常捕获

如果 try 代码块中有很多语句抛出异常，而且抛出的异常种类有很多，那么可以在 try 后面跟有多个 except 代码块。多 except 代码块语法如下：

```
try :
    <可能会抛出异常的语句>
except[异常类型1] :
    <处理异常>
except[异常类型2] :
    <处理异常>
…..
    except[异常类型n] :
    <处理异常>
```

在多个 except 代码情况下，当一个 except 代码块捕获到一个异常时，其他的 except 代码块就不再进行匹配。

例 9.6：多异常捕获示例 1。

```python
import datetime as dt
def read_date_from_file(filename):
    try:
        file=open(filename)
        in_date=file.read()
        in_date=in_date.strip()
        date=dt.datetime.strptime(in_date,'%Y-%m-%d')
        return date
    except ValueError as e:
        print('处理 ValueError 异常')
        print(e)
    except FileNotFoundError as e:
        print('处理 FileNotFoundError 异常')
        print(e)
    except OSError as e:
        print('处理 OSError 异常')
        print(e)

date=read_date_from_file('readme.txt')
print('日期={0}'.format(date))
```

上述代码通过 open() 函数从文件 readme.txt 中读取字符串，然后解析成为日期。在 try

代码块中，代码第二行定义函数 read__date_from_fl(ilename) 用来从文件中读取字符串，并解析成为日期。代码第四行调 open() 函数读取文件，它有可能抛出 FileNotFoundError 等 OSError 异常。如果抛出 FileNotFoundError 异常，则被代码第十五行的 except 捕获。如果抛出 OSError 异常，则被代码第十五行的 except 捕获。代码第五行 file.read() 方法是从文件中读取数据，它也可能抛出 OSError 异常。如果抛出 OSError 异常，则被代码第十五行的 except 捕获。代码第六行 in_date.strip() 方法是剔除字符串前后空白字符（包括空格、制表符、换行和回车等字符）。代码第七行 strptime() 方法可能抛出 ValueError 异常。如果抛出则被代码第七行的 except 捕获。

注意：当捕获的多个异常类之间存在父子关系时，捕获异常顺序与 except 代码块的顺序有关。从上到下先捕获子类，后捕获父类，否则子类捕获不到。

如果将 FileNotFoundError 和 OSError 捕获顺序调换，代码如下：

例 9.7：多异常捕获示例 2。

```
import datetime as dt
def read_date_from_file(filename):
    try:
        file=open(filename)
        in_date=file.read()
        in_date=in_date.strip()
        date=dt.datetime.strptime(in_date,'%Y-%m-%d')
        return date
    except ValueError as e:
        print('处理 ValueError 异常')
        print(e)
    except OSError as e:
        print('处理 OSError 异常')
        print(e)
    except FileNotFoundError as e:
        print('处理 FileNotFoundError 异常')
        print(e)

date=read_date_from_file('readme.txt')
print('日期={0}'.format(date))
```

那么 except FileNotFoundError ase 代码块永远不会进入，FileNotFoundError 异常处理永远不会执行。OSError 是 FileNotFoundError 父类，而 ValueError 异常与 OSError 和 FileNotFoundError 异常没有父子关系，捕获 ValueError 异常位置可以随意放置。

Python 内置异常类的继承关系如下：

```
BaseException
+--SystemExit
+--KeyboardInterrupt
+--GeneratorExit
+--Exception
    +--StopIteration
    +--StopAsyncIteration
    +--ArithmeticError
```

```
     |    +--FloatingPointError
     |    +--OverflowError
     |    +--ZeroDivisionError
     +--AssertionError
     +--AttributeError
     +--BufferError
     +--EOFError
     +--ImportError
     |    +--ModuleNotFoundError
     +--LookupError
     |    +--IndexError
     |    +--KeyError
     +--MemoryError
     +--NameError
     |    +--UnboundLocalError
     +--OSError
     |    +--BlockingIOError
     |    +--ChildProcessError
     |    +--ConnectionError
     |    |    +--BrokenPipeError
     |    |    +--ConnectionAbortedError
     |    |    +--ConnectionRefusedError
     |    |    +--ConnectionResetError
     |    +--FileExistsError
     |    +--FileNotFoundError
     |    +--InterruptedError
     |    +--IsADirectoryError
     |    +--NotADirectoryError
     |    +--PermissionError
     |    +--ProcessLookupError
     |    +--TimeoutError
     +--ReferenceError
     +--RuntimeError
     |    +--NotImplementedError
     |    +--RecursionError
     +--SyntaxError
     |    +--IndentationError
     |         +--TabError
     +--SystemError
     +--TypeError
     +--ValueError
     |    +--UnicodeError
     |         +--UnicodeDecodeError
     |         +--UnicodeEncodeError
     |         +--UnicodeTranslateError
     +--Warning
          +--DeprecationWarning
          +--PendingDeprecationWarning
          +--RuntimeWarning
          +--SyntaxWarning
          +--UserWarning
```

```
            +--FutureWarning
            +--ImportWarning
            +--UnicodeWarning
            +--BytesWarning
            +--ResourceWarning
```

9.2.4 try...except...finally 结构

有时 try-except 语句会占用一些资源，如打开文件、网络连接、打开数据库连接和使用数据结果集等，这些资源不能通过 Python 的垃圾收集器回收，需要程序员释放。为了确保这些资源能够被释放，可以使用 finally 代码块或 with as 自动资源管理。

try-except 语句后面还可以跟有一个 finally 代码块，try-except-finally 语句语法如下：

```
try :
    <可能会抛出异常的语句>
except[异常类型1] :
    <处理异常>
except[异常类型2] :
    <处理异常>
...
except[异常类型n] :
    <处理异常>
finally :
    <释放资源>
```

无论 try 正常结束，还是 except 异常结束，都会执行 finally 代码块。使用 finally 代码块示例如下：

例 9.8：try...except...finally 结构示例。

```
import datetime as dt
def read_date_from_file(filename):
    try:
        file=open(filename)
        in_date=file.read()
        in_date=in_date.strip()
        date=dt.datetime.strptime(in_date,'%Y-%m-%d')
        return date
    except ValueError as e:
        print('处理 valueError 异常')
    except FileNotFoundError as e:
        print('处理 FileNotFoundError 异常')
    except OSError as e:
        print('处理 OSError 异常')
    finally:
        file.close()
date=read_date_from_file('readme.txt')
print('日期={0}'.format(date))
```

上述代码 finally 代码块，在这里通过 file.dose() 关闭文件释放资源。上述代码还是存在问题的，如果在执行 open（filename）打开文件时，即便抛出了异常，也会执行 finally 代码块。执行 file.close() 关闭文件会抛出如下异常：

```
Traceback(most recent call last):
  File "F:/Program Files/pythonwork/MyPybook/9.8.py",line 17,in<module>
    date=read_date_from_file('readme.txt')
  File "F:/Program Files/pythonwork/MyPybook/9.8.py",line 16,in read_date_from_file
    file.close()
UnboundLocalError:local variable 'file' referenced before assignment
```

UnboundLocalError 异常是 NameError 异常的子类，异常信息提示没有找到 file 变量，这是因为 open（filename）打开文件失败，所以 file 变量没有被创建。事实上 file.close() 关闭的前提是文件已经成功打开。

9.3 异常高级用法

当程序出现错误，Python 会自动引发异常，也可以通过 raise 显示地引发异常。一旦执行了 raise 语句，raise 后面的语句将不能执行。

例 9.9：raise 用法。

```
try:
    s=None
    if s is None:
        print("s 是空对象")
        raise NameError    #如果引发 NameError 异常，后面的代码将不能执行
print(len(s))              #这句不会执行，如果没有 raise，那么后面的 except 会执行
except TypeError:
    print(" 空对象没有长度 ")
```

执行后程序输出 NameError 错误。

9.3.1 强制触发异常（raise）

raise 语句的基本语法格式为：

```
raise[exceptionName[(reason)]]
```

其中，用 [] 括起来的为可选参数，其作用是指定抛出的异常名称，以及异常信息的相关描述。如果可选参数全部省略，则 raise 会把当前错误原样抛出；如果仅省略（reason），则在抛出异常时，将不附带任何的异常描述信息。也就是说，raise 语句有如下 3 种常用的用法：

（1）raise：单独一个 raise。该语句引发当前上下文中捕获的异常（比如在 except 块中），或默认引发 RuntimeError 异常。

（2）raise 异常类名称：raise 后带一个异常类名称，表示引发执行类型的异常。

（3）raise 异常类名称（描述信息）：在引发指定类型的异常的同时，附带异常的描述

信息。

显然，每次执行 raise 语句，都只能引发一次执行的异常。当然，我们手动让程序引发异常，很多时候并不是为了让其崩溃。事实上，raise 语句引发的异常通常用 try…except（else finally）异常处理结构来捕获并进行处理。例如：

例 9.10： raise 示例。

```
try:
    a=input("输入一个数：")
          #判断用户输入的是否为数字
    if(not a.isdigit()):
        raise ValueError("a 必须是数字")
except ValueError as e:
print("引发异常：",repr(e))
```

程序运行结果为：

```
输入一个数：a
引发异常：ValueError('a 必须是数字')
```

可以看到，当用户输入的不是数字时，程序会进入 if 判断语句，并执行 raise 引发 ValueError 异常。但由于其位于 try 块中，因为 raise 抛出的异常会被 try 捕获，并由 except 块进行处理。因此，虽然程序中使用了 raise 语句引发异常，但程序的执行是正常的，手动抛出的异常并不会导致程序崩溃。

9.3.2 断言与上下文管理语句

当编写 Python 代码时，断言（assertions）和上下文管理语句（context management statements）是两个重要的概念，用于确保代码的正确性、可靠性和可维护性。

断言与上下文管理可以说是两种比较特殊的异常处理方式，在形式上比异常处理结构要简单一些，能够满足简单的异常处理或条件确认，并且可以与标准的异常处理结构结合使用。断言是一种用于在代码中检查条件是否为真的方法。它们在开发和测试过程中非常有用，因为它们可以帮助验证代码是否按照预期工作。断言在代码中起到了一种自我检查的作用。

断言语句的语法如下：

```
assert expression[,arguments]
```

assert 是关键字。测试表达式 expression 是否为 True，若测试结果为 False，则终止程序运行并抛出 AssertionError 异常。AssertionError 是 Python 内置异常类，表示断言语句失败。arguments 参数可选，通常是字符串，表示错误信息。

例 9.11： assert 示例。

```
number1,number2=eval(input("请输入以逗号分隔的两个整数："))
assert number2!=0, ""除数不能为 0!"
print(number1, '/', number2, '=', number1/number2)
```

程序运行结果：

```
请输入以逗号分隔的两个整数:1,0
AssertionError:除数不能为 0!
```

assert 语句检查除数 number2 是否为 0，若为 0，则终止程序运行并抛出 AssertionError 异常；若不为 0，则输出除法结果。上下文管理语句提供了一种在代码块执行前和执行后执行特定操作的方法，无论代码块是否引发异常。这在需要资源管理（如文件、网络连接、数据库连接等）时非常有用，因为它确保资源在不再需要时被正确释放。Python 中最常见的上下文管理语句是 with 语句，它用于处理资源的打开和关闭，以及其他需要清理的操作。常用的例子包括文件处理和数据库连接。使用上下文管理语句 with 可以自动管理资源，在代码块执行完毕后自动还原进入该代码块之前的现场或上下文。不论何种原因跳出 with 块，也不论是否发生异常，总能保证资源被正确释放，这大大简化了程序员的工作，常用于文件操作、网络通信之类的场合。

with 语句的语法如下：

```
with context_ expr[as var] :
    with 块
```

例如，下面的代码演示了文件操作时 with 语句的用法，使用这样的写法程序员丝毫不用担心忘记关闭文件，当文件处理完以后，将会自动关闭。

例 9.12：with 示例。

```
with open('D:\\test.txt') as f:
    for line in f:
        print line
# 文件自动关闭，不需要显式调用 file.close()
```

在上面的示例中，文件将在 with 代码块执行后自动关闭，无须手动调用 close() 方法。上下文管理语句使得资源管理变得更加简洁和安全，同时减少了因为忘记关闭资源而引发的问题。还可以自定义上下文管理器类，以处理自定义资源的管理。

综上所述，断言和上下文管理语句是编写高质量、健壮和可维护代码的重要工具。通过使用断言来验证前提条件和使用上下文管理语句来进行资源管理，可以提高代码的可靠性和可维护性。

小 结

本章罗列一些常见的异常类型及异常处理方法，简介了异常处理机制，介绍了如何抛出异常、定义异常等知识点，并讲述了异常高级用法。通过本章的学习，读者要理解错误与异常的区别和联系，理解异常处理与程序健壮性的关系，掌握处理常见异常的一般方法和原则。

习　题

一、填空题

1. 程序中的错误分为 3 类：_____ 错误、_____ 错误和 _____ 错误。
2. 捕获异常是通过 _____ 语句实现的。
3. 编写一个计算减法的方法，当第一个数小于第二个数时，抛出 _____ 的异常。
4. _____ 是 Python 内置异常类，表示断言语句失败。
5. raise 抛出的异常会被 _____ 捕获，并由 _____ 块进行处理。

二、单选题

1. 下列（　　）不属于程序设计错误。
   A. 语法错误　　　B. 运行时错误　　　C. 逻辑错误　　　D. 算法错误
2. 一切异常皆是对象，下列（　　）不属于系统定义的异常。
   A. BaseException　　B. Exception　　C. StandardError　　D. ValueError
3. 对于 except 字句的排列，下列（　　）是正确的。
   A. 父类在先，子类在后　　　　　　　B. 子类在先，父类在后
   C. 没有顺序，谁在前谁先捕获　　　　D. 先有子类，其他如何排列都无关编程题
4. 当方法遇到异常又不知如何处理时，下列（　　）说法是正确的。
   A. 抛出异常　　　B. 捕获异常　　　C. 声明异常　　　D. 嵌套异常
5. 在异常处理中，如释放资源、关闭文件、关闭数据库等由（　　）来完成。
   A. try 字句　　　B. catch 子句　　　C. finally 字句　　　D. raise 子句

三、编程题

1. 编写代码，运算 a/b，先判断 b 是不是等于零，如果 b 等于零，抛出分母为零异常。
2. 编写程序接收用户输入数据，当用户输入整数的时候正常返回，否则提示出错并要求重新输入。
3. 定义函数 def get_area(a,b,c)，求等腰三角形面积，如果 a、b、c 不能构成等腰三角形，则抛出 ValueError 异常，否则返回等腰三角形面积。编写程序，输入边长 a、b、c，其间以空格分隔，调用 get_area 函数，输出等腰三角形的面积，结果保留 2 位小数；或处理异常，输出 The input is illegal。

第10章 数据库编程

学习目标

◎ 了解数据库 API。
◎ 掌握数据库连接的方式。
◎ 掌握 SQLite 的使用方法。
◎ 掌握在 MySQL 中执行 DDL、DML 语句的方式。

使用简单的纯文本文件可实现的功能有限。诚然,使用它们可做很多事情,但有时可能还需要额外的功能。例如,自动支持数据并发访问,即允许多位用户读写磁盘数据,而不会导致文件受损之类的问题。同时根据多个数据字段或属性进行复杂的搜索,尽管可供选择的解决方案有很多,但如果要处理大量的数据,并希望解决方案易于其他程序员理解,选择较标准的数据库可能是个不错的主意。本章讨论 Python 数据库 API(一种连接到 SQL 数据库的标准化方式),并演示如何使用这个 API 来执行一些基本的 SQL。

10.1 Python 数据库 API

本章的重点是低级的数据库交互,但有一些高级库能够让用户轻松地完成复杂的工作,要获悉这方面的信息,可参阅 http://sqlalchemy.org 或 http://sqlobject.org,也可在网上搜索 Python 对象关系映射器。

前面说过,有各种 SQL 数据库可供选择,其中很多都有相应的 Python 客户端模块。所有数据库的大多数基本功能都相同,因此从理论上说,对于使用其中一种数据库的程序,很容易对其进行修改以使用另一种数据库。问题是即便不同模块提供的功能大致相同,它们的接口(API)也是不同的。为解决 Python 数据库模块存在的这种问题,人们一致同意开发一个标准数据库 API(DB API)。API 的最新版本(2.0)是在 PEP 249(Python Database API Specification v2.0)中定义的,网址为 http://python.org/peps/pep-0249.html。

10.1.1 全局变量

所有与 DB API2.0 兼容的数据库模块都必须包含 3 个全局变量,它们描述了模块的特征,见表 10-1。这样做的原因是,这个 API 设计得很灵活,无须进行太多包装就能配合多种不同的底层机制使用。如果要让程序能够使用多种不同的数据库,可能会比较麻烦,因为需要考虑众多不同的可能性。在很多情况下，一种更现实的做法是检查这些变量，看给定的模块是否是程序能够接受的。如果不是，就显示合适的错误消息并退出或者引发异常。

表 10-1　Python DB API 的模块属性

变量名	描　　述
apilevel	使用的 Python DB API 版本
threadsafety	模块的线程安全程度如何
paramstyle	在 SQL 查询中使用哪种参数风格

API 级别（apilevel）是一个字符串常量，指出了使用的 API 版本。DB API 2.0 指出，这个变量的值为 1.0 或 2.0。如果没有这个变量，就说明模块不与 DB API 2.0 兼容，应假定使用的是 DB API 1.0。线程安全程度（threadsafety）是一个 0~3（含）的整数。0 表示线程不能共享模块；3 表示模块是绝对线程安全的；1 表示线程可共享模块本身，但不能共享连接；2 表示线程可共享模块和连接，但不能共享游标。如果不使用线程（在大多数情况下可能不会是这样的），就根本不用关心这个变量。参数风格（paramstyle）表示当执行多个类似的数据库查询时，如何在 SQL 查询中插入参数。format 表示标准字符串格式设置方式（使用基本的格式编码），如在要插入参数的地方插入 %s。pyformat 表示扩展的格式编码，即旧式字典插入使用的格式编码，如 %（foo）s。除这些 Python 风格外，还有三种指定待插入字段的方式：qmark 表示使用问号，numeric 表示使用：1 和：2 这样的形式表示字段（其中的数字是参数的编号），而 named 表示使用：foobar 这样的形式表示字段（其中 foobar 为参数名）。编写简单程序时，不会用到它们。如果需要明白特定的数据库是如何处理参数的，可参阅相关的文档。

10.1.2　数据库异常

DB API 定义了多种异常，让用户能够细致地处理错误。然而，这些异常构成了一个层次结构，因此使用一个 except 块就可捕获多种异常。当然，如果觉得一切都正常运行，且不介意出现不太可能出现的错误时关闭程序，可以根本不考虑这些异常。异常应该在整个数据库模块中都可用，表 10-2 说明了这个异常层次结构。

表 10-2　Python DB API 指定的异常

异常	超类	描　　述
StandardError	—	所有异常的泛型基类。定义于 exceptions 模块中
Warning	StandardError	非致命错误发生时引发。如：插入数据是被截断等
Error	StandardError	警告以外所有其他错误类的基类。可以使用这个类在单一的 'except' 语句中捕捉所有的错误。
InterfaceError	Error	数据库接口错误（而不是数据库的错误）发生时触发。
DatabaseError	Error	和数据库有关的错误发生时触发
DataError	DatabaseError	当有数据处理时的错误发生时触发，如：除零错误，数据超范围等 .

续表

异常	超类	描述
OperationalError	DatabaseError	指非用户控制的，而是操作数据库时发生的错误。如：连接意外断开、数据库名未找到、事务处理失败、内存分配错误等操作数据库时发生的错误
IntegrityError	DatabaseError	完整性相关的错误，如：外键检查失败等。
InternalError	DatabaseError	数据库的内部错误，如：游标(cursor)失效了、事务同步失败等。
ProgranmingError	DatabaseError	程序错误，如：数据表(table)没找到或已存在、SQL语句语法错误、参数数量错误等。
Not:SupportedError	DatabaseError	不支持错误，指使用了数据库不支持的函数或API等。例如在连接对象上。使用 .rollback0 函数，然而数据库并不支持事务或者事务已关闭。

10.1.3 连接和游标

要使用底层的数据库系统，必须先连接到它，为此可使用名称贴切的函数 connect()。这个函数接收多个参数，具体是哪些取决于要使用的数据库。DB API 定义了表 10-3 所示的参数。推荐将这些参数定义为关键字参数，并按表 10-3 所示的顺序排列。这些参数都应该是字符串。

表 10-3　函数 connect() 的常用参数

参数名	描述	是否可选
dsn	数据源名称，具体含义随数据库而异	否
user	用户名	是
password	用户密码	是
host	主机名	是
database	数据库名称	是

本章提供了函数 connect() 的具体使用示例（例 10.1）。函数 connect() 返回一个连接对象，表示当前到数据库的会话。连接对象支持表 10-4 所示的方法。

表 10-4　连接对象的方法

方法名	描述
close()	关闭连接对象。之后，连接对象及其游标将不可用
commit()	提交未提交的事务如果支持的话；否则什么都不做
rollback()	回滚未提交的事务（可能不可用）
cursor()	返回连接的游标对象

方法 rollback() 有时不可用，因为并非所有的数据库都支持事务（事务即一系列操作）。可用时，这个方法撤销所有未提交的事务。方法 commit() 总是可用的，但如果数据库不支持事务，这个方法就什么都不做。关闭连接时，如果还有未提交的事务，将隐式地回滚它们——但仅当数据库支持回滚时才如此。如果不想依赖于这一点，应在关闭连接前提交。只要提交了所有的事务，就无须操心关闭连接的事情，因为作为垃圾被收集时，连接会自动关闭。然而，为安全起见，建议调用 close()，因为这样做不需要做过多操作。对于方法

cursor()，需要配合一个主题：游标对象。可使用游标来执行 SQL 查询和查看结果。游标支持的方法比连接多，在程序中的地位也可能重要得多。游标的方法见表 10-5，游标的属性见表 10-6。

表 10-5 游标对象的方法

名　称	描　述
callproc(name[，parans])	使用指定的参数调用指定的数据库过程 (可选)
close()	关闭游标。关闭后游标不可用
execute(opeτ[, params])	执行一个 SQL 操作——可能指定参数
executemany(oper, pseq) .	执行指定的 SQL 操作多次，每次均调用序列中的一组参数
fetchone()	以序列的方式取回查询结果中的下一行；如果没有更多的行，就返回 None
fetchmany([size])	取回查询结果中的多行，其中参数 size 的值默认为 arraysize
fetchall()	以序列的方式取回余下的所有行
nextset()	跳到下一个结果集，这个方法是可选的
setinputizes(sizes)	用于为参数预定义内存区域
setoutputsize(size[，co1])	为取回大量数据而设置缓冲区长度

表 10-6 游标属性

名　称	描　述
description	由结果列描述组成的序列 (只读)
rowcount	结果包含的行数 (只读)
arraysize	fetchmany 返回的行数，默认为 1

10.1.4 类型

对于插入到某些类型的列中的值，底层 SQL 数据库可能要求它们满足一定的条件。为了能够与底层 SQL 数据库正确地互操作，DB API 定义了一些构造函数和常量（单例），用于提供特殊的类型和值。例如，要在数据库中添加日期，应使用相应数据库连接模块中的构造函数 Date() 来创建它，这让连接模块能够在幕后执行必要的转换。每个模块都必须实现表 10-7 所示的构造函数和特殊值。有些模块可能没有完全遵守这一点。

表 10-7 DB API 构造函数和特殊值

名　称	描　述
Date(year,month,day)	创建包含日期值的对象
Time(hour,minute,second)	创建包含时间值的对象
Timestamp(y,mon,d,h,min,s)	创建包含时间戳的对象
DateFromTicks(ticks)	根据从新纪元开始过去的秒数创建包含 8 期值的对象
TimeFromTicks(ticks)	根据从新纪元开始过去的秒数创建包含时间值的对象
imestampFromTicks(ticks)	根据从新纪元开始过去的秒数创建包含时间戳的对象

续表

名称	描述
Binary(string)	创建包含二进制字符串值的对象
STRING	描述基于字符串的列（如 CHAR）
BINARY	描述二进制列（如 LONG 或 RAN）
NUMBER	描述数字列
DATETIME	描述日期/时间列
ROWID	描述行 ID 列

10.2 轻型数据库与 MySQL

前面说过，可用的 SQL 数据库引擎有很多，它们都有相应的 Python 模块。这些数据库引擎大都作为服务器程序运行，连安装都需要有管理员权限。为降低 Python DB API 的使用门槛，本章首先选择了一个名为 SQLite 的小型数据库引擎。它不需要作为独立的服务器运行，且可直接使用本地文件，而不需要集中式数据库存储机制。在较新的 Python 版本（从 2.5 开始）中，SQLite 更具优势，因为标准库包含一个 SQLite 包装器：使用模块 sqlite3 实现的 PySQLite。

同时 Python 可以支持绝大部分关系数据库管理系统，MySQL 是一个关系型数据库管理系统，由瑞典 MySQL AB 公司开发，目前属于 Oracle 旗下产品。MySQL 支持 UNIX、Linux、Mac OS、Windows 等多种操作系统，可以支持多种编程语言开发，如 C++、Java、Python、PHP 等；支持多种编码集，如 UTF-8、GB2312、Unicode 等。此外，MySQL 还具有开源性、体积小、速度快等特点，目前是最流行的关系数据库管理系统之一。

10.2.1 SQLite 的使用

SQLite 是一个软件库，实现了自给自足的、无服务器的、零配置的、事务性的 SQL 数据库引擎，它的数据库就是一个文件，SQLite 直接访问其存储文件。由于 SQLite 本身是用 C 语言编写的，而且体积很小，所以经常被集成到各种应用程序中，甚至在 IOS 和 Android 的 App 中都可以集成。SQLite 是目前最广泛部署的 SQL 数据库引擎。

SQLite 支持 2TB 大小的单个数据库，每个数据库完全存储在单个磁盘文件中，以 B+ 树数据结构的形式存储，一个数据库就是一个文件，通过简单复制即可实现数据库的备份。如果需要使用可视化管理工具，请下载并使用 sQLiteManager、sQLite Database Browser 或其他类似工具。如果使用 Python 程序读取 SQLite 记录时显示乱码，可以尝试修改程序并使用 UTF-8 编码格式。访问和操作 SQLite 数据时，需要首先导入 sqlite3 模块，然后就可以使用其中的功能来操作数据库了，该模块提供了与 DB-API2.0 规范兼容的 SQL 接口。

使用该模块时，首先需要创建一个与数据库关联的 Connection 对象，成功创建 Connection 对象以后，再创建一个 Cursor 对象，并且调用 Cursor 对象的 execute() 方法来执行 SQL 语句创建数据表以及查询、插入、修改或删除数据库中的数据。

例 10.1：SQLite 基本应用。

```
import sqlite3
conn=sqlite3.connect('example.db')
c=conn.cursor()
# 创建表
c.execute("CREATE TABLE stocks(date text,trans text,symbol text,qty real,price real)")
# 插入一条记录
c.execute("INSERT INTO stocks VALUES('2006-01-05','BUY','RHAT',100,35.14)")
# 提交当前事务，保存数据
conn.commit()
# 关闭数据库连接
conn.close()
```

如果需要查询上述案例建立的表 stocks 中的内容，需重新创建 Connection 对象和 Cursor 对象，可以使用下面的代码来查询：

```
conn1=sqlite3.connect('example.db')
c=conn1.cursor()
for row in c.execute('SELECT*FROM stocks ORDER BY price'):
    print(row)
```

输出：

```
('2006-01-05','BUY','RHAT',100.0,35.14)
```

Connection 是 sqlite3 模块中最基本也是最重要的一个类，其主要方法见表 10-8。

表 10-8　Connection 方法

名　称	描　述
sqlite3.Connection.execute(sql[，parameters])	执行一条 SQL 语句
sqlite3.Connection.executemany(sql[,parameters])	执行多条 SQL 语句
sqlite3.Connection.cursor()	返回连接的游标
sqlite3.Connection.commit()	提交当前事务，如果不提交的话，那么自，上次调用 commit() 方法之后的所有修改都不会真正保存到数据库中
sqlite3.Connection.rollback()	撤销当前事务，将数据库恢复至上次调用 commit() 方法后的状态
sqlite3.Connection.close()	关闭数据库连接
sqlite3.Connection.create_function(name,num_params,func)	创建可在 SQL 语句中调用的函数，其中 name 为函数名，num_params 表示该函数可以接收的参数个数，func 表示 Python 可调用对象

Connection 对象的其他几个函数都比较容易理解，下面的代码演示了如何在 sqlite3 连接中创建并调用自定义函数：

例 10.2：Connection 对象。

```
import sqlite3
import hashlib
# 函数功能：为参数 t 加密并输出十六进制加密数据
def md5sum(t):
```

```
            return hashlib.md5(t).hexdigest()
con=sqlite3.connect(":memory:")
con.create_function("md5",1,md5sum)
cur=con.cursor()
#在SQL语句中调用自定义函数
cur.execute("select md5(?)",(b"py3",))
print(cur.fetchone()[0])
```

输出:

```
84c47bddfd0721371b87187b05e6135d
```

Cursor 也是 sqlite3 模块中比较重要的一个对象,该对象具有如下常用方法:

1. execute(sql[, parameters])

该方法用于执行一条 SQL 语句,下面的代码演示了该方法的用法,以及为 SQL 语句传递参数的两种方法,分别使用问号和命名变量作为占位符。

例 10.3: Connection 对象。

```
import sqlite3
con=sqlite3.connect(":memory:")
cur=con.cursor()
cur.execute("create table people(name_last,age)")
who="Dong"
age=38
#使用问号作为占位符
cur.execute("insert into people values(?,?)",(who,age))
#使用命名变量作为占位符
cur.execute("select*from people where name_last=:who and age=:age",{"who":who,"age":age})
print(cur.fetchone())
```

输出:

```
('Dong',38)
```

2. fetchone()、fetchmany(size=cursor. arraysize)、fetchall()

这 3 个方法用来读取数据。区别为: fetchone() 返回一条数据,fetchmany() 返回多条数据,fetchall() 返回所有数据。

假设数据库通过下面的代码创建并插入数据:

例 10.4: 返回操作

```
import sqlite3
conn=sqlite3.connect("addressBook.db")
cur=conn.cursor()
cur.execute("create table addressList(name,sex,phon,QQ,address)")
cur.execute("insert into addressList(name,sex,phon,QQ,address) values('王五','女','13888997051','66735','北京市')")
cur.execute("insert into addressList(name,sex,phon,QQ,address) values('李丽','女','15808066055','675797','天津市')")
cur.execute("insert into addressList(name,sex,phon,QQ,address) values('菜星草','男','15912108090','3232099','昆明市')")
```

```
conn.commit()
conn.close()
```

使用三种不同的方法获取数据：

```
conn=sqlite3.connect('addressBook.db')
cur=conn.cursor()
cur.execute('select*from addressList')
print(cur.fetchone())
print(cur.fetchmany(2))
print(cur.fetchall())
```

10.2.2　MySQL 的使用

Python 有着多种使用 MySQL 的方式，本节主要介绍 PyMySQL 的相关操作。可以使用 pip install 命令实现 PyMySQL 安装。

在进行以下操作之前，请保证系统做好以下基础工作：

（1）保证系统已经正确安装 MySQL 数据库。

（2）在 MySQL 数据库中建立一个 UserInfo 数据库。

（3）设定连接 MySQL 的用户名为 python，密码为 123456。

PyMySQL 使用方式为：

1. 使用connect()建立与数据库的连接

例 10.5： PyMySQL 连接数据库

```
import pymysql
# 创建与 mysql 数据的连接
connection=pymysql.connect(host="localhost",user="python",passwd="123456",db="UserInfo",port=3306)
# 打印连接信息
print(connection.host_info)
# 关闭连接
connection.close()
```

输出：

```
socket localhost:3306
```

表示数据库连接成果。

2. 数据库表的创建

例 10.6： PyMySQL 创建数据库表

```
import pymysql
connection=pymysql.Connect(host='localhost',port=3306,user='python',passwd='123456',db='UserInfo')
# 使用 cursor() 方法获取操作游标 cursor 对象
cursor=connection.cursor()
# 通过 cursor 对象执行 sql 操作（如果 UserList 表存在，则删除该表）
cursor.execute("DROP TABLE IF EXISTS UserList")
```

```
sql="""CREATE TABLE UserList(
        userID      CHAR(32) not NULL,
        userName    CHAR(40) not NULL,
        userPassword  CHAR(20),
        userAge INT
        )"""
# 通过 cursor 对象执行 sql 操作（创建 UserList 表）
cursor.execute(sql)
connection.close()
```

以上代码执行完成后，数据库"UserInfo"中创建表 UserList 完成。

3．记录的增加、删除、更新操作

例 10.7：记录增加、删除、更新。

```
# 导入 pymysql 模块
import pymysql
connection=pymysql.Connect(host='localhost',port=3306,user='python',passwd='123456',db='UserInfo')

cursor=connection.cursor()
# 插入数据语句
insertsql="""INSERT INTO UserList(userID,userName,userPassword,userAge) VALUES('1','zheng','123',20)"""
# 采用异常捕获机制进行代码编写
try:
    # 执行插入功能的 sql 语句
    cursor.execute(insertsql)
    # 提交数据库执行
    connection.commit()
except Exception as e:
    # 如果发生错误，则回滚
    connection.rollback()
    print(e)
finally:
    # 关闭连接
    connection.close()
```

值得说明的是本程序使用了 Python 中的异常处理机制。与其他语言相同，在 Python 中，try…except 语句主要是用于处理程序执行过程中出现的一-些异常情况，如语法错误、数据除零错误、从未定义的变量上取值等，而如果在处理完异常后还需要执行一些清理工作的场合则可以补充使用 finally。

以上是针对新增一条记录的操作，如果是删除或者修改操作，只需要替换相应的 SQL 语句即可。

比如一条更新操作 SQL 语句可写为：

```
updatesql="UPDATE UserList SET userAge=userAge+1 WHERE userName='zheng'"
```

一条删除 SQL 语句可以写为：

```
deletesql="DELETE FROM UserList WHERE userName='zheng'"
```

4. 记录的查询

相对于新增、修改和删除而言，数据库的查询操作比较复杂，主要体现在对查询结果的处理上，在实际使用过程中可以通过 cursor 的相关属性和方法实现对结果集的获取和处理。

例 10.8：数据库查询

```
cursor=connection.cursor()
# 查询sql 语句
selectsql="""SELECT*FROM  UserList"""
try:
    cursor.execute(selectsql)
    # 通过cursor 的fetchall()方法一次性获取所有的记录，并存入resultSet 结果集中
    resultSet=cursor.fetchall()
    # 对结果resultSet 结果集进行遍历，每一个data 表示一行记录
    for data in resultSet:
        userID=data[0]
        userName=data[1]
        userPassword=data[2]
        userAge=data[3]
        print(userID+" "+userName+" "+userPassword+" "+str(userAge))
except Exception as e:
    print(e)
finally:
    connection.close()
```

输出：

```
1 zheng 123 20
```

10.2.3 数据库应用程序示例

作为示例，下面将演示如何创建一个小型的营养成分数据库，这个数据基于美国农业部（USDA）农业研究服务（https://www.ars.usda.gov）提供的数据。文件 ABBREV.txt 中，每行都是一条数据记录，字段之间用脱字符（^）分隔。数字字段直接包含数字，而文本字段用两个波浪字符（~）将其字符串值括起。下面是一个示例行（为简洁起见删除了部分内容）：

```
~07276~^~HORMEL SPAM ... PORK W/HAM MINCED CND~^...^~1 serving~^^~~^0
```

要将这样的行分解成字段，只需使用 line.split('^') 即可。如果一个字段以波浪字符打头，即可知道它是一个字符串，因此可使用 field.strip('~') 来获取其内容。对于其他字段（即数字字段），使用 float（field）就能获取其内容，但字段为空时不能这样做。本节接下来将开发一个程序，将 ASCII 文件中的数据转换为 SQL 数据库，并能够执行查询。

注：数据下载方式 https://pan.baidu.com/s/1zeP4q7j9TMD0Bk1w8EPrfA 提取码：pyth。

1. 创建并填充数据库表

例 10.9 程序创建一个名为 food 的表（其中包含一些合适的字段）；读取文件的程序创建一个名为 food 的表（其中包含一些合适的字段）；读取文件 ABBREV.txt 并对其进行分析（使用工具函数 convert() 对各行进行分割并对各个字段进行转换）；通过调用 curs.execute 来执行一条 SQL INSERT 语句，从而将字段中的值插入数据库中。

例 10.9：将文本数据导入数据库

```python
import sqlite3

def convert(value):
    if value.startswith('~'):
        return value.strip('~')
    if not value:
        value='0'
    return float(value)

conn=sqlite3.connect('food.db')
curs=conn.cursor()

curs.execute('''
CREATE TABLE food(
    id          TEXT PRIMARY KEY,
    desc        TEXT,
    water       FLOAT,
    kcal        FLOAT,
    protein     FLOAT,
    fat         FLOAT,
    ash         FLOAT,
    carbs       FLOAT,
    fiber       FLOAT,
    sugar       FLOAT
)
''')

query='INSERT INTO food VALUES(?,?,?,?,?,?,?,?,?,?)'
field_count=10

for line in open('ABBREV.txt'):
    fields=line.split('^')
    vals=[convert(f) for f in fields[:field_count]]
    curs.execute(query,vals)

conn.commit()
conn.close()
```

当运行这个程序时（文件 ABBREV.txt 和它位于同一个目录），它将新建一个名为 food.db 的文件，其中包含数据库中的所有数据。建议多尝试此程序：使用不同的输入、添加 print 语句等。

2. 搜索并处理结果

数据库使用起来非常简单：创建一条连接并从它获取一个游标；使用方法 execute() 执行 SQL 查询并使用诸如 fetchall() 等方法提取结果。

例 10.10：查询 food 表。

```python
import sqlite3
```

```
conn=sqlite3.connect('food.db')
curs=conn.cursor()
curs.execute('SELECT*FROM food')
print(curs.fetchall())
conn.commit()
conn.close()
```

也可以通过简单的代码实现条件查询，如例 10.11 通过命令行参数接受一个 SQL SELECT 条件，并以记录格式将返回的行打印出来。

例 10.11：条件查询 food 表。

```
import sqlite3,sys

conn=sqlite3.connect('food.db')
curs=conn.cursor()

query='SELECT*FROM food WHERE '+sys.argv[1]
print(query)
curs.execute(query)
names=[f[0] for f in curs.description]
for row in curs.fetchall():
    for pair in zip(names,row):
        print('{}:{}'.format(*pair))
    print()
```

在命令行中运行：

```
python 10.11.py "kcal<=100 AND fiber>=10 ORDER BY sugar"
```

运行这个程序时，有这样一个问题：第一行指出，生橘子皮（raw orange peel）好像不含任何糖分，这是因为在数据文件中缺少这个字段。可对导入脚本进行改进，以检测这种情况，并插入 None 而不是 0 来指出缺失数据。需要使用类似于下面的条件："kcal<=100 AND fiber>=10 AND sugar ORDER BY sugar" 这要求仅当 sugar 字段包含实际数据时才返回相应的行。这种策略恰好也适用于当前的数据库——上述条件将丢弃糖分为 0 的行。如果尝试使用 ID 搜索特定食品的条件，如使用 ID 08323 搜索 Cocoa Pebbles。问题是 SQLite 处理其值的方式不那么标准，事实上，它在内部将所有的值都表示为字符串，因此在数据库和 Python API 之间将执行一些转换和检查。通常，这没有问题，但使用 ID 搜索可能会遇到麻烦。若提供值 08323，它将被解读为数字 8323，进而被转换为字符串 "8323"，即一个不存在的 ID。在这种情况下，可能应该显示错误消息，而不是采取这种意外且毫无帮助的行为；但如果在数据库中就将 ID 设置为字符串 "08323"，则不会出现这种问题。

小　　结

数据库是按照数据结构来组织、存储和管理数据的建立在计算机存储设备上的仓库，用户可以对其中的数据进行新增、查询、更新、删除等操作。DBAPI 是一个规范,它定义了一系列必需的对象和数据库存取方式,可以为各种不同的数据库接口程序提供一致的访问接口,使得在不同的数据库之间移植代码成为一件轻松的事情。游标对象允许用户执行数据库的相关命令以及获取到查询结果。常见的游标的方法有execute()、fetchone()、fetchall()等。PyMySQL是一个支持Python 3.x操作MySQL数据库的数据库操作包,其基于DBAPI规范,用户通过该包可以方便地操作MySQL数据库。SQLite是一个软件库,实现了自给自足的、无服务器的、零配置的、事务性的SQL数据库引擎,在小型或者嵌入式应用系统上目前被广泛地使用。sqlite3 提供了与DBAPI 2.0规范兼容的SQL接口,目前已经集成在Python安装包里面,用户可以直接使用sqlite3包实现对SQLite数据库的各种操作。

习 题

一、填空题

1. 与 DB API2.0 兼容的数据库模块都必须包含三个全局变量是 _____、_____、_____。
2. 使用 SQLite 模块,需要创建一个与数据库关联的 _____ 对象。
3. 连接数据库后,需创建一个 _____ 对象,并且调用 _____ 对象的 execute() 方法来执行 SQL 语句创建数据表以及查询、插入、修改或删除数据库中的数据。
4. _____ 用来执行存储过程,接收的参数为存储过程名和参数列表,返回值为受影响的行数。
5. 返回一条结果行需使用函数 _____。

二、单选题

1. 下列(　　)不属于关系型数据库。
   A. mysql　　　　　B. oracle　　　　　C. db2　　　　　D. MongoDB
2. SQLite 软件库是用 ____ 语言编写的。
   A. 汇编　　　　　B. VB　　　　　C. C　　　　　D. java
3. 下列(　　)不是 Connection 对象的方法。
   A. cursor()　　　　B. code()　　　　C. commit()　　　　D. rollback()
4. 为取得查询的内容,需使用提取数据的方法不包括(　　)。
   A. fetchone()　　　B. fetchmany(size)　　C. execute()　　　D. fetchall()
5. Python 标准数据库接口为 Python DBAPI, Python DBAPl 为开发人员提供了数据库应用,不包括(　　)。
   A. MySQL　　　　B. Oracle　　　　C. Sybase　　　　D. Access

三、编程题

基于 MySQL 数据库,使用 Python 语言设计开发一个宿舍管理系统,包括用户管理、学生基本信息管理和宿舍房间基本管理等。

第11章 网络编程

学习目标

◎ 了解 TCPSocket 编程与 Socket 模块。
◎ 掌握 urlib 和 urllib2 模块使用方法。
◎ 掌握高级模块 SocketServer。

本章将通过示例展示如何使用 Python 来编写以各种方式使用网络（如互联网）的程序。Python 提供了强大的网络编程支持，有很多库实现了常见的网络协议以及基于这些协议的抽象层，使得开发人员能够专注于程序的逻辑，而无须关心通过线路来传输比特的问题。另外，对于有些协议格式，可能没有处理它们的现成代码，但编写起来也很容易，因为 Python 很擅长处理字节流中的各种模式。鉴于 Python 提供的网络工具众多，这里只能简要地介绍它的网络功能。本章首先概述 Python 标准库中的一些网络模块，然后讨论 SocketServer 和相关的类，并介绍同时处理多个连接的各种方法。

11.1 网络模块

标准库中有很多网络模块，其他地方也有不少。有些网络模块明显主要是处理网络的，但还有几个其实也是与网络相关的，如处理各种数据编码以便通过网络传输的模块。这里挑选了几个模块进行介绍。

11.1.1 Socket 模块

TCP/IP 协议的传输层有两种传输协议：TCP（传输控制协议）和 UDP（用户数据报协议）。TCP 是面向连接的可靠数据传输协议。TCP 就好比电话，电话接通后双方才能通话，在挂断电话之前，电话一直占线。TCP 连接一旦建立起来，一直占用，直到关闭连接。另外，TCP 为了保证数据的正确性，会重发一切没有收到的数据，还会对数据内容进行验证，并保证数据传输的正确顺序。因此 TCP 协议对系统资源的要求较多。基于 TCPSocket 编程很有代表性，下面首先介绍 TCPSocket 编程。

套接字（Socket）是网络编程中的一个基本组件。套接字基本上是一个信息通道，两端各有一个程序。这些程序可能位于（通过网络相连的）不同的计算机上，通过套接字向对方发送信息。在 Python 中，大多数网络编程都隐藏了模块 socket 的基本工作原理，不与套接字直接交互。套接字分为两类：服务器套接字和客户端套接字。创建服务器套接字后，让它等待连接请求的到来。这样，它将在某个网络地址（由 IP 地址和端口号组成）处监听，直到客户端套接字建立连接。随后，客户端和服务器就能通信了。客户端套接字处理起来通常比服务器端套接字容易些，因为服务器必须准备随时处理客户端连接，还必须处理多个连接；而客户端只需连接，完成任务后再断开连接即可。

Python 提供了两个 Socket 模块：Socket 和 SocketServer。socket 模块提供了标准的 BSD Socket API；SocketServer 重点是网络服务器开发，它提供了 4 个基本服务器类，可以简化服务器开发。

使用 Socket 模块实现的 Socket 编程非常简单。Socket 模块提供了一个 socket() 函数可以创建多种形式的 Socket 对象，创建方式如下：

```
s=socket. socket(socket.AF_ INET, socket. SOCK_ STREAM, 0)
```

实例化套接字时最多可指定 3 个参数：一个地址族（默认为 socket.AF_INET）；是流套接字（socket.SOCK_STREAM，默认设置）还是数据报套接字（socket.SOCK_DGRAM）；协议（使用默认值 0 就好）。创建普通套接字时，不用提供任何参数。

socket 对象有很多方法，其中与 TCP Socket 服务器编程有关的方法如下：

（1）socket.bind（address）：绑定地址和端口，address 是包含主机名（或 IP 地址）和端口的二元组对象。

（2）socket.listen（backlog）：监听端口，backlog 最大连接数，backlog 默认值是 1。

（3）socket.accept()：等待客户端连接，连接成功返回二元组对象(conn,address)，其中 conn 是新的 socket 对象，可以用来接收和发送数据，address 是客户端的地址。

服务器套接字先调用方法 bind()，再调用方法 listen() 来监听特定的地址。然后，客户端套接字就可连接到服务器，办法是调用方法 connect() 并提供调用方法 bind() 时指定的地址（在服务器端，可使用函数 socket.gethostname() 获取当前机器的主机名）。这里的地址是一个格式为 (host,port) 的元组，其中 host 是主机名（如 www.example.com），而 port 是端口号（一个整数）。方法 listen 接受一个参数——待办任务清单的长度（即最多可有多少个连接在队列中等待接纳，到达这个数量后将开始拒绝连接）。服务器套接字开始监听后，就可接受客户端连接，这是使用方法 accept() 来完成的。这个方法将阻断（等待）到客户端连接到来为止，然后返回一个格式为(client,address)的元组，其中 client 是一个客户端套接字，而 address 是前面解释过的地址。服务器能以其认为合适的方式处理客户端连接，然后再次调用 accept() 以接着等待新连接到来。这通常是在一个无限循环中完成的。为传输数据，套接字提供了两个方法：send() 和 recv()（表示 receive）。要发送数据，可调用方法 send() 并提供一个字符串；要接收数据，可调用 recv() 并指定最多接收多少个字节的数据。如果不确定该指定什么数字，1024 是个不错的选择。例 11.1 和例 11.2 展示了最简单的客户端程序和服务器程序。如果在同一台机器上运行它们（先运行服务器程序），服务器程序将打印一条收到连接请求的消息，然后客户端程序将打印它从服务器那里收到的消息。在服务器还在运行时，可运行多个客户端。在客户端程序中，通过将 gethostname() 调用替换为服务器机器的主机名，可分别在两台通过网络连接的机器上运行这两个程序。

例 11.1：简单服务器。

```python
# 服务器端
import socket

# 声明链接类型
server=socket.socket()
host=socket.gethostname()
# 绑定一个网卡和选择端口
server.bind((host,6969))
# 开始监听
server.listen()
# 开始等待请求 (conn 为客户端发送的请求在服务器端生成的连接实例，addr 为请求的地址以及端口号)
print("等待请求")
conn,addr=server.accept()
print("收到请求")
# 接收数据
data=conn.recv(1024)
print("从客户端接收到的数据：",data)
# 返回处理好的数据
conn.send(data.upper())
server.close()
```

例 11.2：简单客户端。

```python
# 客户端
import socket
# 声明 socket 的链接类型
client=socket.socket()
# 连接一个地址和端口
host=socket.gethostname()
client.connect((host,6969))
# 发送 bytes 数据类型的数据
client.send(b"hello word")
# 接收服务器端发送过来的数据
data=client.recv(1024)
print("服务器端发送回来的数据：",data)
client.close()
```

例 11.2 程序执行后，服务器程序输出：

```
等待请求
收到请求
```

例 11.2 程序执行后，例 11.1 程序从客户端接收到的数据：

```
b'hello word'
```

客户端程序输出：

```
服务器端发送回来的数据：b'HELLO WORD'
```

11.1.2　urllib 和 urllib2 模块

在可供使用的网络库中，urllib 和 urllib2 可能是投入产出比最高的两个。使用这两个模块能够通过网络访问文件，就像这些文件位于计算机中一样。只需一个简单的函数调用，几乎可将统一资源定位符（URL）可指向的任何动作作为程序的输入。模块 urllib 和 urllib2 的功能相似，但 urllib2 更为完善。对于简单的下载，urllib 绰绰有余。如果需要实现 HTTP 身份验证或 Cookie，抑或编写扩展来处理自己的协议，urllib2 可能是更好的选择。Urllib 库，它是 Python 内置的 HTTP 请求库，也就是说不需要额外安装即可使用，它包含 4 个模块：

（1）request 模块：最基本的 HTTP 请求模块；可以用它来模拟发送一请求，就像在浏览器里输入网址然后按回车键一样，只需要给库方法传入 URL 及额外的参数，就可以模拟实现这个过程。

（2）error 模块：异常处理模块，如果出现请求错误，我们可以捕获这些异常，然后进行重试或其他操作保证程序不会意外终止。

（3）parse 模块：工具模块，提供了许多 URL 处理方法，比如拆分、解析、合并等方法。

（4）robotparser 模块：识别网站的 robots.txt 文件，判断哪些网站可以用来爬虫，哪些网站不可以爬，使用频率较低。

1. 发送请求

使用 Urllib 的 request 模块可以方便地实现 Request 的发送并得到 Response

（1）urlopen()：

urllib.request 模块提供了最基本的构造 HTTP 请求的方法，利用它可以模拟浏览器的一个请求发起过程，同时它还可以处理 authenticaton（授权验证）、redirections（重定向）、cookies（浏览器 Cookies）以及其他内容。

下面以 Python 官网为例，把这个网页关联到对象。

例 11.2：关联网页。

```
import urllib.request

response=urllib.request.urlopen('https://www.python.org')
print(response.read().decode('utf-8'))
print(type(response))
```

执行程序输出网页信息，并输出 response 类型为：<class 'http.client.HTTPResponse'>。HTTPResposne 类型的对象包含了 read()、readinto()、getheader(name)、getheaders()、fileno() 等方法和 msg、version、status、reason、debuglevel、closed 等属性。例如，调用 read() 方法可以得到返回的网页内容；调用 status 属性就可以得到返回结果的状态码，如 200 代表请求成功，404 代表网页未找到等。

例 11.3：返回信息。

```
import urllib.request
response=urllib.request.urlopen('https://www.python.org')
```

```
print(response.status)
print(response.getheaders())
print(response.getheader('Server'))
```

程序运行结果：

```
200
[('Server','nginx'),('Content-Type','text/html; charset=utf-8'),('X-Frame-
Options','SAMEORIGIN'),('X-Clacks-Overhead','GNU Terry Pratchett'),('Content-
Length','47397'),('Accept-Ranges','bytes'),('Date','Mon,01 Aug 2016 09:57:31
GMT'),('Via','1.1 varnish'),('Age','2473'),('Connection','close'),('X-
Served-By','cache-lcy1125-LCY'),('X-Cache','HIT'),('X-Cache-Hits','23'),
('Vary','Cookie'),('Strict-Transport-Security','max-age=63072000;
includeSubDomains')]
Nginx
```

以上程序分别输出了响应的状态码、响应的头信息，以及通过调用 getheader() 方法并传递一个参数 Server 获取了 headers 中的 Server 值，结果是 nginx，意思就是服务器是 nginx 搭建的。利用以上最基本的 urlopen() 方法，可以完成最基本的简单网页的 GET 请求抓取。

（2）Request：

由上可知利用 urlopen() 方法可以实现最基本请求的发起，但这几个简单的参数并不足以构建一个完整的请求。如果请求中需要加入 Headers 等信息，可以利用更强大的 Request 类来构建一个请求。首先用一个示例来展示 Request 的用法。

例 11.4： Request 用法。

```
import urllib.request

request=urllib.request.Request('https://python.org')
response=urllib.request.urlopen(request)
print(response.read().decode('utf-8'))
```

可以发现，示例依然是用 urlopen() 方法来发送这个请求，只不过这次 urlopen() 方法的参数不再是一个 URL，而是一个 Request 类型的对象，通过构造这个数据结构，一方面可以将请求独立成一个对象，另一方面可配置参数更加丰富和灵活。

Request 需通过多个参数构造，它的构造方法如下：

```
class urllib.request.Request(url,data=None,headers={},origin_req_host=None,unverifiable=False,method=None)
```

第一个 url 参数是请求 URL，是必传参数，其他的都是可选参数。

第二个 data 参数如果要传必须传 bytes（字节流）类型的，如果是一个字典，可以先用 urllib.parse 模块里的 urlencode() 编码。

第三个 headers 参数是一个字典，这个 Request Headers 可以在构造 Request 时通过 headers 参数直接构造，也可以通过调用 Request 实例的 add_header() 方法来添加，Request Headers 最常用的用法就是通过修改 User-Agent 来伪装浏览器，默认的 User-Agent 是

Python-urllib，可以通过修改它来伪装浏览器。

第四个 origin_req_host 参数指的是请求方的 host 名称或者 IP 地址。

第五个 unverifiable 参数指的是这个请求是否是无法验证的，默认是 False。意思就是说用户没有足够权限来选择接收这个请求的结果。例如，我们请求一个 HTML 文档中的图片，但是没有自动抓取图像的权限，这时 unverifiable 的值就是 True。

第六个 method 参数是一个字符串，它用来指示请求使用的方法，如 GET，POST，PUT 等等。

例 11.5：Request 请求示例。

```
from urllib import request,parse

url='http://httpbin.org/post'
headers={
    'User-Agent':'Mozilla/4.0(compatible; MSIE 5.5; Windows NT)',
    'Host':'httpbin.org'
}
dict={
    'name':'Germey'
}
data=bytes(parse.urlencode(dict),encoding='utf8')
req=request.Request(url=url,data=data,headers=headers,method='POST')
response=request.urlopen(req)
print(response.read().decode('utf-8'))
```

这里通过 4 个参数构造了一个 Request，url 即请求 URL，在 headers 中指定了 User-Agent 和 Host，传递的参数 data 用了 urlencode() 和 bytes() 方法来转成字节流，另外指定了请求方式为 POST。通过观察结果可以发现，程序成功设置了 data、headers 以及 method。

2. 处理异常

在了解了 Request 的发送过程后，在网络情况不好的情况下出现了异常怎么办？这时如果不处理这些异常，程序很可能报错而终止运行，所以异常处理还是十分有必要的。Urllib 的 error 模块定义了由 request 模块产生的异常。如果出现了问题，request 模块便会抛出 error 模块中定义的异常。主要有两个处理异常类：URLError、HTTPError。

例 11.6：异常示例。

```
from urllib import request,error
try:
    response=request.urlopen('http://cuiqingcai.com/index.htm')
except error.HTTPError as e:
    print(e.reason,e.code,e.headers,sep='\n')
```

程序运行结果：

```
Not Found
404
Server:nginx/1.10.3(Ubuntu)
Date:Tue,11 Aug 2020 09:55:33 GMT
```

```
Content-Type:text/html; charset=UTF-8
Transfer-Encoding:chunked
Connection:close
Set-Cookie:PHPSESSID=osa7tu9lhl5ego40gbbt29m751; path=/
Pragma:no-cache
Vary:Cookie
Expires:Wed,11 Jan 1984 05:00:00 GMT
Cache-Control:no-cache,must-revalidate,max-age=0
Link:<https://cuiqingcai.com/wp-json/>; rel="https://api.w.org/"
```

11.1.3 其他模块

前面说过，除了这里讨论的模块外，Python 库等地方还包含很多与网络相关的模块。表 11-1 列出了 Python 标准库中的一些与网络相关的模块。

表 11-1　标准库中一些与网络相关的模块

模块	功　　能
asynchat	用于编写异步代码的模块，适用于高性能的网络应用。它提供了协程和事件循环，用于在单线程中处理多个任务
asyncore	用于编写异步代码的模块，适用于高性能的网络应用。它提供了协程和事件循环，用于在单线程中处理多个任务
cgi	基本的 CGI 支持
Cookie	Cookie 对象操作，主要用于服务器
cookielib	客户端 Cookie 支持
email	电子邮件（包括 MIME）支持
ftplib	FTP 客户端模块
gopherlib	Gopher 客,户端模块
httplib	HTTP 客户端模块
imaplib	IMAP4 客户端模块，用于与 IMAP（Internet Message Access Protocol）服务器进行交互，从而实现电子邮件的接收和管理
mailbox	读取多种邮箱格式
mailcap	通过 mailcap 文件访问 MIME 配置
mhlib	访问 MH 邮箱
nntplib	NNTP 客户端模块
poplib	POP 客户端模块
robotparser	解析 Web 服务器 robot 文件
SimpleXMLRPCServer	一个简单的 XML-RPC 服务器
smtpd	SMTP 服务器模块，实现 SMTP（Simple Mail Transfer Protocol）服务器，从而允许您在本地运行一个简单的邮件服务器，用于接收和处理电子邮件
smtplib	SMTP 客户端模块，用于发送电子邮件的模块，通过 SMTP 协议发送邮件
telnetlib	Telnet 客户端模块
urlparse	用于解析和处理 URL（Uniform Resource Locator）
xmlrpclib	XML-RPC 客户端支持

11.2　高级模块 SocketServer

编写简单的套接字服务器并不难。然而，如果要创建完整服务器，需使用服务器模块。模块 SocketServer 是标准库提供的服务器框架的基石，这个框架包括 BaseHTTPServer、SimpleHTTPServer、CGIHTTPServer、SimpleXMLRPCServer 和 DocXMLRPCServer 等服务器，它们在基本服务器的基础上添加了各种功能。使用模块 SocketServer 编写服务器时，大部分代码都位于请求处理器中。每当服务器收到客户端的连接请求时，都将实例化一个请求处理程序，并对其调用各种处理方法来处理请求。具体调用哪些方法取决于使用的服务器类和请求处理程序类；还可从这些请求处理器类派生出子类，从而让服务器调用一组自定义的处理方法。基本请求处理程序类 BaseRequestHandler 将所有操作都放在一个方法中——服务器调用的方法 handle()。这个方法可通过属性 self.request 来访问客户端套接字。如果处理的是流（使用 TCPServer 时很可能如此），可使用 StreamRequestHandler 类，它包含另外两个属性：self.rfile（用于读取）和 self.wfile（用于写入）。用户可使用这两个类似于文件的对象与客户端通信。

1. 处理程序

要使用本模块，必须定义一个继承于基类 BaseRequestHandler 的处理程序类。BaseRequestHandler 类的实例 h 可以实现以下方法：

（1）h.handle()：调用该方法执行实际的请求操作。调用该方法可以不带任何参数，但是几个实例变量包含有用的值。h.request 包含请求，h.client_address 包含客户端地址，h.server 包含调用处理程序的实例。对于 TCP 之类的数据流服务，h.request 属性是套接字对象。对于数据报服务，它是包含收到数据的字节字符串。

（2）h.setup()：该方法在 handle() 之前调用。默认情况下，它不执行任何操作。如果希望服务器实现更多连接设置（如建立 SSL 连接），可以在这里实现。

（3）h.finish()：调用本方法可以在执行完 handle() 之后执行清除操作。默认情况下，它不执行任何操作。如果 setup() 和 handle() 方法都不生成异常，则无须调用该方法。

如果知道应用程序只能操纵面向数据流的连接（如 TCP），那么应从 StreamRequestHandler 继承，而不是 BaseRequestHandler。StreamRequestHandler 类设置了两个属性，h.wfile 是将数据写入客户端的类文件对象，h.rfile 是从客户端读取数据的类文件对象。

如果要编写针对数据包操作的处理程序并将响应持续返回发送方，那么它应当从 DatagramRequestHandler 继承。它提供的类接口与 StramRequestHandler 相同。

2. 服务器

要使用处理程序，必须将其插入到服务器对象。定义了 4 个基本的服务器类：

（1）TCPServer(address,handler)：支持使用 IPv4 的 TCP 协议的服务器，address 是一个（host,port）元组。handler 是 BaseRequestHandler 或 StreamRequestHandler 类的子类的实例。

（2）UDPServer(address,handler)：支持使用 IPv4 的 UDP 协议的服务器，address 和 handler 与 TCPServer 中类似。

（3）UnixStreamServer(address,handler)：使用 UNIX 域套接字实现面向数据流协议的服

务器，继承自 TCPServer。

（4）UnixDatagramServer(address,handler)：使用 UNIX 域套接字实现数据报协议的服务器，继承自 UDPServer。

所有 4 个服务器类的实例都有以下方法和变量：

（1）s.socket：用于传入请求的套接字对象。

（2）s.sever_address：监听服务器的地址，如元组（"127.0.0.1",80）。

（3）s.RequestHandlerClass：传递给服务器构造函数并由用户提供的请求处理程序类。

（4）s.serve_forever()：处理无限的请求。

（5）s.shutdown()：停止 serve_forever() 循环。

（6）s.fileno()：返回服务器套接字的整数文件描述符。该方法可以有效地通过轮询操作（如 select() 函数）使用服务器实例。

11.2.1　创建 SocketServer TCP 服务器

（1）定义服务端类型：将 Handler 类和服务端的地址端口参数传入。

TCPServer 支持 ipv4 的 TCP 协议的服务器。

```
server=socketserver.TCPServer((HOST,PORT),Handler)【Handler】
```

UDPServer 支持 ipv4 的 UDP 协议的服务器。

```
server=socketserver.UDPServer((HOST,PORT),Handler)
```

（2）运行服务端：持续循环运行：serve_forever()，即使一个连接报错，也不会导致程序停止，而是会持续运行，与其他客户端通信。

```
server.serve_forever()
```

停止 server_forever：

```
server.shutdown()
```

例 11.7： 创建 SocketServer TCP 服务器。

```
from socketserver import*
from time import ctime
HOST=''
PORT=6666
ADDR=(HOST,PORT)

#定义请求头类
class MyRequestHandler(StreamRequestHandler):

    #重写 handle 方法
    def handle(self):
    #打印链接地址
        print('[+] ...connected from:%s:%d'%(self.client_address[0], self.client_address[1]))
    #发送消息,self.rfile.readline(),读取数据包文件的一行发送回去，
    #self.wfile.write(),写入数据包里并发送回去
```

```
                self.wfile.write(b'[%s]%s'%(bytes(ctime(),'utf-8'),self.rfile.
readline()))


    tcpServ=TCPServer(ADDR,MyRequestHandler)
    print('[*] waiting for connection...')
    tcpServ.serve_forever()
```

11.2.2 创建 SocketServer TCP 客户端

创建 TCP 客户端，仍然使用 socket 模块。

例 11.8：创建 SocketServer TCP 客户端。

```
from socket import*

HOST='localhost'
PORT=6666
BUFSIZ=1024
ADDR=(HOST,PORT)

while True:
    tcpCliSock=socket(AF_INET,SOCK_STREAM)
    tcpCliSock.connect(ADDR)
    data=input("请输入需发至服务器端消息：")
    if data=='exit':
        break
    # 这里需要加 \r\n 终止符
    tcpCliSock.send(b'%s\r\n'%bytes(data,'utf-8'))
    data=tcpCliSock.recv(BUFSIZ)
    if not data:
        break
    print(data.decode('utf-8').strip())

tcpCliSock.close()
```

11.2.3 执行 TCP 服务器和客户端

首先执行服务器端程序，控制台输出：

```
[*] waiting for connection...
```

再执行客户端程序，在控制台窗口分别输入文本信息 hello world! 与 exit，客户端程序输出：

```
>>>hello world!
[Wed Aug 12 22:41:59 2020] hello world!
>>>exit

Process finished with exit code 0
```

服务器端程序输出：

```
[*] waiting for connection...
[+] ...connected from:127.0.0.1:63940
[+] ...connected from:127.0.0.1:63946
```

其中，[+] ...connected from:127.0.0.1:63940 表示连接一次，[+] ...connected from:127.0.0.1:63946 表示发送消息一次。

小　　结

本章主要介绍了 Python 网络编程，首先介绍了网络方面的基本知识，然后重点介绍了 TCP Socket 编程和 UDP Socket 编程，其中 TCP Socket 编程很有代表性，希望读者重点掌握这部分知识。最后介绍了高级服务器模块及其使用方式。

习　　题

一、填空题

1. TCP/IP 四层协议是 _____、_____、_____、_____。
2. TCP/IP 协议的传输层有两种传输协议：_____、_____。
3. Python 提供了两个 socket 模块：_____ 和 _____。
4. 实例化套接字时最多可指定 3 个参数：_____、_____、_____。
5. 模块 _____ 是标准库提供的服务器框架的基石。

二、单选题

1. socket 对象有很多方法，其中与 TCP Socket 服务器编程无关的方法是（　　）。
   A. MySQL　　　B. Oracle　　　C. Sybase　　　D. Access
2. socket 对象有很多方法，其中哪项不是与 TCP Socket 服务器编程有关的方法（　　）。
   A. bind()　　　B. listen()　　　C. accept()　　　D. connect()
3. 下列（　　）不是 Urllib 库包含的模块。
   A. reques　　　B. error　　　C. parse　　　D. libc
4. BaseRequestHandler 类的实例 h 可以实现的方法不包括（　　）。
   A. handle()　　　B. setup()　　　C. finish()　　　D. push()
5. 下列（　　）不属于 socketserver 基本的服务器类。
   A. TCPServer　　　　　　　　　B. UDPServer
   C. UnixStreamServer　　　　　　D. UnixServer

三、编程题

同学之间合作编写 UDP 通信程序，分别编写发送端和接收端代码，发送端发送一个字符串 "Helloworld!"。假设接收端在计算机的 5000 端口进行接收，并显示接收内容。

第 12 章 tkinter GUI 编程

学习目标

◎ 掌握 tkinter 编程基础。
◎ 熟练使用 tkinter 基本组件。
◎ 掌握布局管理器的使用。
◎ 掌握事件处理方式，熟练使用菜单与对话框。

本章将介绍使用 tkinter 模块来创建 Python 的 GUI 应用程序的方法。tkinter 模块是 Python 内置的标准图形用户界面 (Graphical User Interface，GUI) 库，使 GUI 编程变得简洁和简单。GUI 也称图形用户接口，最典型的就是微软的 Windows 界面。GUI 应用程序可以使用户通过菜单、窗口按钮等执行各种操作。

12.1 tkinter 编程基础

tkinter 模块是 Tk GUI 库的接口，已成为 Python 业界开发 GUI 的约定标准。采用 tkinter 模块编写的 Python GUI 程序是跨平台的，可运行在 Windows、UNIX、Linux 及 Mac Os X 等多种操作系统之中，且与系统的布局和外观风格保持一致。可以使用 Python 对 tkinter 进行扩展，也可以直接使用现有的扩展包，如 Pmw (界面组件库)、Tix (界面组件库，已成为 Python 标准库)、ttk (Tk 界面主题组件库，已成为 Python 标准库)、PIL (图形处理库)、IDLE (基于 tkinter 实现的 Python 可视化集成开发环境)。

12.1.1 第一个 tkinter GUI 程序

先从一个简单的实例了解 tkinter GUI 程序的基本结构和相关概念。

例 12.1：第一个 tkinter GUI 程序示例。

```
import tkinter                              # 导入 tkinter 模块
root=tkinter.Tk()                           # 创建主窗口
w=tkinter.Label(root,text='你好, Python!')   # 创建标签类的实例对象
w.pack()                                    # 打包标签
root.mainloop()                             # 开始事件循环
```

程序运行结果如图 12-1 所示，这是一个标准的 Windows 窗口，可以任意调整大小。

图 12-1　第一个 GUI 程序

tkinter GUI 程序的基本结构通常包含下面的几部分：

（1）导入 tkinter 模块。

（2）创建主窗口：所有组件默认情况下都以主窗口作为容器。

（3）创建组件实例：调用组件类创建组件实例时，第一个参数指明了主窗口。

（4）打包组件：打包的组件可以显示在窗口中，否则不会显示。

（5）开始事件循环：开始事件循环后，窗口等待响应用户操作。mainloop() 不是必需的。在交互模式下运行 GUI 程序时，如果有这个函数，程序运行结束后，才会返回提示符；如果没有，程序启动后，交互模式下立即返回提示符，但不会影响 GUI 程序窗口。

GUI 程序文件扩展名是 .py 或 .pyw。在 Windows 中双击程序文件运行时，.py 文件在打开 GUI 窗口的同时，会显示系统命令提示符窗口，而 .pyw 文件运行时则不显示该命令提示符窗口。

窗口和框架都可作为组件的容器，容器还可以嵌套容器。主窗口只有一个，它是其他组件和容器的容器。在 GUI 程序中并不是必须创建主窗口。

例 12.2：不带主窗口的 GUI 程序示例。

```
import tkinter                                    # 导入tkinter模块
w=tkinter.Label(None,text=' 你好, Python!')        # 创建标签类的实例对象
w.pack()                                          # 打包标签
w.mainloop()                                      # 开始事件循环
```

程序运行结果如图 12-1 所示。创建标签实例时，用 None 作为第一个参数，表示组件添加到默认主窗口。程序运行时会自动调用 Tk() 创建一个默认主窗口。

在导入模块时，访问模块中的类需要使用 tkinter. 作为限定词。为了方便和减少代码编写，可以有选择地导入模块中需要的类，然后在代码中直接使用类。例如：

```
from tkinter import Label                         # 导入tkinter模块
w=Label(text=' 你好, Python!')                     # 创建标签类的实例对象
w.pack()                                          # 打包标签
w.mainloop()                                      # 开始事件循环
```

还可以简化为下面的形式：

```
from tkinter import*                              # 使用导入
Label(text=' 你好, Python!').pack()                # 创建标签类的实例对象并打包
mainloop()                                        # 开始事件循环
```

组件实例对象的创建和打包合并为一条语句，使用 "*" 号导入 tkinter 模块中的所有类。此时，mainloop() 方法不需要通过窗口或组件来调用。

默认情况下窗口标题为 tk，可调用窗口对象的 title() 方法来设置标题。组件的属性和属性值则以字典映射的形式来访问。

例 12.3： 配置窗口和组件属性示例。

```
from tkinter import*                    # 导入所有类
root=Tk()                               # 创建主窗口
root.title(' 这是主窗口标题 ')           # 设置窗口标题
root.minsize(300,100)                   # 设置创建最小尺寸
w=Label(root)                           # 创建标签类的实例对象
w['text']=' 你好, Python!'              '# 以字典形式设置标签显示文本
w.pack()                                # 打包标签实例
root.mainloop()                         # 开始事件循环
```

程序运行显示的窗口如图 12-2 所示。

图 12-2 设置标题

另外，还可以调用标签的 config() 方法来设置标签显示的文本。

例 12.4： 标签的 config 方法示例。

```
from tkinter import*                    # 导入所有类
root=Tk()                               # 创建主窗口
root.title(' 这是主窗口标题 ')           # 设置窗口标题
root.minsize(300,50)                    # 设置创建最小尺寸
w=Label(root)                           # 创建标签类的实例对象
w.pack()                                # 打包标签实例
w.config(text=' 你好, Python!')         # 设置标签显示文本
root.mainloop()                         # 开始事件循环
```

运行结果与前面相同。可以看到，在组件打包前或打包后，均可设置组件属性。

12.1.2 组件打包

调用 pack() 方法打包组件时，可以通过参数设置组件位置以及是否可以拉伸等。

1. 设置组件位置

调用 pack() 方法打包组件时，默认情况下，组件停靠在窗口内部上边框中间位置（TOP）。

如果该位置已经有组件，则停靠在组件下方中间位置。在 pack() 方法中可使用 side 参数设置组件位置，参数值可使用下面的常量。

（1）TOP：窗口剩余空间最上方水平居中。
（2）BOTTOM：窗口剩余空间最下方水平居中。
（3）LEFT：窗口剩余空间最左侧垂直居中。
（4）RIGHT：窗口剩余空间最右侧垂直居中。

采用 sid() 方法设置位置时，TOP 和 BOTTOM 表示组件所在位置的水平方向上所有空间均属于组件；LEFT 和 RIGHT 表示组件所在位置的垂直方向上所有空间均属于组件。先

打包的组件总是先划分空间，后打包的组件只能在剩余空间内划分属于自己的空间。如果窗口大小不变，剩余空间则越来越小。事实上，窗口的空间可以是无限大。side 参数只是设置了组件在窗口剩余空间中的相对位置。当窗口大小变化时，组件的位置也会调整。为了对比，例 12.5 为窗口添加了两个标签，并设置了不同的颜色。

例 12.5：设置组件位置示例。

```
from tkinter import*                          # 导入所有类
root=Tk()
root.minsize(200,80)                          # 设置窗口最小尺寸
w=Label(text=' 你好, Python!')                # 创建标签类的实例对象
w.pack()                                      # 打包标签实例，默认位置
w.config(fg='white',bg='green')               # 设置标签前景色和背景色
w2=Label(text=' 第 2 个标签 ')                # 创建第 2 个标签
w2.pack(side=TOP)                             # 打包时指定位置
w2.config(fg='white',bg='black')
mainloop()                                    # 开始事件循环
```

程序运行结果如图 12-3 所示。

图 12-3　pack() 方法控制组件位置

当 side 分别设置为 BOTTOM、LEFT 和 RIGHT 时，效果如图 12-4 依次显示。

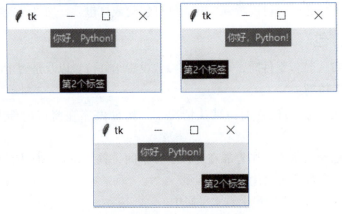

图 12-4　BOTTOM、LEFT 和 RIGHT 三种位置情况

2. 设置组件拉伸

在 pack() 方法中，若 expand 参数设置为 YES，则表示组件可拉伸，此时 side 参数被忽略。若 expand 参数设置为 YES 时，没有设置 fill 参数，则组件位于默认位置（TOP）。fill 参数在 expand 参数设置为 YES 时才有效，可设置为下面的常量。

① X：水平拉伸。
② Y：垂直拉伸。
③ BOTH：水平垂直都拉伸。

例 12.6：组件拉伸示例。

```
from tkinter import*                    # 导入所有类
root=Tk()
root.minsize(200,80)                    # 设置窗口最小尺寸
w=Label(text=' 你好, Python!')          # 创建标签类的实例对象
w.pack()                                # 打包标签实例，默认位置
w.config(fg='white',bg='green')         # 设置标签前景色和背景色
w2=Label(text=' 第 2 个标签 ')           # 创建第 2 个标签
w2.pack(expand=YES,fill=X)              # 水平拉伸
w2.config(fg='white',bg='black')
mainloop()                              # 开始事件循环
```

程序运行结果如图 12-5 所示。

图 12-5　第 2 个标签水平拉伸示例

图 12-6 依次显示了第二个标签垂直拉伸和水平垂直都拉伸时的情况。

图 12-6　第 2 个标签垂直拉伸、水平垂直拉伸

12.1.3　添加按钮和事件处理函数

通常用户通过单击窗口中的按钮来完成某一任务。例 12.7 给出了在窗口中添加一个标签和一个按钮，当单击按钮时改变标签显示的文字。

例 12.7：按钮和事件处理函数示例。

```
from tkinter import*                    # 导入所有类
def showmsg():
    label1.config(text=' 单击了按钮！')
label1=Label(text=' 你好, Python!')     # 创建标签类的实例对象
label1.pack()                           # 打包标签实例，默认位置
Button(text=' 按钮 ',command=showmsg).pack()
mainloop()                              # 开始事件循环
```

程序运行时，首先显示图12-7（a）所示的窗口，单击窗口中的按钮，改变标签显示文字，如图12-7（b）所示。

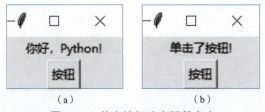

图12-7　单击按钮改变标签文字

按钮组件的 command 参数指定了单击按钮时，将会执行的函数名称。在程序执行过程中，主窗口监听了窗口中发生的事件。用户单击按钮时，发生按钮的单击事件，然后调用指定的函数。command 参数指定的函数可称为事件处理函数，或者叫回调函数。其他组件如单选按钮、复选框、标尺、滚动条等，都支持 command 参数。还可以使用 bind() 方法来为组件事件绑定处理函数。

常用事件名称如下。

（1）Button-1：单击鼠标左键。

（2）Button-3：单击鼠标右键。

（3）Double-1：双击鼠标左键。

（4）B1-Motion：按下鼠标左键拖动。

（5）Return：按下【Enter】键。

（6）KeyPress：按下键盘字符或其他键。

（7）Up：按下【↑】键。

发生事件时，处理函数会接收到一个事件对象，通常用 event 变量表示，事件对象封装了事件的细节。例如，B1-Motion 事件对象的属性 x 和 y 表示拖动时鼠标的坐标，KeyPress 事件对象的 char 属性表示按下键盘字符键对应的字符。例 12.8 为命令按钮绑定了各个事件处理函数，在事件处理函数中用标签显示事件信息，并将信息输出到命令行。

例 12.8：事件处理函数绑定示例。

```
from tkinter import*                              # 导入所有类
def onLeftclick(event):
    label1.config(text=' 单击了鼠标左键! ')
    print(' 单击了鼠标左键! ')
def onRightClick(event):
    label1.config(text=' 单击了鼠标右键! ')
    print(' 单击了鼠标右键! ')
def onDoubleLeftClick(event):
    label1.config(text=' 双击了鼠标左键! ')
    print(' 双击了鼠标左键! ')
def onLeftDrag(event):
    label1.config(text=' 按下鼠标拖动! 鼠标位置 (%s,%s)'%(event.x,event.y))
    print(' 按下鼠标拖动! 鼠标位置 (%s,%s)'%(event.x,event.y))
def onReturn(event):
    label1.config(text=' 按下了 [Enter] 键! ')
```

```
        print(' 按下了[Enter]键!')
    def onKeyPress(event):
        label1.config(text=' 按下了键盘上的%s键!'%event.char)
        print(' 按下了键盘上的%s键!'%event.char)
    def onArrowPress(event):
        label1.config(text=' 按下了【↑】键!')
        print(' 按下了【↑】键!')
    label1=Label(text=' 你好, Python!')          # 创建标签类的实例对象
    label1.pack()                                # 打包标签实例, 默认位置
    bt1=Button(text=' 按钮')
    bt1.bind('<Button-1>',onLeftclick)           # 绑定了单击鼠标左键事件处理函数
    bt1.bind('<Button-3>',onRightClick)          # 绑定了单击鼠标右键事件处理函数
    bt1.bind('<Double-1>',onDoubleLeftClick)     # 绑定了双击鼠标左键事件处理函数
    bt1.bind('<B1-Motion>',onLeftDrag)           # 绑定了拖动鼠标左键事件处理函数
    bt1.bind('<Return>',onReturn)                # 绑定了按下【Enter】键事件处理函数
    bt1.bind('<KeyPress>',onKeyPress)            # 绑定了按键盘字符事件或其他键处理函数
    bt1.bind('<Up>',onArrowPress)                # 绑定了按下【"】键事件处理函数
    bt1.pack()
    bt1.focus()                                  # 使按钮获得焦点
    mainloop()                                   # 开始事件循环
```

程序运行结果如图 12-8 所示。

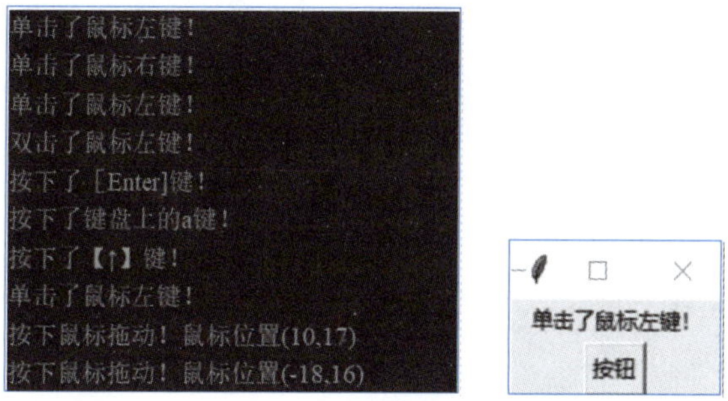

图 12-8　事件处理函数绑定鼠标键盘事件

12.1.4　使用布局

布局即组件在容器中的结构安排和组成方式。Python 的 tkinter 模块提供了常用的 3 种布局方式。

1. Packer布局

例 12.9：组件默认打包的布局示例。

```
from tkinter import*
label1=Label(text=' 标签1')
label1.config(fg='white',bg='black')
labe12=Label(text=' 标签2')
labe12.config(fg='red',bg='yellow')
labe13=Label(text=' 标签3')
labe13.config(fg='white',bg='green')
label1.pack()
```

```
labe12.pack()
labe13.pack()
mainloop()
```

程序运行结果如图 12-9 所示。

在调用 pack() 方法打包组件时，组件在容器（窗口和框架是典型的容器）中的布局方式可称为 Packer 布局。Packer 布局是 Tk 的一种几何管理器，其通过相对位置控制组件在容器中的位置。因为组件的位置是相对的，当容器大小发生变化时（例如调整窗口大小），组件会跟随容器自动调整位置。

图 12-9　组件默认布局

组件在创建后，若没有指定布局管理器，组件是不会显示在容器中的。调用 pack() 方法意味着为组件指定 Packer 布局管理器，此时组件才会在容器中显示。组件总是按打包的先后顺序出现在容器中，当容器尺寸变小时，后打包的组件总是看不到。

组件的位置通常由 side 或 anchor 参数决定。打包组件时，后打包的组件只能在当前剩余空间内确定其位置。side 参数前面已经介绍过。anchor 参数根据指南针方位来分配组件在容器中的位置，参数值可使用下面的常量。

（1）N：北方，类似于 TOP。

（2）S：南方，类似于 BOTTOM。

（3）W：西方，类似于 LEFT。

（4）E：东方，类似于 RIGHT。

（5）NW：北偏西，左上角。

（6）SW：南偏西，左下角。

（7）NE：北偏东，右上角。

（8）SE：南偏东，右下角。

（9）CENTER：居中。

例 12.10：使用 anchor 参数来设置组件位置。

```
from tkinter import*
label1=Label(text=' 标签 1')
label1.config(fg='white',bg='black')
labe12=Label(text=' 标签 2')
labe12.config(fg='red',bg='yellow')
labe13=Label(text=' 标签 3')
labe13.config(fg='white',bg='green')
label1.pack(anchor=NE)
labe12.pack(anchor=N)
labe13.pack(anchor=SW)
mainloop()
```

程序运行的结果如图 12-10 所示。

2．Grid 布局

采用 pack() 打包组件时，组件所在容器位置采用 Packer 布局来组织。另一种布局方式是 Grid 布局。调用组件的 grid() 方法，则表示组件所在的容器位置采用 Grid 布局来组织。

注意：在同一容器中，只能使用一种类型的 anchor 设置组件位置布局方式。Grid 布局又称为网格布局，它按照二维表格的形式，将容器划分为若干行和若干列，行列所在位置为一个单元格，类似于 Excel 表格。在 grid() 方法中，用 row 参数设置组件所在的行，column 参数设置组件所在的列。行列默认开始值为 0，依次递增。行和列的序号的大小显示了相对位置，数字越小表示位置越靠前。

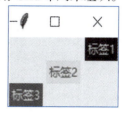

图 12-10　使用 anchor 设置组件位置

例 12.11：使用 Grid 布局组织组件。

```
from tkinter import*
label1=Label(text=' 标签 1')
label1.config(fg='white',bg='black')
label2=Label(text=' 标签 2')
label2.config(fg='red',bg='yellow')
label3=Label(text=' 标签 3')
label3.config(fg='white',bg='green')
label1.grid(row=0,column=3)          #标签 1 放在 0 行 3 列
label2.grid(row=1,column=2)          #标签 2 放在 1 行 2 列
label3.grid(row=1,column=1)          #标签 3 放在 1 行 1 列
mainloop()
```

程序运行结果如图 12-11 所示。

可以看到，Grid 布局可以更精确地控制组件在容器中的位置。

图 12-11　Grid 布局

3．Place 布局

Place 布局比 Grid 和 Packer 布局更精确地控制组件在容器中的位置。在调用组件的 place() 方法时，使用 Place 布局。Place 布局可以与 Grid 或者 Packer 布局同时使用。

place() 方法常用参数如下：

（1）anchor：指定组件在容器中的位置，默认为左上角（NW），也可以使用 N、S、W、E、NW、SW、NE、SE 和 CENTER 等常量。

（2）bordermode：指定在计算位置时，是否包含容器边界宽度，默认为 INSIDE(计算容器边界)，OUTSIDE 表示不计算容器边界。

（3）height、width：指定组件的高度和宽度，默认单位为像素。

（4）x、y：用绝对坐标指定组件的位置，坐标默认单位为像素。

（5）relx、rely：按容器高度和宽度的比例来指定组件的位置，取值范围为 0.0~1.0。

在使用坐标时，容器左上角为原点（0.0），原点向右为 x 正方向，向下为 y 正方向。

例 12.12：使用 Place 布局组织组件。

```
from tkinter import*
label1=Label(text=' 标签 1')
label1.config(fg='white',bg='black')
```

```
label2=Label(text='标签2')
label2.config(fg='red',bg='yellow')
label3=Label(text='标签3')
label3.config(fg='white',bg='green')
label1.place(x=0,y=3)
label2.place(x=50,y=50)
label3.place(relx=0.5,rely=0.2)
mainloop()
```

程序运行结果如图 12-12 所示。

可以看到，标签 3 会随着窗口大小的调整，其位置会进行相应的变化，而标签 1 和标签 2 位置始终不变。

12.1.5 使用框架

框架（Frame）是一个容器，通常用于对组件进行分组。框架常用选项如下：

（1）bd：指定边框宽度。

（2）relief：指定边框样式，可用 RAISED（凸起）、SUNKEN（凹陷）、FLAT（扁平，默认值）、RIDGE（脊状）、GROOVE（凹槽）和 SOLID（实线）。

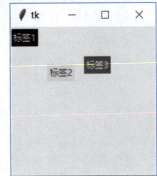

图 12-12　使用 Place 布局

（3）width、height：设置宽度和高度，通常被忽略。容器通常根据内容组件的大小自动调整自身大小。

例 12.13：使用框架将 6 个标签分为两组。

```
from tkinter import*
root=Tk()
frame1=Frame(bd=2,relief=SUNKEN)
frame2=Frame(bd=2,relief=SUNKEN)
label1=Label(frame1,text='标签1',fg='white',bg='black')
label2=Label(frame1,text='标签2',fg='red',bg='yellow')
label3=Label(frame1,text='标签3',fg='white',bg='green')
label4=Label(frame2,text='标签4',fg='white',bg='black')
label5=Label(frame2,text='标签5',fg='red',bg='yellow')
label6=Label(frame2,text='标签6',fg='white',bg='green')
frame1.pack()                    #框架1和框架2在默认主窗口中使用Packer布局
frame2.pack()
label1.pack()                    #标签1、2、3在框架1中使用Packer布局
label2.pack(side=LEFT)
label3.pack(side=RIGHT)
label4.grid(row=1,column=1)      #标签4、5、6在框架2中使用Grid布局
label5.grid(row=3,column=4)
label6.grid(row=2,column=2)
root.mainloop()
```

程序运行结果如图 12-13 所示。

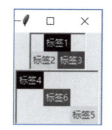

图 12-13　使用 frame

12.2　tkinter 组件

在前面的内容中，使用了标签、按钮和框架等组件，本节将介绍其他一些常用组件。

12.2.1　组件通用属性设置

可使用一组通用的属性设置来控制 tkinter 模块中组件的外观和行为。通常，可调用组件的 config() 方法来设置属性，在 config() 方法中使用与属性同名的参数来设置属性值。

1. 尺寸设置

在设置组件的尺寸属性时，若设置为一个整数值，则默认单位为像素，还可以使用厘米 c、英寸 i、点 p 等。带单位时需要使用字符串表示尺寸。例如：

```
label1.config(bd=2)  # 设置边框宽度为 2 个像素
label1.config(bd='0.3c')  # 设置边框宽度为 0.2 厘米
```

2. 颜色设置

设置颜色相关属性时，属性值为一个字符串，字符串为标准颜色名称或以"#"开头的 RGB 颜色值。

标准颜色名称可使用 white、black、red、green、blue、cyan、yellow 等。使用"#"开头的 RGB 颜色值时，有以下 3 种格式。

（1）#rgb：每种颜色用 1 位十六进制数表示。
（2）#rrggbb：每种颜色用 2 位十六进制数表示。
（3）#rrrgggbbb：每种颜色用 3 位十六进制数表示。

3. 字体设置

组件的 font 属性用于设置字体名称、字体大小和字体特征等，代码实例如下：

```
label1.config(font=('隶书', 20,'bold italic underline overstrike'))
```

其中，font 属性通常为一个三元组，基本格式为 (family,size,special)，其中，family 为表示字体名称的字符串，size 为表示字体大小的整数，special 为表示字体特征的字符串。size 为正整数时，字体大小单位为点；size 为负整数时，字体单位大小为像素。special 字符串中使用关键字表示字体特征：normal（正常）、bold（粗体）、italic（斜体）、underline（加下画线）或 overstrike（加删除线）。下面的代码用来查看当前系统支持的字体名称。

```
import tkinter,tkinter.font
root=tkinter.Tk()
for x in tkinter.font.families():     #必须在创建了默认主窗口后,才能调用families()
                                       方法
    print(x)                          #输出系统支持的字体
```

4. 显示位图

bitmap 属性用于设置在组件中显示预设值的位图,预设值的位图名称有 error、gray50、gray25 等。下面的代码使用标签显示这些预设值的位图。

例 12.14:显示位图。

```
from tkinter import*
root=Tk()
dl=['error','gray75','gray50','gray25','gray12','hourglass','info','questhead','question','warning']
for n in range(len(dl)):
    Label(bitmap=dl[n],text=dl[n],compound=LEFT).grid(row=0,column=n)
root.mainloop()
```

程序运行结果如图 12-14 所示。

图 12-14　使用标签显示位图

5. 显示图片

在 Windows 系统中,调用 PhotoImage() 类来引用文件中的图片,然后在组件中设置 image 属性值,将图片显示在组件中。PhotoImage() 类支持 .gif、.png 等格式的图片文件。

例 12.15:显示图片示例。

```
from tkinter import*
root=Tk()                             #必须先创建主窗口,否则出错
pic=PhotoImage(file='test.png')
Label(image=pic).pack()
root.mainloop()
```

程序运行结果如图 12-15 所示。

6. 使用控制变量

控制变量是一种特殊对象,和组件关联在一起。例如,将控制变量与一组单选按钮关联时,改变单选按钮选择状态时,控制变量的值随之改变;反之,改变控制变量的值,对应值的单选按钮被选中。同样,控制变量与输入组件关联时,控制变量的值和输入组件中的文本也会关联变化。tkinter 模块提供了布尔型、双精度型、整数和字符串 4 种控

图 12-15　位图显示

制变量，创建方法如下：

```
var=BooleanVar()                    #布尔型控制变量，默认值0
var=StringVar()                     #字符串控制变量，默认值空字符串
var=IntVar()                        #整数控制变量，默认值0
var=DoubleVar()                     #双精度控制变量，默认值0.0
```

创建控制变量后，调用 set() 方法设置控制变量的值，调用 get() 方法返回控制变量的值。例如：

```
var.set(100)                        #设置控制变量的值
print(var.get())                    #打印控制变量的值
```

tkinter 组件通过设置相应的属性来关联控制变量，如标签组件的 textvariable 属性用于设置关联设置。在下面的例子中，窗口显示一个标签和一个按钮，单击按钮改变标签显示内容，其中使用了控制变量来改变标签显示内容。

例 12.16：控制变量示例。

```
from tkinter import*
root=Tk()
label1=Label(bitmap='info',compound=LEFT,text='请单击按钮')
label1.pack()
var=StringVar()                     #创建关联变量
label1.config(textvariable=var)     #关联控制变量
def onclick():
    var.set('单击后显示的字符串')     #修改控制变量值，标签内容随之改变
Button(text='按钮',command=onclick).pack()
root.mainloop()
```

上述程序运行时先显示图 12-16（a）所示的窗口。因为标签与控制变量 var 关联，标签的初始字符串为"请单击按钮"，而 var 的初始值为空字符串，建立关联后，标签显示 var 的初始值，所以一开始窗口中的标签没有显示文字。单击按钮后，改变了 var 的值，所以标签的显示文字也随之变化，如图 12-16（b）所示。

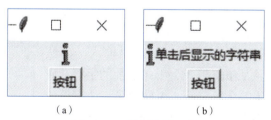

图 12-16　控制变量示例

12.2.2　输入组件（Entry）

输入组件用于显示和输入简单的单行文本，tkinter.Entry 类用于创建输入组件。

1．使用简单的输入组件

例 12.17 实现了一个简单的登录窗口，可输入用户名和密码，单击"重置"按钮可清

除已输入的用户名和密码，单击"确定"按钮可将输入的用户名和密码显示在下方的文本框中。

例 12.17：简单地输入组件。

```
from tkinter import*
fup=Frame()                                # 第一个框架用于放输入组件和对应的提示标签
fup.pack()
username=StringVar()                       # 用于绑定用户名输入组件
password=StringVar()                       # 用于绑定密码输入组件
labe11=Label(fup,text=' 用户名：',width=8,anchor=E)
labe11.grid(row=1,column=1)
entry1=Entry(fup,textvariable=username,width=20)   # 用户名输入组件
entry1.grid(row=1,column=2)
labe12=Label(fup,text=' 密码：',width=8,anchor=E)
labe12.grid(row=2,column=1)
entry2=Entry(fup,show='*',textvariable=password,width=20)
                                           # 密码输入组件
entry2.grid(row=2,column=2)
def reset():                               # 重置按钮命令函数
    entry1.delete(0,END)
    password.set('')
    labe13.config(text='')
def done():
    labe13.config(text=' 你输入的用户名为：%s,密码为：%s'%(username.get(),password.get()))
fdown=Frame()
fdown.pack()
bt1=Button(fdown,text=' 重置 ',command=reset)
bt1.grid(row=1,column=1)
bt2=Button(fdown,text=' 确定 ',command=done)
bt2.grid(row=1,column=2)
labe13=Label()
labe13.pack()
mainloop()
```

程序运行结果如图 12-17 所示。

其中，属性 show 为设置输入组件显示字符，显示字符代替实际输入显示在组件中，常用于密码输入。方法 delete(first,last=None) 删除从 first 开始到 last 之前的字符，省略 last 时删除 first 到末尾的全部字符。组件中第一个字符位置为 0，删除全部字符使用 delete(0,END).get() 返回组件中的全部字符。

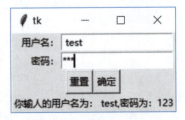

图 12-17　简单输入组件

2. 输入组件校验

输入组件通过 validate 和 validatecommand 属性添加校验功能。创建输入组件时，validate 参数可设置为 focus、key、all、none 等值。创建输入组件时，validatecommand 参数设置为校验函数名称。校验函数返回 True 表示输入有效，返回 False 则拒绝输入，组件文本保

持不变。注意：校验函数名称并不是自定义的函数名称。首先自定义一个函数来完成校验操作，然后调用输入组件的 register() 方法注册。该方法返回的字符串作为校验函数名称使用。在校验函数中，通过关联的控制变量获得组件中的文本。若只需要在校验函数中使用组件文本，则 validatecommand 参数设置格式为"validatecommand=校验函数名称"。另外，tkinter 允许使用替代码向校验函数传入更多的信息。使用替代码时，validatecommand 参数设置格式为"validatecommand=(校验函数名称，替代码1，替代码2，…)"。上述3个替代码的值可以如下：

（1）'%d'：动作代码，表示触发校验函数的原因。0 表示试图删除字符，1 表示试图插入字符，-1 表示获得焦点、失去焦点或改变关联控制变量的值。

（2）'%P'：校验有效时，组件将拥有的文本。

（3）'%S'：试图删除或插入字符时，参数值为即将插入或删除的文本。

另外，还有其他的替代码可以使用。

例 12.18 为例 12.17 添加校验功能，输入用户名不能超过 10 个字符，密码只能输入数字字符。

例 12.18：校验输入组件的使用示例。

```
from tkinter import*
fup=Frame()                              # 第一个框架用于放输入组件和对应的提示标签
fup.pack()

username=StringVar()                     # 用于绑定用户名输入组件
password=StringVar()                     # 用于绑定密码输入组件
def usercheck(what):                     # 执行用户名校验操作的函数
    if len(what)>10:
        label3.config(text=' 用户名不能超过 10 个字符 ',fg='red')
        return False
    return True
def passwordcheck(why,what):             # 执行密码校验操作的函数
    if why=='1':
        if what not in'0123456789':
            label3.config(text=' 密码只能是数字 ',fg='red')
            return False
    return True
label1=Label(fup,text=' 用户名：',width=8,anchor=E)
label1.grid(row=1,column=1)
entry1=Entry(fup,textvariable=username,width=20)
                                         # 用户名输入组件
docheck1=entry1.register(usercheck)      # 注册校验函数
entry1.config(validate='all',validatecommand=(docheck1,'%P'))
                                         # 设置校验参数
entry1.grid(row=1,column=2)
label2=Label(fup,text=' 密码：',width=8,anchor=E)
label2.grid(row=2,column=1)
entry2=Entry(fup,show='*',textvariable=password,width=20)
                                         # 密码输入组件
docheck2=entry2.register(passwordcheck)  # 注册校验函数
```

```
        entry2.config(validate='all',validatecommand=(docheck2,'%d','%S'))
                                          # 设置校验参数
        entry2.grid(row=2,column=2)
        def reset():                      # 重置按钮命令函数
            entry1.delete(0,END)
            password.set('')
            labe13.config(text='')
        def done():
            labe13.config(text=' 你输入的用户名为：%s,密码为：%s'%(username.get(),password.
get()))

        fdown=Frame()
        fdown.pack()
        bt1=Button(fdown,text=' 重置 ',command=reset)
        bt1.grid(row=1,column=1)
        bt2=Button(fdown,text=' 确定 ',command=done)
        bt2.grid(row=1,column=2)
        labe13=Label()
        labe13.pack()
        mainloop()
```

程序运行结果如图 12-18 所示。

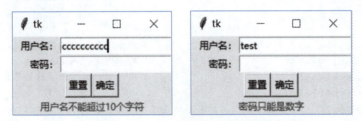

图 12-18 为输入组件添加校验功能

12.2.3 列表框组件（Listbox）

列表框用于显示多个列表框，每项为一个字符串。列表框允许用户一次选择一个或多个列表项。tkinter.Listbox 类用于创建列表框。常用的属性和方法介绍如下：

（1）listvariable：关联一个 StringVar 类型的控制变量，该变量关联列表框全部选项。通过 set() 和 get() 方法可设置和访问列表框列表项。

（2）selectmode：设置选择模式，参数可设置为 BROWSE（默认值，只能选中一项，可拖动）、SINGLE（只能选中一项，不能拖动）、MULTIPLE（通过鼠标单击选中多个列表项）、EXTENDED（通过鼠标拖动选中多个列表项）。

列表框组件部分方法以列表项位置（index）为参数。列表框中第一个列表项 index 为 0，最后一个列表项 index 用常量 tkinter.END 表示。

列表框组件常用方法如下：

（1）activate（index）：选中 index 对应列表项。

（2）curselection()：返回包含选中项 index 的元组，无选中项时返回空元组。

（3）delete(first,last=None)：删除［first,last] 范围内的列表项，省略 last 参数时只删除

first 对应项的文本。

（4）get(first,last=None)：返回包含[first,last]范围内的列表项的文本元组，省略 last 参数时只返回 first 对应项的文本。

（5）size()：返回列表项个数。

例 12.19：列表框使用示例。

```
from tkinter import*
root=Tk()
listvar=StringVar()
listvar.set('Python Java C')           #设置控制变量初始值，作为初始列表项
list=Listbox(listvariable=listvar,selectmode=MULTIPLE)
                                       #创建列表框
list.pack(side=LEFT,expand=1,fill=Y)
def additem():                         #在选中项之前添加一项
    str=entry1.get()
    if not str=='':
        index=list.curselection()
        if len(index)>0:
            list.insert(index[0],str)  #有选中项时，在选中项前面添加一项
        else:
            list.insert(END,str)       #无选中项时，添加到最后
def removeitem():                      #删除选中项
    index=list.curselection()
    if len(index)>0:
        if len(index)>1:
            list.delete(index[0],index[-1]) #删除选中的多项
        else:
            list.delete(index[0])      #删除选中的一项
def showselect():
    s='列表项数：%s'%list.size()
    s+='\ncurselection():'+str(list.curselection())
    s+='\nget(0,END):'+str(list.get(0,END))
    label1.config(text=s)              #在标签中显示列表相关信息

entry1=Entry(width=20)
entry1.pack(anchor=NW)
bt1=Button(text=' 添加 ',command=additem)
bt1.pack(anchor=NW)
bt2=Button(text=' 删除 ',command=removeitem)
bt2.pack(anchor=NW)
bt3=Button(text=' 显示 ',command=showselect)
bt3.pack(anchor=NW)
label1=Label(width=50,justify=LEFT)
label1.pack(anchor=NW,expand=1,fill=X)
mainloop()
```

程序运行结果如图 12-19 所示。

12.2.4 复选框组件（Checkbutton）

复选框组件通常用于显示两种状态：选中和未选，tkinter.Checkbutton 类用于创建复选

框。复选框的部分属性和标签相同，其他常用属性如下：

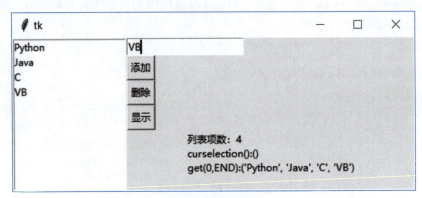

图 12-19　列表框

（1）command：设置改变复选框状态时调用的函数。

（2）indicatoron：设置复选框样式，默认值为 1。设置为 0 时，复选框变成按钮样式，选中时按钮凹陷。

（3）variable：绑定一个 IntVar 变量，选中复选框时，变量值为 1，否则为 0。

复选框常用方法如下：

（1）deselect()：取消选择。

（2）select()：选中复选框。

例 12.20：复选框使用示例。

```
from tkinter import*
root=Tk()
check1=IntVar()
check1.set(1)
check2=IntVar()
check2.set(0)
cb1=Checkbutton(text='常规样式复选框',variable=check1)
cb1.pack()
cb2=Checkbutton(text='按钮样式复选框',variable=check2,indicatoron=0)
cb2.pack()
label1=Label(justify=LEFT)
label1.pack()
labe12=Label(justify=LEFT)
labe12.pack()
def docheck1():
    if check1.get():
        label1.config(text='选中了常规样式复选框')
    else:
        label1.config(text='取消了常规样式复选框')
def docheck2():
    if check2.get():
        labe12.config(text='选中了按钮样式复选框')
    else:
        labe12.config(text='取消了按钮样式复选框')
```

```
cb1.config(command=docheck1)
cb2.config(command=docheck2)
mainloop()
```

程序运行结果如图 12-20 所示。

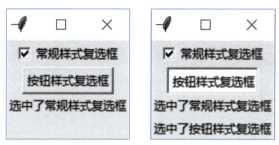

图 12-20　使用复选框

12.2.5　标签框架（LabelFrame）

标签框架和框架类似，都是容器，不同之处在于标签框架可以显示一个标签。标签框架显示的标签可以是文本字符串或其他的组件。tkinter.LabelFrame 类用于创建标签框架。标签框架的常用属性如下：

（1）labelanchor：设置标签位置，默认为 NW。

（2）text：设置标签框架在标签中显示的文本。

（3）labelwidget：设置标签框架在标签中显示的组件。如果设置了 text，则 text 被忽略。

例 12.21：使用标签框架为单选按钮添加视觉上的分组效果。

```
from tkinter import*
root=Tk()
label1=Label(text='请为标签选择颜色、字体',wraplength=200)
label1.pack()
color=StringVar()
color.set('red')
fontname=StringVar()
fontname.set('隶书')
label1.config(fg=color.get(),font=(fontname.get()))
frame1=LabelFrame(relief=GROOVE,text='文字颜色：')
frame1.pack()
radiol=Radiobutton(frame1,text='红色',variable=color,value='red')
radiol.grid(row=1,column=1)
radio2=Radiobutton(frame1,text='绿色',variable=color,value='green')
radio2.grid(row=1,column=2)
radio3=Radiobutton(frame1,text='蓝色',variable=color,value='blue')
radio3.grid(row=1,column=3)
frame2=LabelFrame(relief=GROOVE,text='文字字体：')
frame2.pack()
radio4=Radiobutton(frame2,text='隶书',variable=fontname,value='隶书')
radio4.grid(row=1,column=1)
```

```
radio5=Radiobutton(frame2,text='楷体',variable=fontname,value='楷体')
radio5.grid(row=1,column=2)
radio6=Radiobutton(frame2,text='朱体',variable=fontname,value='宋体')
radio6.grid(row=1,column=3)
def changecolor():
    label1.config(fg=color.get())
def changefont():
    label1.config(font=(fontname.get()))
radio1.config(command=changecolor)
radio2.config(command=changecolor)
radio3.config(command=changecolor)
radio4.config(command=changefont)
radio5.config(command=changefont)
radio6.config(command=changefont)
mainloop()
```

程序运行结果如图 12-21 所示。

12.2.6 文本框组件（Text）

Text 组件类似于一个富文本编辑器，其具有以下主要特点：

（1）处理多行文本。

（2）在文本中插入图片，图片视为 1 个字符。

（3）用"行.列"格式表示组件中字符的位置（index）。

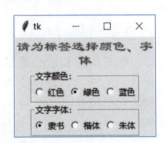

图 12-21 使用标签框架

（4）在组件的文本中定义书签，利用书签在文本中快速定位。

（5）定义文本块，不同的文本块可定义不同的字体、前景颜色、背景颜色或其他选项并可为文本块绑定事件。

（6）嵌入其他的 tkinter 组件。

Text 组件的常用属性如下：

（1）maxundo：设置保存的"撤销"操作的最大数目。

（2）spacing1：设置段前间距，默认值 0。

（3）spacing2：设置行间距，默认值 0。

（4）spacing3：设置段后间距，默认值 0。

（5）undo：设置是否使用"撤销"机制，设置为 True 表示启用，False 表示不启用。

（6）wrap：设置文字回卷方式，默认值 CHAR，按字符回卷，NONE 表示不回卷。

（7）xscrollcommand：关联一个水平滚动条。

（8）yscrollcommand：关联一个垂直滚动条。

例 12.22：使用 Text 组件创建一个简单的文本编辑器。

```
from tkinter import*
from tkinter.filedialog import asksaveasfilename,askopenfilename
root=Tk()
frame1=LabelFrame(relief=GROOVE,text='工具栏：')
frame1.pack(anchor=NW,fill=X)
```

```python
bt1=Button(frame1,text='复制')
bt1.grid(row=1,column=1)
bt2=Button(frame1,text='剪切')
bt2.grid(row=1,column=2)
bt3=Button(frame1,text='粘贴')
bt3.grid(row=1,column=3)
bt4=Button(frame1,text='清空')
bt4.grid(row=1,column=4)
bt5=Button(frame1,text='打开...')
bt5.grid(row=1,column=5)
bt6=Button(frame1,text='保存...')
bt6.grid(row=1,column=6)
sc=Scrollbar()
sc.pack(side=RIGHT,fill=Y)
text1=Text()
text1.pack(expand=YES,fill=BOTH)
text1.config(yscrollcommand=sc.set)
def docopy():
    data=text1.get(SEL_FIRST,SEL_LAST)           # 获得选中内容
    text1.clipboard_clear()                       # 清除剪贴板
    text1.clipboard_append(data)                  # 将内容写入剪贴板
def docut():
    data=text1.get(SEL_FIRST,SEL_LAST)           # 获得选中内容
    text1.delete(SEL_FIRST,SEL_LAST)              # 删除选中内容
    text1.clipboard_clear()                       # 清除剪贴板
    text1.clipboard_append(data)                  # 将内容写入剪贴板
def dopaste():
    text1.insert(INSERT,text1.clipboard_get())    # 插入剪贴板内容
def doclear():
    text1.delete('1.0',END)                       # 删除全部内容
def doopen():                                     # 打开文件,将文件内容读到
                                                  # Text 组件中
    filename=askopenfilename()                    # 选择要打开的文件
    if filename=='':
        return 0;                                 # 没有选择要打开的文件,直接
                                                  # 返回
    filestr=open(filename,'rb').read()            # 获得文件内容
    text1.delete('1.0',END)
    text1.insert('1.0',filestr.decode('utf-8'))   # 将文件内容按 UTF-8 格式解码
                                                  # 后写入文本框
    text1.focus()
def dosave():                                     # 将 Text 组件内容写入文件
    filename=asksaveasfilename()                  # 获得写入文件的名字
    if filename:
        data=text1.get('1.0',END)                 # 获得文本框内容
        open(filename,'w').write(data)            # 写入文件
bt1.config(command=docopy)
bt2.config(command=docut)
bt3.config(command=dopaste)
bt4.config(command=doclear)
bt5.config(command=doopen)
```

```
bt6.config(command=dosave)
sc.config(command=text1.yview)          #将滚动条关联到文本框内置垂直滚动条
mainloop()
```

程序运行结果如图 12-22 所示。

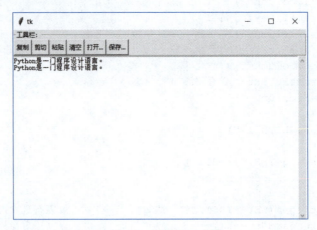

图 12-22　使用 Text 组件

该程序可实现对选中的文本进行复制、粘贴、剪切功能，还实现了清空文本框内容及从打开一个文件并将其内容显示在文本框中，最后实现了将文本框内容写入一个文件的功能。

12.2.7　顶层窗口组件（Toplevel）

默认情况下，一个tkinter GUI 程序总是有一个默认的主窗口，也称根窗口或root 窗口。root 窗口通过显示调用 tkinter.Tk() 来创建。如果没有显示调用 tkinter.Tk()，GUI 程序也会隐式调用。顶层窗口组件 Toplevel 用于创建一个顶层窗口。顶层窗口默认外观和 root 窗口相同，可独立地进行操作。

例 12.23：创建一个 root 窗口和两个顶层窗口。

```
from tkinter import*
root=Tk()                                      # 显式创建 root 窗口
root.title('默认主窗口')                         # 设置窗口标题
win1=Toplevel()                                # 创建顶层窗口
win1.title('顶层窗口 1')                         # 设置窗口标题
win1.withdraw()                                # 隐藏窗口
win2=Toplevel(root)                            # 显示设置顶层窗口的父窗口为 root
win2.title('顶层窗口 2')                         # 设置窗口标题
win2.withdraw()                                # 隐藏窗口
frame1=LabelFrame(text='顶层窗口 1:',relief=GROOVE)
frame1.pack()
bt1=Button(frame1,text='显示',command=win1.deiconify)  # 单击按钮时显示窗口
bt1.pack(side=LEFT)
bt2=Button(frame1,text='隐藏',command=win1.withdraw)   # 单击按钮时隐藏窗口
bt2.pack(side=LEFT)
```

```
frame2=LabelFrame(text=' 顶层窗口 2:',relief=GROOVE)
frame2.pack()
bt3=Button(frame2,text=' 显示 ',command=win2.deiconify)    #单击按钮时显示窗口
bt3.pack(side=LEFT)
bt4=Button(frame2,text=' 隐藏 ',command=win2.withdraw)    #单击按钮时隐藏窗口
bt4.pack(side=LEFT)
bt5=Button(win1,text=' 关闭窗口 ',command=win1.destroy)    #单击按钮时关闭窗口
bt5.pack(anchor=CENTER)
bt6=Button(win2,text=' 关闭窗口! ',command=win2.destroy)    #单击按钮时隐藏窗口
bt6.pack(anchor=CENTER)
root.mainloop()
```

程序运行结果如图 12-23 所示。

图 12-23　一个 root 窗口和两个顶层窗口

程序运行时，首先显示默认主窗口，两个顶层窗口被隐藏。单击默认主窗口中"显示"按钮，可显示对应的顶层窗口。单击默认主窗口中的"隐藏"按钮，可隐藏对应的顶层窗口。单击顶层窗口中的"关闭窗口"按钮，可关闭窗口。默认主窗口和两个顶层窗口如图 12-23 所示。代码中使用 command=win1.destroy 传参时，destroy() 方法是 tkinter 组件的通用方法，调用时可删除组件。调用窗口的 destroy() 方法关闭窗口。

12.2.8　菜单组件（Menu）

菜单组件 Menu 用于创建一个菜单，以作为窗口的菜单栏或弹出菜单。可以为 Menu 添加子菜单，子菜单中的菜单项可以是文本、复选框或单选按钮。子菜单的菜单项可包含一个子菜单。tkinter.Menu 类用于创建菜单，菜单的常用属性和方法如下：

（1）tearoff 属性：默认情况下，一个 Menu 对象包含的子菜单的第一项为一条虚线，单击虚线，使子菜单变成一个独立的窗口。如果 tearoff 设置为 0，则不显示虚线。

（2）add_command() 方法：添加一个菜单项。用 label、bitmap 或 image 参数指定显示文本、位图或图片，command 参数指定选择菜单项时执行的回调函数。

（3）add_cascade() 方法：将另一个 Menu 对象添加为当前 Menu 对象的子菜单。仍可用 label、bitmap 或 image 参数指定菜单项显示的文本、位图或图片，menu 参数设置作为子菜单的 Menu 对象。

（4）add_radiobutton() 方法：将一个单选按钮添加为菜单项。

（5）add_checkbutton(方法：将一个复选框添加为菜单项。

（6）add_separator() 方法：添加一条横线作为菜单分隔符。

（7）post() 方法：在指定位置弹出 Menu 对象的子菜单。

例 12.24：使用 Menu 组件为窗口添加菜单栏。

```
from tkinter import*
root=Tk()                                           #显式创建root窗口
root.minsize(300,150)
label1=Label(text='选中菜单项时,在此显示相关信息')
label1.pack(side=BOTTOM)
menubar=Menu(root)                                  #菜单menubar将作为root窗口子菜单
root.config(menu=menubar)                           #将menubar菜单作为root窗口的顶
                                                     层菜单栏
def showmsg(msg):                                   #简化了操作,选择菜单项时显示信息
    label1.config(text=msg)
file=Menu(menubar)                                  #file将作为menubar 菜单的子菜单
file.add_command(label='新建',command=lambda:showmsg('选择了"新建"菜单项'))
file.add_command(label='打开...',command=lambda:showmsg('选择了"打开..."
菜单项'))
recent=Menu(file,tearoff=False)                     #recent将作为file的子菜单
recent.add_command(label=r'd:\pytemp\test1.py',command=lambda:showmsg
('选择了" d:\\pytemp\\test1.py"菜单项'))
recent.add_command(label=r'd:\pytemp\test2.py',command=lambda:showmsg
('选择了" d:\\pytemp\\test2.py"菜单项'))
file.add_cascade(label='最近的文件',menu=recent)
                                                    # 添加子菜单
file.add_separator()                                # 添加菜单分隔符
file.add_command(label='保存',command=lambda:showmsg('选择了"保存"菜单项'))
file.add_command(label='另存为...',command=lambda:showmsg('选择了"另存为..."
菜单项'))
file.add_separator()                                # 添加菜单分隔符
file.add_command(label='退出',command=lambda:showmsg('选择了"退出"菜单项'))
menubar.add_cascade(label='文件',menu=file)
                                                    # 菜单file添加为menubar的子菜单
edit=Menu(menubar,tearoff=False)                    #edit将作为menubar 菜单的子菜单
edit.add_command(label='复制',command=lambda:showmsg('选择了"复制"菜单项'))
edit.add_command(label='剪切',command=lambda:showmsg('选择了"剪切"菜单项'))
edit.add_command(label='粘贴',command=lambda:showmsg('选择了"粘贴"菜单项'))
menubar.add_cascade(label='编辑',menu=edit)
                                                    # 菜单edit添加为 menubar的子菜单
def popmenu(event):
    edit.post(event.x_root,event.y_root)
root.bind('<Button-3>',popmenu)                     #绑定窗口鼠标右键事件,右击时弹出菜单
root.mainloop()
```

程序运行时,各个菜单如图 12-24 所示。

图 12-24　使用菜单组件

选择菜单项时，修改信息显示在窗口下方的标签中。"文件"菜单的第一个菜单项为虚线，单击虚线，可使"文件"菜单的子菜单成为一个独立的窗口，如图 12-25 所示。

12.2.9 工具栏

在 Tkinter 中，可以使用工具栏来添加一组按钮或其他控件，以提供快速访问常用功能或操作。工具栏通常位于窗口的顶部或底部，并可以包含各种控件，如按钮、标签、下拉菜单等。

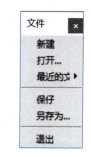

图 12-25 成为独立窗口的"文件"菜单的子菜单

要创建一个工具栏，可以使用 Tkinter 的 Frame 类。Frame 类是一个容器，可以包含其他控件。然后，可以在 Frame 中添加按钮或其他控件来构建工具栏。

例 12.25：使用 Tkinter 创建一个带有工具栏的窗口。

```
import tkinter as tk
def open_file():
    print("Open file")
def save_file():
    print("Save file")
def exit_app():
    root.destroy()
root = tk.Tk()
# 创建一个 Frame 作为工具栏
toolbar = tk.Frame(root)
# 创建按钮并添加到工具栏
open_button = tk.Button(toolbar, text="Open", command=open_file)
open_button.pack(side=tk.LEFT, padx=2, pady=2)
save_button = tk.Button(toolbar, text="Save", command=save_file)
save_button.pack(side=tk.LEFT, padx=2, pady=2)
exit_button = tk.Button(toolbar, text="Exit", command=exit_app)
exit_button.pack(side=tk.LEFT, padx=2, pady=2)
# 将工具栏放置在窗口的顶部
toolbar.pack(side=tk.TOP, fill=tk.X)
# 添加其他控件到窗口
label = tk.Label(root, text="Hello, Tkinter!")
label.pack()
root.mainloop()
```

程序运行时，显示工具栏如图 12-26 所示。

12.2.10 对话框

tkinter 的子模块 messagebox、filedialog 和 colorchooser 提供了各种通用对话框。

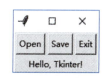

图 12-26 显示工具栏

1. 消息对话框

messagebox 模块定义了显示各种消息对话框的函数，具体如下：

（1）showinfo(title,message,options)：显示普通信息对话框。

（2）showwarning(title,message,options)：显示警告信息。

（3）showerror(title,message,options)：显示错误信息对话框。
（4）askquestion(title,message,options)：显示询问问题对话框。
（5）askokcancel(title,message,options)：显示询问确认取消对话框。
（6）askyesno(title,message,options)：显示询问是否对话框。
（7）askyesnocancel(title,message,options)：显示询问是否取消对话框。
（8）askretrycancel(title,message,options)：显示询问重试取消对话框。

询问对话框返回单击对话框中按钮对应的值。各个函数的参数均可省略，其中，title 参数设置对话框标题，message 参数设置对话框内部显示的提示信息，options 为一个或多个附加选项。各个 showXXX() 方法返回字符串 "ok"，askquestion() 方法返回 yes 或 no，askokcancel() 返回 True 或 False，askyesno() 返回 True 或 False，askyesnocancel() 方法返回 True、False 或 None，askretrycancel() 方法返回 True 或 False。

例 12.26：调用各个方法显示相应的对话框，打印返回值。

```
from tkinter import*
from tkinter.messagebox import*
root=Tk()
title=' 通用消息对话框 '
print(' 信息对话框：',showinfo(title,' 这是信息对话框 '))
print(' 警告对话框：',showwarning(title,' 这是警告对话框 '))
print(' 错误对话框：',showerror(title,' 这是错误对话框 '))
print(' 问题对话框：',askquestion(title,' 这是问题对话框 '))
print(' 确认取消对话框：',askokcancel(title,' 请选择确认或取消 '))
print(' 是否对话框：',askyesno(title,' 请选择是或否 '))
print(' 是否取消对话框：',askyesnocancel(title,' 请选择是、否或取消 '))
print(' 重试对话框：',askretrycancel(title,' 请选择重试或取消 '))
root.mainloop()
```

程序运行时，显示的各个对话框如图 12-27 所示。

图 12-27　各种类型的对话框

程序运行时，命令行窗口会输出各个方法对应的返回值。

```
信息对话框: ok
警告对话框: ok
错误对话框: ok
问题对话框: yes
确认取消对话框: True
是否对话框: True
是否取消对话框: True
重试对话框: True
```

2. 文件对话框

tkinter.filedialog 模块提供了标准的文件对话框，其中的常用方法如下：

（1）askopenfilename()：打开"打开"对话框，选择文件。如果有选中的文件，则返回文件名，否则返回空字符串。

（2）asksaveasfilename()：打开"另存为"对话框，指定文件保存路径和文件名。如果指定文件名，则返回文件名，否则返回空字符串。

（3）askopenfile()：打开"打开"对话框，选择文件。如果有选中文件，则返回以 r 方式打开的文件，否则返回 None。

（4）asksaveasfile()：打开"另存为"对话框，指定文件保存路径和文件名。若指定了文件名，则返回以 w 方式打开的文件，否则返回 None。

上述方法均可打开系统的标准对话框。

例 12.27：使用各种文件对话框。

```
from tkinter import*
from tkinter.filedialog import*
root=Tk()
label1=Label(text=' 状态栏：',relief=RIDGE,anchor=W)
                                #创建标签，作为窗口下方的状态栏
label1.pack(side=BOTTOM,fill=X)
sc=Scrollbar()                  #创建滚动条
sc.pack(side=RIGHT,fill=Y)
text1=Text()
text1.pack(expand=YES,fill=BOTH)
text1.config(yscrollcommand=sc.set)
sc.config(command=text1.yview)  #将文本框内置垂直滚动方法设置为滚动条回调函数
menubar=Menu(root)              #创建 Menu 对象 menubar，将作为 root 窗口子菜单
root.config(menu=menubar)       #将 menubar 菜单作为 root 窗口的顶层菜单栏
def open1():                    #使用 askopenfilename()
    filename=askopenfilename()  #选择要打开的文件
    if filename:
        filestr=open(filename,'rb').read()
                                #获得文件内容
        text1.delete('1.0',END)
        text1.insert('1.0',filestr.decode('utf-8'))#将文件内容按UTF-8格式解
                                                   码后写入文本框
        text1.focus()
```

```python
            label1.config(text='状态栏：已成功打开文件'+filename,fg='black')
        else:
            label1.config(text='状态栏：没有选择文件',fg='red')
def open2():
    file=askopenfile()                          #选择要打开的文件
    if file:
        filestr=file.read()                     #获得文件内容
        text1.delete('1.0',END)
        text1.insert('1.0',filestr)             #将文件内容写入文本框
        text1.focus()
        label1.config(text='状态栏：已成功打开文件'+file.name,fg='black')
    else:
        label1.config(text='状态栏：没有选择文件',fg='red')
def saveas1():                                  #使用 asksaveasfilename()
    filename=asksaveasfilename()                #获得写入文件的名字
    if filename:
        data=text1.get('1.0',END)               #获得文本框内容
        open(filename,'w').write(data)          #写入文件
        label1.config(text='状态栏：已成功打开文件'+filename)
def saveas2():                                  #使用 asksaveasfile()
    file=asksaveasfile()                        #获得写入文件的名字
    if file:
        data=text1.get('1.0',END)               #获得文本框内容
        file.write(data)                        #写入文件
        file.close()
        label1.config(text='状态栏：已成功打开文件'+file.name,fg='black')
    else:
        label1.config(text='状态栏：没有选择文件',fg='red')
file=Menu(menubar,tearoff=0)                    #file将作为menu菜单的子菜单
file.add_command(label='打开1...',command=open1)
file.add_command(label='打开2...',command=open2)
file.add_separator()                            #添加菜单分隔符
file.add_command(label='另存为1...',command=saveas1)
file.add_command(label='另存为2...',command=saveas2)
file.add_separator()                            #添加菜单分隔符
file.add_command(label='退出',command=root.destroy)
menubar.add_cascade(label='文件',menu=file)     #菜单file添加为menubar的子菜单
mainloop()
```

程序运行时，显示的窗口如图 12-28 所示。

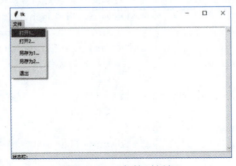

图 12-28　文件对话框

程序运行时，打开的"打开"对话框和"另存为"对话框就是操作系统相应的对话框。

小　　结

本章主要介绍了使用tkinter创建GUI应用程序的基础知识，包括组件打包、添加事件处理、Packer布局、Grid布局和Place布局等主要内容。通过基础知识，掌握如何将组件添加到窗口、设置组件属性、在窗口中控制组件位置以及组件添加事件处理函数等。这些是 GUI 程序设计的必备知识。本章还介绍了 tkinter 模块中的各种常用组件，使用这些组件可以快速创建窗口中的各种界面元素。

习　　题

一、填空题

1. tkinter 模块中使用 _____ 组件显示错误信息或提供警告。
2. Label 组件中的 _____ 属性可提供文本显示。
3. 使用 tkinter 中的 _____ 可以创建文本框。
4. tkinter 中使用 _____ 创建菜单。
5. tkinter 用于创建列表的组件是 _____，实现主事件循环的方法是 _____。

二、选择题

1. 下列选项中，可以创建一个窗口的是（　　）。
   A. root=Tk()　　　B. root=Window()　　　C. root=Tkinter()　　　D. root=Frame()
2. 下列组件中，用于创建文本域的是（　　）。
   A. Listbox　　　B. Text　　　C. Button　　　D. Lable
3. 已知 data=StringVar()，下列选项中可以将 data 设置为 Python 的是（　　）。
   A. data.set('Python')　　　　　　　B. data='Python'
   C. data.value('Python')　　　　　　D. data.setvalue('Python')
4. 下列关于几何布局管理器的使用，说法错误的是（　　）。
   A. 在同一个父窗口中可以使用多个几何管理器
   B. pack 可视为一个容器
   C. grid 管理器可以将父组件分隔为一个二维表格
   D. place 布局管理器分为绝对布局和相对布局
5. 下列选项中，用于实现弹出菜单的方法是（　　）。
   A. post()　　　B. alert()　　　C. add_cascade()　　　D. jump()

三、编程题

1. 使用 tkinter GUI 编程实现登录界面。
2. 使用 tkinter GUI 编程实现一个用户注册信息管理系统。

第13章 多线程编程

学习目标

◎ 理解多线程的概念和目的，以及在 Python 中的实现方式。
◎ 掌握多线程的创建、启动、暂停、恢复和终止等操作方法。
◎ 理解多线程同步和共享数据的问题及解决方案。

Python 的多线程编程是一种利用并行处理任务以提高程序性能的技术。在 Python 中，threading 模块提供了创建和管理线程的工具。多线程编程可以在处理大量数据或执行耗时操作时，通过同时执行多个线程来提高程序的执行效率。

13.1 线程概述

13.1.1 进程

进程（Process）是计算机中的程序关于某数据集合上的一次运行活动，是系统进行资源分配和调度的基本单位，是操作系统结构的基础。在早期面向进程设计的计算机结构中，进程是程序的基本执行实体。

进程的特性可以大致概括为以下几个方面：

（1）动态性：进程的实质是程序在多道程序系统中的一次执行过程，进程是动态产生、动态消亡的。

（2）并发性：任何进程都可以同其他进程一起并发执行。

（3）独立性：进程是一个能独立运行的基本单位，同时也是系统分配资源和调度的独立单位。

（4）异步性：由于进程间的相互制约，使进程具有执行的间断性，即进程按各自独立的、不可预知的速度向前推进。

（5）结构特征：进程由程序、数据和进程控制块三部分组成。

通俗来说，一个正在运行的程序即是一个进程。虽然多进程已经可以实现并发程序，然而进程的开销是相对较大的，而且不同进程之间可共享的内容也很局限。随着计算机技术的发展，一种开销更小、相互共享内容更多的技术应运而生，那就是线程。

13.1.2 线程

线程是操作系统能够进行运算调度的最小单位（程序执行流的最小单元）。它被包含在进程之中，是进程中的实际运作单位。一条线程是指进程中一个单一顺序的控制流，一个进程中可以并发多个线程，每条线程并行执行不同的任务。

线程是进程中的一个实体，是被系统独立调度和分派的基本单位，线程自己不拥有系统资源，只拥有一些在运行中必不可少的资源，但它可与同属一个进程的其他线程共享进程所拥有的全部资源。一个线程可以创建和撤销另一个线程，同一进程中的多个线程之间可以并发执行。

13.1.3 多线程与多进程

多线程与多进程在现代计算机中已经是不可或缺的技术。

例如带有 GUI 的视频播放器程序。可以通过鼠标的输入来控制播放或者停止，但是在播放状态下，即使不使用鼠标，视频仍会播放下去，而不需要等待用户的鼠标输入。这样的例子在绝大多数 GUI 程序中都成立，虽然对此已经习以为常，但是这仍是通过简单的循环实现不了的。网络编程更是如此，一个服务器端程序可能同时与数十个客户端程序通过网络通信，如果一个客户端程序的网络环境不佳，不希望因为它造成网络速度阻塞而影响其他客户端的网络通信，这也需要通过多线程来实现。多进程同样十分常见。例如，可以一边下载软件、一边看电影，此时，下载器和电影播放软件即为两个进程。因为进程具有并发性，因此可以在看电影的同时下载软件。

13.2 线程的创建与运行

使用 threading 模块创建线程常见的方式有两种，一种是直接使用 threading 模块的 Thread() 方法创建并初始化一个线程对象。Thread 常用的参数有 target 与 args，target 为线程调用的函数，args 为该函数需要的参数，以元组的方式传递。实例化线程对象后，可以使用成员函数 start() 运行该线程，如例 13.1 所示。

例 13.1：实例化对象并运行线程。

```
import threading
import time
def func(id):
    print('Thread%d started!\n'%id)
    if(id==1):
        time.sleep(2)
    print('Thread%d finished!\n'%id)
t1=threading.Thread(target=func,args=(1,))
t2=threading.Thread(target=func,args=(2,))
t1.start()
t2.start()
```

这段代码的运行结果如图 13-1 所示。

可以看到，当调用 start() 方法时，线程对象绑定的 target() 函数便开始执行，而且两个线程对应的函数并发执行，互不干扰。因为在 func() 函数中，设置线程 1 在开始后延迟 2s 结束，而线程 2 开始后直接结束，因此会得到图 13-1 中的输出顺序。如果不使用多线程而直接调用 func（1）、func（2），将得到以下输出结果，如图 13-2 所示。

图 13-1　创建与运行线程　　　图 13-2　单线程测试

除了使用 threading 的 Thread() 方法返回线程实例外，另一种方式是自定义线程类型并使其继承 threading.Thread 类，此时，需要在自定义类的 _init_ 函数中运行 Thread 类的 _init_ 函数，并重写 run() 方法作为线程执行的函数，再实例化自定义线程类型并使用 start() 方法运行线程，如例 13.2 所示。

例 13.2：自定义线程类型。

```
import threading
import time
class MyThread(threading.Thread):
    def __init__(self,id):
        threading.Thread.__init__(self)
        self.id=id
    def run(self):
        print('Thread%d started!\n'%self.id)
        if(self.id==1):
            time.sleep(2)
        print('Thread%d finished!\n'%self.id)
t1=MyThread(1)
t2=MyThread(2)
t1.start()
t2.start()
```

这段代码的运行结果与之前的多线程代码相同，如图 13-3 所示。

```
Thread 1 started!

Thread 2 started!

Thread 2 finished!

Thread 1 finished!
```

图 13-3　另一种创建线程的方式

13.3 线程的管理

13.3.1 阻塞线程

在某一线程中对已经开始的线程使用 join() 方法，可以阻塞当前线程，直到被 join() 的线程执行完后，被阻塞的线程才能继续执行。下面这段代码便演示了 join() 方法，如例 13.3 所示。

例 13.3：使用 join() 方法阻塞线程。

```
import threading
import time
def func(sleeptime):
    time.sleep(sleeptime)
    print('Thread which slept%d second finished!\n'%sleeptime)
t1=threading.Thread(target=func,args=(1,))
t2=threading.Thread(target=func,args=(2,))
print('All Threads start at:'+time.strftime('%Y-%m-%d%H:%M:%S',time.localtime(time.time()))+"\n")
t1.start()
t2.start()
t1.join()
print('Now is:'+time.strftime('%Y-%m-%d%H:%M:%S',time.localtime(time.time()))+"\n")
```

运行这段代码，会得到以下输出结果，如图 13-4 所示。

```
All Threads start at:2021-02-2810:55:30

Thread which slept 1 second finished!

Now is:2021-02-2810:55:31

Thread which slept 2 second finished!
```

图 13-4 使用 join() 函数阻塞线程

从图 13-4 中可见，当线程 t1、t2 开始执行后，在主线程中对 t1 使用 join() 方法，主线程中第二句输出在 t1 线程执行完后才能执行；t2 线程则正常等待 2s 后退出。

join() 方法还可以传递参数设置超时时间，即当被 join() 的线程如果过了这个时间还没有执行完，则当前线程不会再等待被 join() 的线程而直接开始执行，如例 13.4 所示。

例 13.4：join() 方法设置超时时间。

```
import threading
import time
def func(sleeptime):
    time.sleep(sleeptime)
    print('Thread which slept%d second finished!\n'%sleeptime)
```

```
    t3=threading.Thread(target=func,args=(3,))
    print('All Threads start at:'+time.strftime('%Y-%m-%d%H:%M:%S',time.
localtime(time.time()))+"\n")
    t3.start()
    t3.join(2)
    print('Now is:'+time.strftime('%Y-%m-%d%H:%M:%S',time.localtime(time.
time()))+"\n")
```

这段代码执行后的输出结果如图 13-5 所示。

```
All Threads start at:2021-02-2810:56:02

Now is:2021-02-2810:56:04

Thread which slept 3 second finished!
```

图 13-5　设置 join() 延时

在这段代码中，t3 将在 3s 后退出，而在主线程中对 t3 使用 join() 方法阻塞主线程并设置 t3 的超时时间为 2 s，因此在 2 s 后，主线程先继续执行，再过 1s 后 t3 线程再输出并退出。

13.3.2　后台线程

在 Python 中，主线程结束后，非守护线程仍会执行直到其结束；而守护线程则会在主线程结束后被终止。Python 中守护线程的创建非常简单，只需要在线程开始前调用线程对象的 setDaemon（True) 方法即可，如例 13.5 所示。

例 13.5：创建守护进程。

```
import threading
import time
def func():
    print('Thread started!')
    time.sleep(5)
    print('Thread finished!')
print('Main Thread started at:'+time.strftime('%Y-%m-%d%H:%M:%S',time.
localtime(time.time()))+"\n")
t=threading.Thread(target=func)
t.setDaemon(True)
t.start()
time.sleep(2)
print('Main Thread finished at:'+time.strftime('%Y-%m-%d%H:%M:%S',time.
localtime(time.time()))+"\n")
```

这段代码的运行结果如图 13-6 所示。

在上面这段代码中，子线程被设置为守护线程，在子线程开始时的输出正常被打印，随后子线程会挂起 5 s，而主线程则在子线程开始 2 s 后结束。因为子线程为守护线程，在主线程结束后立刻被终止，因此，子线程的第二段输出因为已经被提前终止而没有被打印。

```
Main Thread started at:2021-02-2810:59:53

Thread started!
Main Thread finished at:2021-02-2810:59:55


Process finished with exit code 0
```

图 13-6　守护线程

13.4　线程安全

13.4.1　线程安全问题

在 Python 中，在子线程中，可以使用 global() 方法访问全局变量。然而，不同线程在同时操作同一个对象时，可能会产生线程安全问题。那么，"线程安全"问题究竟是什么？通过下面这个例子来演示线程不安全的代码，如例 13.6 所示。

例 13.6：线程不安全的示例。

```python
import threading
import time
def decNum():
    global num
    time.sleep(1)
    num-=1
num=100
thread_list=[]
for i in range(100):
    t=threading.Thread(target=decNum)
    t.start()
    thread_list.append(t)
for t in thread_list:
    t.join()
print('final num:',num)
```

在上面这段代码中，初始化全局变量 num 为 100，然后创建了 100 个子线程，每个线程执行的代码都是挂起 1s 再使 num 自减 1。阻塞主线程，使其在 100 个子线程结束后再输出 num 的值。在 100 个子线程执行完毕后，num 被自减了 100 次，最终的输出应该是 0。事实上每次执行这段代码，最终输出的 num 并不总是 0，反而还有一些莫名其妙的值，如 2、9、5、16、17。这些不应该出现的值是怎样产生？答案就是线程不安全。为了确保在使用多线程操作数据时的线程安全，需对共享的数据加锁。

13.4.2　互斥锁

如果多个线程没有操作同一对象，是不会出现线程安全问题的。然而，真实的情况是往往需要在多个线程中访问同一对象，那么，应该如何访问才不会出现难以察觉的线程安全问题呢？这就是线程锁诞生的原因。

线程锁，即用于线程间访问控制的锁，当一个线程被线程锁加锁后，其他线程无法请求该线程锁，这些线程将会被阻塞。只有该线程锁被释放时，被阻塞的线程才能继续运行。

Python 提供了多种线程锁来方便用户进行多线程开发，接下来将介绍常用的互斥锁。

互斥锁是 threading 模块提供的最简单的线程锁。因为这种线程锁使用 acquire() 加锁、使用 release() 解锁，所以被称为互斥锁。

互斥锁的使用非常简单，可以在全局使用 threading.Lock() 实例化一个互斥锁，在子线程操作共享的对象前使用 acquire() 加锁，操作完成后使用 release() 解锁，如例 13.7 所示。

例 13.7：互斥锁对共享对象加锁解决线程安全问题。

```
import threading
import time
def decNum():
    global num
    time.sleep(1)
    mutex.acquire()
    num-=1
    mutex.release()
num=100
thread_list=[]
mutex=threading.Lock()
for i in range(100):
    t=threading.Thread(target=decNum)
    t.start()
    thread_list.append(t)
for t in thread_list:
    t.join()
print('final num:',num)
```

正如之前所说，其他线程在试图操作请求线程锁 mutex 时会被阻塞，直到其解锁才能继续操作，因此 num-=1 操作不会因切换线程而出现线程安全问题。

其中，互斥锁的 acquire() 函数有可选的 blocking 参数，默认为 True，允许阻塞线程。当 acquire(False) 时，如果请求加锁失败，则会直接返回 False，请求成功则会返回 True，如例 13.8 所示。

例 13.8：acquire（False）返回加锁结果。

```
import threading
import time
def func_1():
    mutex.acquire()
    time.sleep(10)
    mutex.release()
def func_2():
    time.sleep(1)
    print('Try to get Lock')
    print(mutex.acquire(False))
```

```
mutex=threading.Lock()
t1=threading.Thread(target=func_1)
t2=threading.Thread(target=func_2)
t1.start()
t2.start()
```

代码运行结果如图 13-7 所示。

由图 13-7 可知，t1 线程执行时加锁并阻塞 10 s，t2 在执行 1 s 后使用 acquire（False）不阻塞地请求锁，显然此时 t1 的锁还未释放，函数返回 False。

```
Try to get Lock
False
```

图 13-7　关闭阻塞功能

13.4.3　死锁问题

虽然互斥锁可以解决多线程操作同一资源时产生的线程安全问题，然而有时互斥锁会导致另一种更难发现的线程安全问题产生：死锁。

死锁不是一种线程锁，而是错误地使用线程锁而导致的另一种线程安全问题。例如，当交叉请求锁时，即一个线程先请求 A 锁再请求 B 锁后释放 B 锁再释放 A 锁，另一个线程先请求 B 锁再请求 A 锁后释放 A 锁再释放 B 锁。当这两个线程并发时，如果线程 1 锁定了 A 锁后切换到线程 2 锁定了 B 锁，此时，线程 1 无法再请求 B 锁，线程 2 也无法请求 A 锁，形成交叉死锁。下面这段代码演示了交叉死锁的形成，如例 13.9 所示。

例 13.9：出现交叉死锁的情况。

```
import threading
import time
class MyThread(threading.Thread):
    def __init__(self,id):
        threading.Thread.__init__(self)
        self.id=id
        pass
    def do1(self):
        if mutexA.acquire():
            print(str(self.id)+":Get A!")
        if mutexB.acquire():
            print(str(self.id)+":Get B!")
        mutexB.release()
        print(str(self.id)+":Release B!")
        mutexA.release()
        print(str(self.id)+":Release A!")
    def do2(self):
        if mutexB.acquire():
            print(str(self.id)+":Get B!")
        if mutexA.acquire():
            print(str(self.id)+":Get A!")
        mutexA.release()
        print(str(self.id)+":Release A!")
        mutexB.release()
        print(str(self.id)+":Release B!")
    def run(self):
```

```
            self.do1()
            self.do2()
mutexA=threading.Lock()
mutexB=threading.Lock()
def test():
    for i in range(10):
        t=MyThread(i)
        t.start()
test()
```

运行这段代码将得到以下结果,如图 13-8 所示。

可以看到,在这段代码中,本应由 10 个线程交叉请求 AB 锁,然而线程 6、7 已经形成死锁,程序不会继续运行。从输出中分析,线程 6 执行完 do1() 后,线程 7 开始执行 do1(),在线程 7 请求成功 A 锁后,线程 6 开始执行 do2() 并请求成功 B 锁。此时,线程 7 在 do1() 函数中需要请求 B 锁,而线程 6 在 do2() 函数中需要请求 A 锁,而两锁均为锁定状态,因此这两个线程形成了死锁,其他线程同样在阻塞请求 A 锁,程序无法继续运行。

其实 Python 的互斥锁迭代加锁也会产生死锁,如例 13.10 所示。

例 13.10: 互斥锁迭代加锁产生死锁。

```
import threading
import time
def func():
    print('Start!')
    mutex.acquire()
    mutex.acquire()
    mutex.release()
    mutex.release()
    print('Finish!')
mutex=threading.Lock()
t=threading.Thread(target=func)
t.start()
```

```
6:Get A!
6:Get B!
6:Release B!
6:Release A!
7:Get A!
6:Get B!
```

图 13-8 死锁

代码执行输出结果如图 13-9 所示。

mutex 自身迭代加锁产生了死锁,线程 t 永远不会结束。

死锁一般是在调试时难以察觉的 Bug,在编程时要极力避免产生死锁。解决死锁问题有大量的不同环境下的解决方案,并需要大量的编程经验,已经超出了本书的讨论范围。对于自身迭代产生的死锁,threading 模块提供了一种递归锁来解决这一问题。

```
Start!
```

图 13-9 迭代互斥锁产生死锁

递归锁的使用方法与互斥锁基本相同,使用 threading.RLock() 实例化递归锁,并使用 acquire()、release() 分别请求、释放锁。与互斥锁不同的是,RLock 允许在同一线程中多次请求锁而不会产生死锁问题。使用 RLock 时必须严格使执行的 acquire() 与 release() 成对出现。

下面用递归锁替换互斥锁迭代使用,如例 13.11 所示。

例 13.11：递归锁替换互斥锁迭代使用。

```
import threading
import time
def func():
    print('Start!')
    rlock.acquire()
    rlock.acquire()
    rlock.release()
    rlock.release()
    print('Finish!')
rlock=threading.RLock()
t=threading.Thread(target=func)
t.start()
```

代码执行后的输出结果如图 13-10 所示。线程 t 这次可以正常解锁并退出。

```
Start!
Finish!

Process finished with exit code 0
```

图 13-10　使用递归锁

13.5　线程通信

13.5.1　Condition 同步线程

除了线程锁，threading 模块还提供了状态类 Condition 来实现复杂的线程同步问题。使用 Condition 类时，同样需要创建 Condition 实例。Condition 实例除了具有互斥锁的 acquire() 与 release() 方法实现加锁、释放锁外，还有 wait() 与 notify() 等方法。Condition 实例对于加解锁操作会维护一个锁定池。

wait() 方法的作用是将已加锁的线程解锁并放入等待池且阻塞，等待其他线程的通知才能运行。这个方法只能对加锁的线程使用，否则会抛出异常。notify() 方法则是从等待池中取出一个线程并通知，被通知的线程将自动调用 acquire() 方法尝试获得锁定。这个方法有一点很重要，它不会释放线程的锁定，使用之前线程必须已获得锁定，否则将抛出异常。

在本节的实例中，将使用 Condition 实现双线程的简化版生产消费者模型，分别创建生产者线程与消费者线程。常见的生产消费者模型拥有以下几个特点：

（1）生产者仅仅在仓储未满时生产，仓满则停止生产。
（2）消费者仅仅在仓储有产品时才能消费，仓空则等待。
（3）当消费者发现仓储没有产品可消费时会通知生产者生产。
（4）生产者在生产出可消费产品后，应该通知等待的消费者去消费。

这里要实现的简化版模型不考虑仓储容量，即有仓储容量为 1，有产品则仓满，否则仓储为空。简单来说，这个简化版模型就像是两个人在对话，每人在对方说话后只能说一句话。通过 Conditon 类可以便捷地实现这一功能，如例 13.12 所示。

例 13.12： 生产者消费者模型。

```python
import threading
import time
product=None
con=threading.Condition()
def produce():
    global product
    while True:
        con.acquire()
        if product is not None:
            con.wait()
        print('Producing...')
        time.sleep(2)
        product='***Product***'
        con.notify()
        con.release()
def consume():
    global product
    while True:
        con.acquire()
        if product is None:
            con.wait()
        print('Consuming...')
        time.sleep(2)
        product=None
        con.notify()
        con.release()
t1=threading.Thread(target=produce)
t2=threading.Thread(target=consume)
t1.start()
t2.start()
```

这段代码的输出结果如图 13-11 所示。

从输出可见，生产和消费活动在两个线程中实现了交替进行（且无论先启动生产者线程还是消费者线程，总是先生产再消费）。下面来简单分析一下代码，生产者与消费者的逻辑类似。生产者、消费者都会首先请求锁，请求成功后使用循环检测全局 product（产品，本例中即仓储），当仓储为空或满时，生产或消费，之后使用 notify() 方法通知另一线程生产或消费完成；无论仓空还是仓满，二者都会随后使用 wait() 方法阻塞本线程并等待对方线程发出通知。当线程恢复运行状态后，为了清晰观察，让线程等待 2 s 再运行。

从这个例子中可以发现，Condition 可以便捷地实现一些复杂

```
Producing...
Consuming...
Producing...
Consuming...
Producing...
Consuming...
Producing...
Consuming...
Producing...
Consuming...
```

图 13-11　使用 Condition 同步线程

的线程同步问题。

13.5.2 使用 Event 实现线程间通信

Event 类其实可以看作简化版的 Condition 类,它也能阻塞线程等待信号、发出信号恢复阻塞中的线程,但是 Event 类不提供线程锁的功能。

使用 Event 前同样需要实例化 Event 对象,Event 实例内部维护一个布尔变量,表示线程运行的状态。

(1) isSet() 方法用来返回内部的布尔变量值。

(2) wait() 方法将使该线程阻塞,直到其他线程调用 set() 方法。

(3) set() 方法将布尔变量值为 True,并通知所有阻塞中的线程恢复运行。

(4) clear() 方法将内部布尔变量置为 False。

下面使用 Condition 类实现上例中简化版的生产消费者模型,如例 13.13 所示。

例 13.13: Event 类实现生产者消费者模型。

```
import threading
import time
product=None
event=threading.Event()
def produce():
    global product
    event.set()
    while True:
        if product is None:
            print('Producing...')
            product='***Product***'
            event.set()
            event.wait()
            time.sleep(2)
def consume():
    global product
    event.wait()
    while True:
        if product is not None:
            print('Consuming...')
            product=None
            event.set()
            event.wait()
            time.sleep(2)
t1=threading.Thread(target=produce)
t2=threading.Thread(target=consume)
t2.start()
t1.start()
```

同样,得到与上例相同的输出,如图 13-12 所示。

```
Producing...
Consuming...
Producing...
Consuming...
Producing...
Consuming...
Producing...
Consuming...
Producing...
Consuming...
```

图 13-12　使用 Event 实现线程间通信

小　　结

在本章中，主要对多线程编程及其相关技术进行了介绍，并通过几个实际的应用来帮助读者深入了解多进程和多线程的使用方法。在程序中合理地利用多线程技术，不但可以大幅地提升程序的运算效率，而且可以使程序实现变得更加轻松。

习　　题

一、填空题

1. 操作系统调度并执行程序，这个"执行中的程序"称为 _____。
2. 线程可与同属一个进程的其他线程 _____ 该进程所拥有的全部资源。
3. Python 中的多线程可以通过使用 _____ 模块来实现，通过 Thread() 方法创建的线程默认是 _____ 线程。
4. 线程创建后，可以使用 _____ 方法来启动线程。
5. 互斥锁是最简单的加锁技术，它有 _____ 和非锁定两种状态。

二、选择题

1. (　　) 是独立于程序且不会因程序终止而执行结束的。
   A. 主线程　　B. 子线程　　C. 前台线程　　D. 后台线程
2. 下列方法中，可以将运行态的线程转换为阻塞态的是 (　　)。
   A. join()　　B. run()　　C. start()　　D. current_thread()
3. 在 Python 中，可以通过 (　　) 方式将线程设置为守护线程。
   A. 在创建线程时指定 daemon 属性为 True
   B. 使用 threading.setDaemon() 方法
   C. 使用 threading.start() 方法
   D. 使用 threading 模块中的守护线程类
4. 在 Python 多线程编程中，以下 (　　) 情况可能会导致死锁。

A. 两个线程互相等待对方释放资源

B. 多个线程同时尝试访问同一资源，但每个线程都只获取到了部分资源

C. 多个线程同时执行，但没有正确使用同步机制

D. 所有线程都执行完毕，没有剩余任务

5. 在 Python 多线程中，可以使用（　　）对象来实现线程同步。

A. Lock　　　　B. RLock　　　　C. Condition　　　　D. Event

三、编程题

1. 启动 3 个线程打印递增的数字，控制线程 1 打印 1、2、3、4、5（每行都打印线程名和一个数字），线程 2 打印 6、7、8、9、10，线程 3 打印 11、12、13、14、15；接下来再由线程 1 打印 16、17、18、19、20……依此类推，直到打印 75。

2. 自定义两个线程类 PrintNum 和 PrintWord，一个线程（PrintNum 类对象）负责打印 1~52，另一个线程（PrintWord 类对象）打印 A~Z，打印顺序是 12A34B…5152Z。

第14章 Python 计算生态

学习目标

◎ 了解网络爬虫、数据分析、文本处理、数据可视化、用户图形界面、机器学习、Web 开发、多媒体开发等第三方库。

◎ 理解 Python 标准库、Python 计算生态和第三方库的基本概念。

◎ 掌握常用的 Python 标准库，包含 math 库、random 库、datetime/time 库、turtle 库等。

◎ 掌握常用第三方库 PyInstaller、jieba、numpy、matlibplot、pandas 的使用。

Python 的标准库是 Python 自带的一组模块，包含了许多常用的功能，如文件操作、网络编程、日期时间处理等。这些模块提供了简单易用的接口，方便开发者快速实现各种功能。除了标准库之外，Python 还有广泛的第三方库可以供使用，包括了各种领域的工具和框架，如数据分析、机器学习、Web 开发等。在本章中，我们将详细介绍 Python 的常用标准库以及 Python 计算生态和第三方库等内容。通过学习这些内容，能够更好地掌握 Python 编程的基本知识和技能。

14.1 常用第三方库

在进行网络爬虫、数据分析、文本处理、数据可视化、用户图形界面、机器学习、Web 开发、多媒体开发等任务时，可以使用各种第三方库来帮助用户完成工作。一些常用的第三方库的名称和功能介绍见表 14-1。

表 14-1 第三方库的名称和功能简介

领域	库名称	功能简介
网络爬虫库	Requests	用于发送 HTTP 请求和处理响应
	BeautifulSoup	用于解析 HTML 和 XML 文档，提取数据
	Scrapy	用于快速构建和扩展网络爬虫
数据分析库	NumPy	用于高性能科学计算和数据分析
	Pandas	用于数据处理和分析
文本处理库	NLTK	自然语言处理工具包，提供各种文本处理功能
	Jieba	中文分词库，用于中文文本的分词

续表

领域	库名称	功 能 简 介
文本处理库	Gensim	用于主题建模和文本相似度计算的库
数据可视化库	Matplotlib	用于绘制各种类型的图表
	Seaborn	基于 Matplotlib 的数据可视化库，提供更美观的图表样式
	Plotly	交互式可视化库，支持绘制动态图表和地理空间数据可视化
用户图形界面库	Tkinter	Python 的标准 GUI 库，用于创建图形界面应用程序
	PyQt	用于创建跨平台图形界面应用程序的库
	wxPython	基于 wxWidgets 的 Python GUI 库，用于创建跨平台图形界面应用程序
机器学习库	Scikit-learn	用于机器学习和数据挖掘的库
	TensorFlow	用于构建和训练机器学习模型的库
	Keras	基于 TensorFlow 的高级神经网络库，简化了模型构建和训练的过程
Web 开发库	Flask	轻量级的 Web 开发框架，适用于小型项目和 API 开发
	Django	全功能的 Web 开发框架，适用于中大型项目和复杂的 Web 应用程序开发
	Tornado	异步的 Web 开发框架，适用于高并发的 Web 应用程序开发
多媒体开发库	OpenCV	用于计算机视觉和图像处理的库
	Pygame	用于游戏开发和多媒体应用程序开发的库
	MoviePy	用于视频编辑和处理的库

14.2　Python 标准库

14.2.1　math 库

1. 数学函数

Python 的 math 库包含了许多常用的数学函数，例如 sin、cos、tan、sqrt、pow 等等。使用 math 库可以直接调用这些函数，无须导入其他模块。

例 14.1：计算 sin（30°）。

```
import math
result=math.sin(math.radians(30))         #将角度转换为弧度后进行计算
print(result)                             #输出结果为：0.5
```

2. 复数运算

Python 的 complex 类型支持复数运算，但是为了方便起见，Python 提供了 cmath 模块来进行复数运算。cmath 模块中包含了许多与 complex 类型相关的函数，例如，求模、求幂、求逆等。

例 14.2：计算复数（3+4j）的模长。

```
import math
z=complex(3,4)                            #定义复数 z
```

```
result=abs(z)                          # 求 z 的模长并输出结果
print(result)                          # 输出结果为：5.0
```

14.2.2 random 库

1. 随机数生成器

Python 的 random 库提供了生成随机数的函数。可以使用 random.randint() 函数生成指定范围内的整数随机数；使用 random.random() 函数生成一个 [0，1] 之间的浮点随机数；还可以使用 random.uniform() 函数生成指定范围内的浮点随机数。

例 14.3：生成一个 [1，10] 之间的整数随机数。

```
import random
result=random.randint(1,10)            # 生成一个 [1,10] 之间的整数随机数并输出结果
print(result)                          # 输出结果为：7
```

2. 随机打乱列表顺序

Python 的 random 库还提供了用于打乱列表顺序的函数。可以使用 random.shuffle() 函数将列表中的元素随机打乱顺序。需要注意的是，shuffle() 函数会直接修改原列表，而不是返回一个新的打乱顺序后的列表。因此，如果需要保留原列表的顺序，可以先复制一份再进行操作。

例 14.4：将列表 [1，2，3，4，5] 随机打乱顺序。

```
import random
my_list=[1,2,3,4,5]                    # 定义列表 my_list
random.shuffle(my_list)                # 将 my_list 中的元素随机打乱顺序
print(my_list)                         # 输出结果为：[5,2,4,3,1]
```

14.2.3 datetime/time 库

日期时间处理函数

Python 的 datetime/time 库提供了许多用于日期时间处理的函数。可以使用 datetime.date()、datetime.time()、datetime.datetime() 等类来表示日期时间对象。datetime/time 库还提供了许多用于日期时间计算的函数，例如，获取当前日期时间、日期时间加减等。此外，datetime/time 库还提供了用于格式化日期时间的函数，例如，strftime()。

例 14.5：使用 datetime 库获取当前日期时间并格式化输出。

```
import datetime                        # 导入 datetime 模块
now=datetime.datetime.now()            # 获取当前日期时间并赋值给变量 now
formatted_now=now.strftime("%Y-%m-%d%H:%M:%S")
                                       # 将 now 格式化为字符串并赋值给变量 formatted_
                                         now（格式为：年 - 月 - 日 时：分：秒）
print(formatted_now)                   # 输出结果为：当前日期时间
```

例 14.6：使用 time 库获取当前时间并格式化输出。

```
import time
current_time=time.strftime("%Y-%m-%d%H:%M:%S",time.localtime())
print("当前时间: ",current_time)        #输出结果为：当前时间
```

14.2.4　turtle 库

在 Python 中，我们可以使用 turtle 模块来进行简单的绘图操作。turtle 模块提供了一组简单的指令，可以在屏幕上绘制各种形状和图案。

1. 安装和导入turtle模块

在使用 turtle 模块之前，需要先安装它。使用以下命令来安装 turtle 模块：

```
pip install PythonTurtle
```

安装完成后，我们可以在 Python 程序中导入 turtle 模块：

```
import turtle
```

2. 创建画布和画笔

在使用 turtle 模块之前，需要先创建一个画布和一个画笔。画布是绘图的区域，画笔是用来绘制图形的工具。

```
import turtle
screen=turtle.Screen()                   #创建画布
pen=turtle.Turtle()                      #创建画笔
```

3. 绘制图形

绘制图形的过程就是通过移动画笔来实现的。turtle 模块提供了一些常用的指令，可以让画笔向前或向后移动、旋转、改变颜色等。

下面是一些常用的绘图指令：

（1）forward(distance)：向前移动指定距离。

（2）backward(distance)：向后移动指定距离。

（3）right(angle)：向右旋转指定角度。

（4）left(angle)：向左旋转指定角度。

（5）penup()：抬起画笔，移动时不绘制图形。

（6）pendown()：放下画笔，移动时绘制图形。

（7）pensize(width)：设置画笔的宽度。

（8）pencolor(color)：设置画笔的颜色。

例 14.7：使用 turtle 库绘制正方形。

```
import turtle
screen=turtle.Screen()                   #创建画布
pen=turtle.Turtle()                      #创建画笔
for _ in range(4):                       #绘制正方形
pen.forward(100)
pen.right(90)
screen.mainloop()#关闭画布
```

14.3 PyInstaller 库

PyInstaller 是一个用于将 Python 应用程序打包成独立可执行文件的库。它能够将 Python 代码和所有依赖的库、资源文件等打包成一个单独的可执行文件，方便在不同平台上分发和运行。

要使用 PyInstaller 库，首先需要安装它。可以使用 pip 命令进行安装，打开终端或命令提示符，运行以下命令：

```
pip install pyinstaller
```

使用 PyInstaller 非常简单，只需运行一个命令即可将 Python 应用程序打包成可执行文件。以下是一个简单的示例：

```
#hello.py
print("Hello,World!")
```

保存上述代码为 hello.py 文件。然后在终端或命令提示符中，进入该文件所在的目录，运行以下命令：

```
pyinstaller hello.py
```

PyInstaller 将自动分析 hello.py 文件的依赖关系，并将其打包成一个可执行文件。在打包完成后，会在当前目录下生成一个 dist 文件夹，其中包含了可执行文件和其他必要的文件。

在 dist 文件夹中找到打包后的可执行文件，根据不同操作系统，可执行文件的名称可能会有所不同。在终端或命令提示符中，进入 dist 文件夹所在的目录，运行可执行文件即可：

```
./hello
```

如果一切顺利，将输出 "Hello,World"。

PyInstaller 还提供了许多其他选项，可以根据需要进行配置。例如，可以指定输出目录、添加图标、排除某些文件等。以下是一些常用的选项：

（1）-F 或 --onefile：将所有文件打包成一个单独的可执行文件。

（2）-D 或 --onedir：将所有文件打包成一个目录，包含一个可执行文件和其他必要的文件。

（3）-i 或 --icon：指定一个图标文件。

（4）-n 或 --name：指定可执行文件的名称。

（5）--exclude：排除某些文件或模块。

14.4 jieba 库

jieba 是一个开源的中文分词库，它能够将中文文本按照词语进行切分，帮助用户更好地处理中文文本数据。jieba 库具有高性能、简单易用的特点,广泛应用于自然语言处理、文本挖掘等领域。

要使用 jieba 库,首先需要安装它。可以使用 pip 命令进行安装,打开终端或命令提示符,运行以下命令:

```
pip install jieba
```

14.4.1 分词

jieba 库的主要功能是分词,将中文文本切分成一个个词语。以下是一个简单的示例:

```
import jieba
# 使用精确模式进行分词
text=" 我爱自然语言处理 "
words=jieba.cut(text,cut_all=False)
# 输出分词结果
print("精确模式分词结果:")
for word in words:
    print(word)
```

在上述代码中,首先导入 jieba 库,然后使用 jieba.cut() 函数对文本进行分词。cut_all=False 表示使用精确模式进行分词。最后,通过遍历分词结果,将每个词语输出到控制台。

运行上述代码,输出:

```
精确模式分词结果:
我
爱
自然语言处理
```

14.4.2 添加自定义词典

jieba 库提供了添加自定义词典的功能,可以帮助用户更好地处理特定领域的文本。以下是一个示例:

```
import jieba
# 使用自定义词典
jieba.load_userdict("custom_dict.txt")
# 使用精确模式进行分词
text=" 我爱自然语言处理 "
words=jieba.cut(text,cut_all=False)
# 输出分词结果
print("精确模式分词结果:")
for word in words:
    print(word)
```

在上述代码中,使用 jieba.load_userdict() 函数加载自定义词典,这里的自定义词典文件为 custom_dict.txt。然后,再次使用精确模式进行分词,并输出分词结果。

> 自定义词典文件的格式为每行一个词语,可以指定词语的词频和词性。例如:
> 自然语言处理 10 n

运行上述代码,输出:

> 精确模式分词结果:
> 我
> 爱
> 自然语言处理

14.5 numpy 基础科学计算库

数值计算库 numpy 提供了 Python 没有的数组对象,支持多维数组运算、矩阵运算、矢量运算、线性代数运算等。

numpy 的主要对象是多维数组,它是由相同元素(通常是数字)组成的,使用正整数元组(tuple)作为数组的索引。在 numpy 中,纬度(dimensional)又被称为轴(axis),轴的数量被称为级(rank),例如,下面这个数组。

```
[[1.,0.,0.],
 [0.,1.,2.]]
```

该数组有 2 个轴,第一个纬度的长度为 2(即有 2 行),第二个纬度长度为 3(即有 3 列)。numpy 的数组类被称为 ndarray,别名为 array,引用方式是 numpy.narray 或 numpy.array。

在安装完 Python 之后,需要在终端(Windows 中被称为命令提示符)中执行以下命令安装 numpy。

```
pip install numpy
```

14.5.1 创建 numpy 数组

以下代码使用多种方式创建不同的 numpy 数组。

例 14.1:使用多种方式创建不同的 numpy 数组

```
import numpy as np                              # 导入 numpy 模块,并起别名 np
a0=np.array([1,2,3,4,5])                        # 把 Python 列表转换成数组
print("a0=",a0)
a1=np.array([1,2,3,4,5],dtype=np.float64)       # 把 Python 列表转换成一维浮点型数组
print("a1=",a1)
a2=np.array(range(5))                           # 创建具有 5 个元素的一维整型数组
print("a2=",a2)
a3=np.linspace(0,10,11)                         # 创建等差数组,0~10 分成 11 份
print("a3=",a3)
a4=np.linspace(0,1,11)                          # 创建等差数组,0~1 分成 11 份
print("a4=",a4)
a5=np.zeros([3,3])                              # 创建 3 行 3 列的全零二维数组
```

```
print("a5=",a5)
a6=np.ones([3,3])              #创建3行3列的全1二维数组
print("a6=",a6)
a7=np.identity(3)              #创建单位矩阵,对角线元素为1,其他元素为0
print("a7=",a7)
```

以上代码的说明如下:

(1) 代码 import numpy as np 用于导入 numpy 模块,按照 Python 社区的习惯,导入后使用 np 作为别名。

(2) 代码 a0=np.array([1,2,3,4,5]) 用于将 Python 列表转换成数组,数组类型由列表的类型决定,也可以使用 dtype 属性决定,该属性的值可以为 np.int、np.int8、np.int32、np.float、np.float32 等,如 a1=np.array([1,2,3,4,5],dtype=np.float) 表示转换成浮点型数组。

(3) np.linspace() 用于创建一个等差数组,默认类型是浮点型。

(4) np.zeros()、np.ones()、np.identity() 分别用于创建全0数组、全1数组、单位矩阵,默认数组类型是浮点型。

以上代码的运行结果如下:

```
a0=[1 2 3 4 5]
a1=[1. 2. 3. 4. 5.]
a2=[0 1 2 3 4]
a3=[0.  1.  2.  3.  4.  5.  6.  7.  8.  9. 10.]
a4=[0.  0.1 0.2 0.3 0.4 0.5 0.6 0.7 0.8 0.9 1. ]
a5=[[0. 0. 0.]
 [0. 0. 0.]
 [0. 0. 0.]]
a6=[[1. 1. 1.]
 [1. 1. 1.]
 [1. 1. 1.]]
a7=[[1. 0. 0.]
 [0. 1. 0.]
 [0. 0. 1.]]
```

14.5.2 数组与数值的算术运算

以下是 numpy 数组与数值的加、减、乘、除、求余等算术运算的代码。

例 14.2:数组与数值的加、减、乘、除、求余等算术运算。

```
import numpy as np              #导入 numpy 模块,并起别名 np
a=np.array([1,3,5,7,9],dtype=np.int32)
print(a+2)
print(a-2)
print(a*2)
print(a/2)
print(np.mod(a,2))
```

代码的输出结果如下:

```
[ 3  5  7  9 11]
```

```
[-1  1  3  5  7]
[2   6 10 14 18]
[0.5 1.5 2.5 3.5 4.5]
[1 1 1 1 1]
```

14.5.3 数组与数组的算术运算

以下代码对一个一维数组和一个二维数组进行算术运算。

例 14.3：一维数组和二维数组之间的算术运算示例。

```
import numpy as np
a=np.array([1,2,3])
b=np.array([[1,1,1],[2,2,2],[3,3,3]])
print("a+b=",a+b)
print("a-b=",a-b)
print("a*b=",a*b)
print("a/b=",a/b)
```

如果将程序第 2 行改为 a=np.array([1,2,3,4]),则程序将无法正确运行,因为 a 数组有 4 个元素,与 b 数组中元素的列数不一样。运行结果如下：

```
a+b=[[2 3 4]
 [3 4 5]
 [4 5 6]]
a-b=[[0   1  2]
 [-1  0  1]
 [-2 -1  0]]
a*b=[[1 2 3]
 [2 4 6]
 [3 6 9]]
a/b=[[1.          2.          3.        ]
 [0.5         1.          1.5       ]
 [0.33333333 0.66666667 1.        ]]
```

14.5.4 数组的关系运算

以下代码创建一个随机数组,并进行大于、等于、小于等关系运算,关系运算的结果是值为 True 或 False 的数组（也称布尔数组）。

例 14.4：数组的逻辑运算示例

```
import numpy as np
a=np.random.rand(10)                    # 创建包含 10 个 0~1 随机数的数组
print("a=",a)
print("a>0.5",a>0.5)
print("a<0.5",a<0.5)
print("a==0.5",a==0.5)
print("a>=0.5",a>=0.5)
print("a<=0.5",a<=0.5)
```

运行结果如下：

```
a=[0.61116943 0.28171599 0.28117718 0.9389385  0.18506238 0.10849631
 0.55377876 0.04410962 0.08427843 0.11675715]
a>0.5[True False False  True False False  True False False False]
a<0.5[False  True  True False  True  True False  True  True  True]
a==0.5[False False False False False False False False False False]
a>=0.5[True False False  True False False  True False False False]
a<=0.5[False  True  True False  True  True False  True  True  True]
```

14.5.5 分段函数

以下代码根据数组元素的值进行分段操作。

例 14.5：数组元素的分段操作示例。

```
import numpy as np
a=np.random.rand(10)
ones=np.ones(10)
zeros=np.zeros(10)
b=np.where(a>0.5,ones,zeros)
print("a=",a)
print("b=",b)
```

运行结果如下：

```
a=[0.64932751 0.32197099 0.2229126  0.90755696 0.97664145 0.59940094
 0.80924454 0.51364947 0.93344064 0.22305411]
b=[1. 0. 0. 1. 1. 1. 1. 1. 1. 0.]
```

以上代码根据数组 a 的元素的值决定数组 b 对应元素的值，如果 a 中对应的元素大于 0.5，则 b 中的对应元素为 1，否则 b 中的对应元素为 0。

14.5.6 数组元素访问

以下代码创建了一维数组 a 和二维数组 b，并访问这两个数组的元素。

例 14.6：访问一维数组和二维数组元素的示例。

```
import numpy as np
a=np.array([1,2,3,4])
b=np.array([[1,2,3,4],[11,12,13,14],[21,22,23,24]])
print("a[0]=",a[0])                    # 访问 a 数组的第 0 个元素
print("a[2]=",a[2])                    # 访问 a 数组的第 2 个元素
print("a[-1]=",a[-1])                  # 访问 a 数组的最后一个元素
print("b[0,0]=",b[0,0])                # 访问 b 数组第 0 行第 0 列的元素
print("b[0,1]=",b[0,1])                # 访问 b 数组第 0 行第 1 列的元素
print("b[1,2]=",b[1,2])                # 访问 b 数组第 1 行第 2 列的元素
print("b[2,2]=",b[2,2])                # 访问 b 数组第 2 行第 2 列的元素
```

运行结果如下：

```
a[0]=1
a[2]=3
a[-1]=4
```

```
b[0,0]=1
b[0,1]=2
b[1,2]=13
b[2,2]=23
```

在以上代码中，访问一维数组 a 采用一维下标，访问二维数组 b 采用二维下标。

14.5.7 数组切片操作

通过指定下标获得数值中的元素，或者通过指定下标范围来获得数组中的一组元素，这种获得数组元素的方式称为切片。以下代码对数组进行切片操作：

例 14.7：数组切片操作示例。

```
import numpy as np
a=np.array([1,2,3,4])
b=np.array([[1,2,3,4],[11,12,13,14],[21,22,23,24]])
                            # 对数组a进行切片得到一个子列表并输出，子列表的元素
                              为a[0]、a[1]
print("a[0:2]=",a[0:2])     # 以步长2对数组a进行切片并输出，子列表的元素为a[0]、
                              a[2]
print("a[0:4:2]=",a[0:4:2]) # 对数组a进行切片并输出，子列表的元素为a[0]、a[1]、
                              a[2]
print("a[:-1]=",a[:-1])     # 对数组b进行切片并输出，得到数组b的第1行、第2行
print("b[1:3]=",b[1:3])     # 对数组b进行切片
print("b[1:3,2:4]=",b[1:3,2:4]) # 对数组b进行切片并输出，得到数组b的第1行、
                                  第2行
print("b[1:3,:]=",b[1:3,:]) # 对数组b进行切片并输出，得到数组b的第0列、第1列、
                              第2列
print("b[:,0:3]=",b[:,0:3])
```

运行结果如下：

```
a[0:2]=[1 2]
a[0:4:2]=[1 3]
a[:-1]=[1 2 3]
b[1:3]=[[11 12 13 14]
 [21 22 23 24]]
b[1:3,2:4]=[[13 14]
 [23 24]]
b[1:3,:]=[[11 12 13 14]
 [21 22 23 24]]
b[:,0:3]=[[ 1  2  3]
 [11 12 13]
 [21 22 23]]
```

14.5.8 改变数组形状

以下代码通过 np.reshape() 函数改变数组的维度形状，形状改变后，元素总数保持不变。

例 14.8：改变数组形状的操作示例。

```
import numpy as np
```

```
a=np.array([1,2,3,4,5,6,7,8,9,10,11,12])
b=np.array([[1,2,3],[11,12,13],[21,22,23]])
a1=np.reshape(a,[3,4])      #将一维数组a改变为3行4列的二维数组
a2=np.reshape(a,[2,-1])     #将一维数组a改变为2行的二维数组,—1表示列数自动确定
                            #由于总共有12个元素,所以列数自动确定为6
a3=np.reshape(a,[2,2,3])    #将一维数组a改变为三维数组
b1=np.reshape(b,[-1])       #将二维数组b改变为一维数组,—1表示元素个数自动确定,
                            # 此处为9
print("a1=",a1)
print("a2=",a2)
print("a3=",a3)
print("b1=",b1)
```

运行结果如下:

```
a1=[[1  2  3  4]
 [5  6  7  8]
 [9 10 11 12]]
a2=[[1  2  3  4  5  6]
 [7  8  9 10 11 12]]
a3=[[[1  2  3]
  [4  5  6]]
 [[7  8  9]
  [10 11 12]]]
b1=[1  2  3 11 12 13 21 22 23]
```

14.5.9　二维数组转置

将原数组中的行换成同序数的列,得到新的数组,称为数组的转置。

例 14.9：数组转置操作示例。

```
import numpy as np
a=np.array([1,2,3,4])
b=np.array([[1,2,3],[4,5,6],[7,8,9]])
a1=a.T                      #一维数组a的转置还是a
b1=b.T                      #二维数组b的转置,使得行变为列,列变为行
print("a1=",a1)
print("b1=",b1)
```

运行结果如下:

```
a1=[1 2 3 4]
b1=[[1 4 7]
   [2 5 8]
   [3 6 9]]
```

14.5.10　向量内积

以下代码使用数组的 dot() 函数计算内积。

例 14.10：计算数组内积的操作示例

```
import numpy as np
a=np.array([1,2,3,4,5,6,7,8])
b=np.array([2,2,2,2,2,2,2,2])
c=np.array([2,2,2,2])
aT=np.reshape(a,[2,4])          #改变a为2行4列的数组，保存在aT变量中
a_dot_b=a.dot(b)                #将a与b对应元素相乘后求和
a_dot_a=a.dot(a)                #将a与a对应元素相乘后求和
aT_dot_aT=aT.dot(c)             #将ar中的每一行与c求内积
print("a_dot_b=",a_dot_b)
print("a_dot_a=",a_dot_a)
print("aT_dot_aT=",aT_dot_aT)
```

运行结果如下：

```
a_dot_b=72
a_dot_a=204
aT_dot_aT=[20 52]
```

14.5.11　数组的函数运算

下列代码演示了常用的数组函数的使用方法。

例 14.11：常用数组函数使用示例。

```
import numpy as np
a=np.arange(0,100,10,dtype=np.float32)   #创建一个等差数组
b=np.random.rand(10)                      #创建一个包含10个随机数的数组
a_sin=np.sin(a)                           #对数组a 求正弦值
a_cos=np.cos(a)                           #对数组a 求余弦值
b_round=np.round(b)                       #对数组b 四舍五入
b_floor=np.floor(b)                       #对数组b 求地板值
b_ceil=np.ceil(b)                         #求数组b 求天花板值
print("a=",a)
print("a_sin=",a_sin)
print("a_cos=",a_cos)
print("b=",b)
print("b_round=",b_round)
print("b_floor=",b_floor)
print("b_ceil=",b_ceil)
```

运行结果如下：

```
a=[0. 10. 20. 30. 40. 50. 60. 70. 80. 90.]
a_sin=[0.         -0.5440211 0.9129453 -0.9880316 0.74511313-0.26237485
-0.3048106  0.7738907 -0.9938887 0.89399666]
a_cos=[1.         -0.8390715 0.40808207 0.15425146-0.66693807 0.964966
-0.95241296 0.6333192 -0.11038724-0.44807363]
b=[0.11454991 0.22694196 0.35344184 0.15667636 0.94112317 0.89546061
0.42889679 0.34050411 0.71895672 0.45227341]
b_round=[0. 0. 0. 0. 1. 1. 0. 0. 1. 0.]
b_floor=[0. 0. 0. 0. 0. 0. 0. 0. 0. 0.]
b_ceil=[1. 1. 1. 1. 1. 1. 1. 1. 1. 1.]
```

14.5.12 对数组不同维度元素进行计算

numpy 还可以对数组中不同维度元素进行计算。

例 14.12：计算数组中不同维度的元素示例。

```
import numpy as np
a=np.array([[4,0,9,7,6,5],[1,9,7,11,8,12]],dtype=np.float32)
a_sum=np.sum(a)                              #计算a中所有元素的和
a_sum_0=np.sum(a,axis=0)                     #二维数组纵向求和
a_sum_1=np.sum(a,axis=1)                     #二维数组横向求和
a_mean_1=np.mean(a,axis=1)                   #二维数组横向求均值
weights=[0.7,0.3]                            #权重
a_avg_0=np.average(a,axis=0,weights=weights)      #纵向求加权平均值
a_max=np.max(a)                              #求所有元素的最大值
a_min=np.min(a,axis=0)                       #纵向求最大值
a_std=np.std(a)                              #求所有元素的标准差
a_std_1=np.std(a,axis=1)                     #横向求标准差
a_sort_1=np.sort(a,axis=1)                   #横向排序
print("a=",a)
print("a_sum=",a_sum)
print("a_sum_0=",a_sum_0)
print("a_ sum_1=",a_sum_1)
print("a mean 1=",a_mean_1)
print("a_avg_0=",a_avg_0)
print("a max=",a_max)
print("a_min=",a_min)
print("a std=",a_std)
print("a_std_1=",a_std_1)
print("a sort _l=",a_sort_1)
```

运行结果如下：

```
a=[[4.  0.  9.  7.  6.  5.]
 [1.  9.  7. 11.  8. 12.]]
a_sum=79.0
a_sum_0=[5.  9. 16. 18. 14. 17.]
a_ sum_1=[31. 48.]
a mean 1=[5.1666665 8.       ]
a_avg_0=[3.1 2.7 8.4 8.2 6.6 7.1]
a max=12.0
a_min=[1. 0. 7. 7. 6. 5.]
a std=3.4990077
a_std_1=[2.7938426 3.5590262]
a sort _l=[[0.  4.  5.  6.  7.  9.]
 [1.  7.  8.  9. 11. 12.]]
```

14.5.13 广播

广播是矢量化运算中非常重要但又非常难以理解的一种对数据的操作方式。

例 14.13：广播使用示例。

```
import numpy as np
```

```
a=np.arange(0,50,10).reshape(-1,1)    #创建一个数组，并改变形状
b=np.arange(0,5,1)
print("a=",a)
print("b=",b)
print("a+b=",a+b)
print("a-b=",a-b)
print("a*b=",a*b)
```

运行结果如下：

```
a=[[ 0]
 [10]
 [20]
 [30]
 [40]]
b=[0 1 2 3 4]
a+b=[[ 0  1  2  3  4]
 [10 11 12 13 14]
 [20 21 22 23 24]
 [30 31 32 33 34]
 [40 41 42 43 44]]
a-b=[[ 0 -1 -2 -3 -4]
 [10  9  8  7  6]
 [20 19 18 17 16]
 [30 29 28 27 26]
 [40 39 38 37 36]]
a*b=[[  0   0   0   0   0]
 [  0  10  20  30  40]
 [  0  20  40  60  80]
 [  0  30  60  90 120]
 [  0  40  80 120 160]]
```

14.5.14 计算数组中元素出现次数

经常需要计算数组中某个元素出现的次数。

例 14.14：计算数组中元素的出现次数示例。

```
import numpy as np
a=np.random.randint(0,10,7)          #在0~10产生7个随机整数
a_count=np.bincount(a)               #计算每个数出现的次数
a_unique=np.unique(a)                #返回数组中出现的元素值，并去除重复元素
print("a=",a)
print("a_count=",a_count)
print("a_unique=",a_unique)
```

运行结果如下：

```
a=[1 6 3 9 7 4 5]
a_count=[0 1 0 1 1 1 1 1 0 1]
a_unique=[1 3 4 5 6 7 9]
```

14.5.15 矩阵运算

numpy 中也包含了矩阵运算。

例 14.10：矩阵运算示例。

```
import numpy as np
a=np.matrix([[1,3,5,7],[2,4,6,8]])       #2 行 4 列矩阵
b=np.matrix([[2],[1],[2],[3]])           #4 行 1 列矩阵
print("a=",a)
print("b=",b)
print("a.T=",a.T)                        # 输出 a 的转置
print("a*b=",a*b)                        # 输出矩阵 a 与矩阵 b 相乘的结果
#a 的列数必须与 b 的行数相同
print("a.sum()=",a.sum())
print("a.max()=",a.max())
```

运行结果如下：

```
a=[[1 3 5 7]
 [2 4 6 8]]
b=[[2]
 [1]
 [2]
 [3]]
a.T=[[1 2]
 [3 4]
 [5 6]
 [7 8]]
a*b=[[36]
 [44]]
a.sum()=36
a.max()=8
```

14.6 matplotlib 数值计算可视化库

数值计算可视化库 matplotlib 依赖于 numpy 模块和 tkinter 模块，可以绘制多种样式的图形，包括线图、直方图、饼图、散点图、三维图等，图形质量可满足出版要求，是计算可视化的重要工具。在终端中输入如下命令安装 matplotlib 模块。

```
pip install matplotlib
```

14.6.1 绘制正弦曲线

plot 函数可以绘制给定定义域与值域的函数图像，例如，以下代码绘制正弦曲线。

例 14.19：使用 matplotlib 绘制正弦曲线示例。

```
import numpy as np
import pylab as pl
x=np.arange(0,2*np.pi,0.01)              # 创建等差数组
```

```
y=np.sin(x)                    # 计算对应的 sin 值
p1.plot(x,y)                   # 绘制
p1.xlabel("x")                 #x 轴标签
p1.ylabel("y")                 #y 轴标签
p1.title("sin")                # 标题
p1.show()                      # 显示图形
```

运行结果如图 14-1 所示。

14.6.2 绘制散点图

以下代码绘制余弦函数的散点图，绘制的函数是 scatter()。

例 14.20：使用 matplotlib 绘制散点图示例。

```
import numpy as np
import pylab as p1
x=np.arange(0,2*np.pi,0.1)     # 创建等差数组，0.1 为步长
y=np.cos(x)                    # 计算对应的 cos 值
p1.scatter(x,y)                # 绘制散点图
p1.xlabel("x")                 #x 轴标签
p1.ylabel("y")                 #y 轴标签
p1.title("sin")                # 标题
p1.show()                      # 显示图形
```

运行结果如图 14-2 所示。

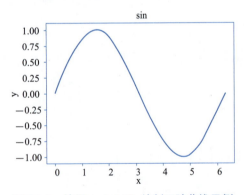

图 14-1 使用 matplotlib 绘制正弦曲线示例

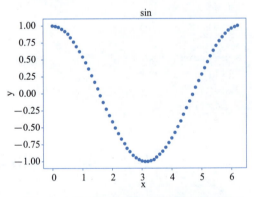

图 14-2 使用 matplotlib 绘制散点图示例

散点图是分析数据相关性常用的可视化方法，以下代码使用随机数生成数值，然后生成散点图，同时根据数值大小计算散点的大小。

例 14.21：使用 matplotlib 绘制随机散点图示例

```
import numpy as np
import pylab as p1
x=np.random.random(50)         # 产生 50 个 0~1 的小数，作为 x 轴坐标
y=np.random.random(50)         # 产生 50 个 0~1 的小数，作为 y 轴坐标
p1.scatter(x,y,s=x*100,c='r',marker='*')
                               #s 设置散点大小，c 设置颜色，marker 设置形状
p1.show()
```

运行结果如图 14-3 所示。

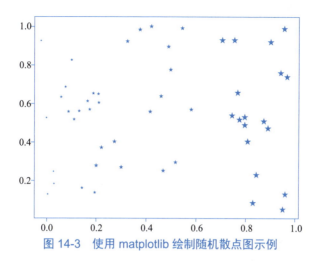

图 14-3　使用 matplotlib 绘制随机散点图示例

14.6.3　绘制饼图

例 14.22：使用 matplotlib 绘饼图示例

```
import numpy as np
import pylab as p1
labels=["Frogs","Hogs","Dogs","Logs"]
sizes=[10,20,25,45]
colors=["yellow","red","green","black"]
explode=[0,0.1,0,0.1]                    #使饼图的第 2 片和第 4 片裂开
fig=p1.figure()
ax=fig.gca()
#以下绘制 4 个饼图，分别放置在 4 个不同角度
ax.pie(np.random.random(4),explode=explode,labels=labels,colors=colors,\
    autopct="%1.1f%%",shadow=True,startangle=90,radius=0.25,center=[0.5,0.5],
frame=True)
    ax.pie(np.random.random(4),explode=explode,labels=labels,colors=colors,\
    autopct="%1.1f%%",shadow=True,startangle=90,radius=0.25,center=[0.5,1.5],
frame=True)
    ax.pie(np.random.random(4),explode=explode,labels=labels,colors=colors,\
    autopct="%1.1f%%",shadow=True,startangle=90,radius=0.25,center=[1.5,0.5],
frame=True)
    ax.pie(np.random.random(4),explode=explode,labels=labels,colors=colors,\
    autopct="%1.1f%%",shadow=True,startangle=90,radius=0.25,center=[1.5,1.5],
frame=True)
    ax.set_xticks([0,2])
    ax.set_yticks([0,2])
    ax.set_xticklabels(["0","1"])
    ax.set_yticklabels(["0","1"])
    ax.set_aspect("equal")
    p1.show()
```

运行结果如图 14-4 所示。

14.6.4 绘制带有中文标签和图例的图

例 14.23：使用 matplotlib 绘制图例示例

```
import numpy as np
import pylab as pl
import matplotlib.font_manager as fm
# 从 windows 中加载 STKAITI 字体文件
myfont=fm.FontProperties(fname=r'c:/Windows/Fonts/STKAITI.ttf')
x=np.arange(0,2*np.pi,0.01)          #x 轴坐标
y=np.sin(x)                          #sin 值
z=np.cos(x)                          #cos 值
pl.plot(x,y,label="sin")
pl.plot(x,z,label="cos")
pl.xlabel('x',fontproperties='STKAITI',fontsize=24)
pl.ylabel('y',fontproperties='STKAITI',fontsize=24)
pl.title('sin-cos',fontproperties='STKAITI',fontsize=32)
pl.legend(prop=myfont)
pl.show()
```

运行结果如图 14-5 所示。

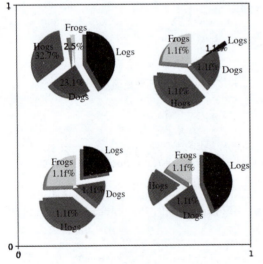

图 14-4 使用 matplotlib 绘饼图示例

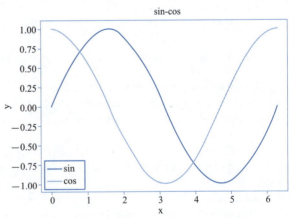

图 14-5 使用 matplotlib 绘制图例

14.6.5 绘制带有公式的图

例 14.24：使用 matplotlib 绘制带有公式的图

```
import numpy as np
import pylab as pl
x=np.arange(0,2*np.pi,0.01)
y=np.sin(x)
z=np.cos(x)
# 标签前后加 $ 符号，将内嵌的 LaTex 语句显示为公式
```

```
p1.plot(x,y,label="$sin(x)$",color="red",linewidth=2)
p1.plot(x,z,label="$cos(x^2)$")
p1.xlabel("Time(x)")                #x 轴的标签
p1.ylabel("Volt")                   #y 轴的标签
p1.title("sin-cos")
p1.ylim(-1,2,1.2)
p1.legend()
p1.show()
```

运行结果如图 14-6 所示。

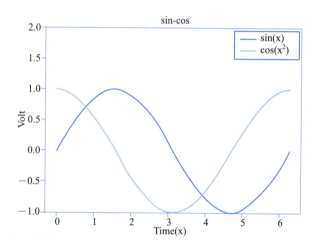

图 14-6　使用 matplotlib 绘制带有公式的图

14.6.6　绘制三维参数曲线

例 14.25：使用 matplotlib 绘制三维参数曲线

```
import numpy as np
import matplotlib as mpl
import matplotlib.pyplot as plt
from mpl_toolkits.mplot3d import Axes3D
mpl.rcParams["legend.fontsize"]=10      # 图例字体大小
fig=plt.figure()                        # 创建图
ax=fig.gca(projection="3d")             # 三维图形
theta=np.linspace(-4*np.pi,4*np.pi,100) # 将角度分成 100 等分
z=np.linspace(-4,4,100)*0.3             # 测试数据
r=z**3+1
x,y=r*np.sin(theta),r*np.cos(theta)
ax.plot(x,y,z,label="3d")
ax.legend()
plt.show()
```

运行结果如图 14-7 所示。

14.6.7 绘制三维图形

例 14.26：使用 matplotlib 绘制三维图形

```
import numpy as np
import matplotlib.pyplot as plt           #pyplot
import mpl_toolkits.mplot3d
x,y=np.mgrid[-2:2:20j,-2:2:20j]
z=50*np.sin(x+y)                          # 测试数据
ax=plt.subplot(111,projection="3d")       # 三维图形
ax.plot_surface(x,y,z,rstride=2,cstride=1,cmap=plt.cm.Blues_r)
ax.set_xlabel("x")
ax.set_ylabel("y")
ax.set_zlabel("z")
plt.show()
```

运行结果如图 14-8 所示。

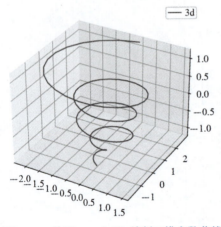

图 14-7 使用 matplotlib 绘制三维参数曲线

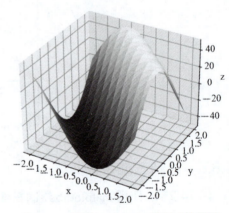

图 14-8 使用 matplotlib 绘制三维图形

例 14.27：使用 matplotlib 绘制复杂三维图形

```
import numpy as np
import matplotlib.pyplot as plt           #pyplot
import mpl_toolkits.mplot3d
rho,theta=np.mgrid[0:1:40j,0:2*np.pi:40j]
z=rho**2
x=rho*np.cos(theta)
y=rho*np.sin(theta)
ax=plt.subplot(111,projection="3d")
ax.plot_surface(x,y,z)
plt.show()
```

运行结果如图 14-9 所示。

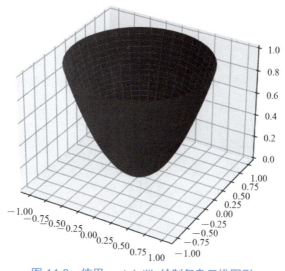

图 14-9　使用 matplotlib 绘制复杂三维图形

14.7　pandas 数据分析库

pandas 库是 Python 下功能最为强大的数据分析和探索工具，也是本章介绍的这些库中最为重要的，它包含高级的数据结构和精巧的分析工具，使得在 Python 中处理数据变得快速、简单。

pandas 构建在 NumPy 之上，最初是作为金融数据分析用途而开发出来的，它是使 Python 成为强大而高效的数据分析环境的重要因素之一。pandas 的功能非常强大，支持类似 SQL 的数据增、删、改、查操作，并且包含了非常多的数据处理函数。pandas 为时间序列分析提供了很好的支持，可以很好地处理数据缺失等问题，可以灵活地对齐数据，解决不同数据源的数据集成时常见的问题。

14.7.1　安装 pandas

pandas 的安装与上面的各个模块相似，同样可以使用 pip 安装或者自行安装。
pip install pandas

安装成功后，可以用如下命令测试是否安装成功：

import pandas as pd
print(pd.__version__)

如果安装正确，则会显示出 pandas 的版本号。

14.7.2　pandas 的数据结构 Series

Series 是一种类似于一维数组的对象，它由一组数据（各种 NumPy 数据类型）以及一组与之相关的数据标签（即索引）组成。

Series 的字符串表现形式为：索引在左边，值在右边。下面的例子展示了创建 Series

对象的几种方法。

例 14.28： 创建 Series 对象。

```
# 从 pandas 库中引用 Series
from pandas import Series
obj_list=[1,2,3,4,5]
obj_tuple=(1.2,2.5,3.3,4.8,5.4)
obj_dict={'Tom':[16,'boy'],'Max':[12,'boy'],'Julia':[18,'girl']}
series_list=Series(obj_list)
series_tuple=Series(obj_tuple,index=['a','b','c','d','e'])
series_dict=Series(obj_dict)
print("(1) 通过 list 建立 Series:")
print(series_list)
print("(2) 通过 tuple 建立 Series:")
print(series_tuple)
print("(3) 通过 dict 建立 Series:")
print(series_dict)
```

输出结果：

```
(1) 通过 list 建立 Series:
0    1
1    2
2    3
3    4
4    5
dtype:int64
(2) 通过 tuple 建立 Series:
a    1.2
b    2.5
c    3.3
d    4.8
e    5.4
dtype:float64
(3) 通过 dict 建立 Series:
Tom      [16,boy]
Max      [12,boy]
Julia    [18,girl]
dtype:object
```

可以看到，当没有显式地给出索引值的时候，Series 从 0 开始自动创建索引。相对于其他的很多数据结构来说，Series 结构最重要的一个功能是它可以在算术运算中自动对齐不同索引的数据。

例 14.29： Series 的自动对齐功能。

```
from pandas import Series        # 从 pandas 库中引用 Series
obj_dict={"王明":7700,"张伟":8600,"赵红":9100,"郭强":6700}
series_obj_1=Series(obj_dict)
series_obj_2=Series(obj_dict,index=['张伟','郭强','王明','李洋'])
print(series_obj_1)
```

```
print("----------------")
print(series_obj_2)
print("----------------")
print(series_obj_1+series_obj_2)
```

输出结果：

```
王明      7700
张伟      8600
赵红      9100
郭强      6700
dtype:int64
----------------
张伟      8600.0
郭强      6700.0
王明      7700.0
李洋       NaN
dtype:float64
----------------
张伟     17200.0
李洋       NaN
王明     15400.0
赵红       NaN
郭强     13400.0
dtype:float64
```

从上面的例子中可以看到，在建立 series_obj_2 时，obj_dict 中跟索引值相匹配的值会被找出来赋给相应的索引，而"李洋"没在 obj_dict 中，所以对应的值被赋为 NaN（Not a Number），即缺失值。在执行 series_obj_1+series_obj_2 时，Series 对象自动对齐不同的索引值再进行计算。

14.7.3　pandas 的数据结构 DataFrame

DataFrame 是 pandas 的主要数据结构之一，是一种带有标签的二维对象，与 Excel 表格或者关系型数据库的结构十分相似。DataFrame 结构的数据都会有一个行索引和列索引，且每一列的数据格式可能是不同的。相对于 Series 来说，DataFrame 相当于多个带有相同索引的 Series 组合，且每个 Series 都有一个不同的表头来识别不同的 Series。

例 14.30：创建 DataFrame。

```
# 从 pandas 库中引用 DataFrame
from pandas import DataFrame
from pandas import Series
# 从 pandas 库中引用 Series
obj={'name':['Tom','Peter','Lucy','Max',' Anne'],
     'age':['17','23','44','27','36'],
     'status':['student','student','doctor','clerk','performer']
     }
series_dict1=Series([1,2,3,4,5],index=['a','b','c','d','e'])
series_dict2=Series([6,7,8,9,10],index=['a','b','c','d','e'])
df_obj=DataFrame(obj)    # 创建 DataFrame 对象
```

```
df_obj2=DataFrame([series_dict1,series_dict2])
print(df_obj)
print("---------------------")
print(df_obj2)
```

输出结果:

```
    name  age     status
0    Tom   17    student
1  Peter   23    student
2   Lucy   44     doctor
3    Max   27      clerk
4   Anne   36  performer
---------------------
   a  b  c  d   e
0  1  2  3  4   5
1  6  7  8  9  10
```

本例程序通过传入一个 NumPy 数组组成的字典来创建 DataFrame 对象,这是最为常用的方法。也可以利用多个具有相同索引的 Series 对象来创建 DataFrame 对象,不过,创建出的列表只能为横向列表。使用 df_obj.T 转置方法可将其转换成常用的纵向列表。通过使用类似于访问类成员的方式,可以获取 DataFrame 对象指定的列数据(Series)或者新增列。

例 14.31: DataFrame 的基本操作。

```
from pandas import DataFrame          # 从 pandas 库中引用 DataFrame
from pandas import Series              # 从 pandas 库中引用 Series
obj={'name':['Tom','Peter','Lucy','Max','Anne'],'age':
['17','23','44','27','36'],
      'status':['student','student','doctor','clerk','performer']}
series_dict1=Series([1,2,3,4,5],index=['a','b','c','d','e'])
series_dict2=Series([6,7,8,9,10],index=['a','b','c','d','e'])
df_obj=DataFrame(obj)                  # 创建 DataFrame 对象
df_obj2=DataFrame([series_dict1,series_dict2])
print("--- 查看前几行数据,默认 5 行 ---")
print(df_obj.head())
print("--------- 提取一列 ----------")
print(df_obj.age)
print("---------- 添加列 ----------")
df_obj['gender']=['m','m','f','m','f']
print(df_obj)
print("---------- 删除列 ----------")
del df_obj['status']
print(df_obj)
print("----------- 转置 -----------")
print(df_obj2.T)
```

输出结果:

```
--- 查看前几行数据,默认 5 行 ---
```

```
     name  age     status
0     Tom   17    student
1   Peter   23    student
2    Lucy   44     doctor
3     Max   27      clerk
4    Anne   36  performer
---------- 提取一列 ----------
0    17
1    23
2    44
3    27
4    36
Name:age,dtype:object
---------- 添加列 ----------
     name  age     status  gender
0     Tom   17    student       m
1   Peter   23    student       m
2    Lucy   44     doctor       f
3     Max   27      clerk       m
4    Anne   36  performer       f
---------- 删除列 ----------
     name  age  gender
0     Tom   17       m
1   Peter   23       m
2    Lucy   44       f
3     Max   27       m
4    Anne   36       f
----------- 转置 -----------
       0   1
a      1   6
b      2   7
c      3   8
d      4   9
e      5  10
```

还有一些其他的常用 DataFrame 操作见表 14-2。pandas 可以从 Excel、CSV 等文件中读取或写入数据。不过默认的 pandas 库并不能直接对 Excel 文件进行操作，还需要安装 xlrd（读入操作）和 xlwt（写入操作）库才能支持对 Excel 文件的读写。安装 xlrd 和 xlwt 库的方法如下：

```
pip install xlrd
pip install xlwt
```

安装完成后，就可以在 pandas 中进行 Excel、CSV 等文件的操作了。

表 14-2　其他的常用 DataFrame 操作

操　　作	说　　明
df_obj.dtypes	查看各行的数据格式
df_obj.tail()	查看后几行的数据，默认后 5 行

续表

操 作	说 明
df_obj.index	查看索引
df_obj.columns	查看列名
df_obj.values	查看数据值
df_obj.describe	描述性统计
df_obj.sort(columns='')	按列名进行排序
df_obj.sort_values	多列排序
f_obj['列索引']	显示列名下的数据
df_obj[1:3]#	获取1~3行的数据(切片操作)
df_obj.reindex()	根据index参数重新进行排序

例 14.32：读入 Excel 文件。

```
import pandas as pd
df_obj=pd.read_excel('test.xls')
print(type(df_obj))
print(df_obj.head())
```

输出结果如图 14-10 所示：

```
<class 'pandas.core.frame.DataFrame'>
   PassengerId  Survived  Pclass  ...     Fare Cabin Embarked
0            1         0       3  ...   7.2500   NaN        S
1            2         1       1  ...  71.2833   C85        C
2            3         1       3  ...   7.9250   NaN        S
3            4         1       1  ...  53.1000  C123        S
4            5         0       3  ...   8.0500   NaN        S

[5 rows x 12 columns]
```

图 14-10 读入 Excel 文件的输出结果

小 结

本章主要学习了Python常用的标准库，常用第三方库的安装与使用方法。

Python标准库：math库提供了常用的数学函数，random库可用于生成随机数，datetime/time库用于日期时间处理，turtle库可用于简单的绘图操作。

PyInstaller库则用于将Python应用程序打包成独立可执行文件。

jieba库是Python中用于中文分词的第三方库，提供了多种分词算法和词性标注功能，适用于自然语言处理、文本挖掘等领域。

数值计算库 numPy是Python进行数据处理的底层库，是高性能科学计算和数据分析的基础。掌握numPy的基础数据处理能力是利用Python进行数据运算及机器学习的基础。它的主要功能特性包括：具有数组（ndarray）能力，这是一个具有矢量算术运算和复杂广播的快速且节省空间的多维数组；具有对整组数据进行快速运算的标准数学函数（代替循环实现）；读写数据以及操作内存映射文件；线性代数、随机数生成以及傅里叶交换功能。

可视化库 matplotlib 是一个 Python 2D 绘图库，不仅可以执行程序文件绘制需要的图形，还可以在交互式环境中生成出版质量的图形数据。matplotlib 可用于 Python 脚本和 Ipythonshell、jupyter 笔记本、Web 应用程序服务器等各种工作环境。可以用几行代码生成函数图、散点图、饼图等可视化图形。

pandas 构建在 NumPy 之上，它包含高级的数据结构和精巧的分析工具，使得在 Python 中处理数据变得快速、简单。本章中介绍了 pandas 常用的数据结构 Series 和 DataFrame。

习 题

一、填空题

1. 创建 numpy 数组的语句是 _____，创建全零 numpy 数组的语句是 _____，numpy 的 32 位浮点型是 _____，创建 numpy 等差数组的语句是 _____。
2. 导入 matplotlib 的语句是 _____，使用 matplotlib 绘制散点的函数是 _____。
3. 在 pandas 中，可以通过 _____ 函数将数据框（DataFrame）转换为 numpy 数组。

二、单选题

1. 使用 numpy 创建数组，以下选项 ( ) 是错误的。
   A. x=np.array([5])　　　　B. x=np.array((5))
   C. x=np.ones([5])　　　　D. x=np.array('5')

2. a 是 numpy 数组，值为 [1,2,3]；b 是 numpy 数组，值为 [[1,2,3],[4,5,6],[7,8,9]]，a*b 的运行结果是 ( )。
   A. [[1,4,9],
       [4,10,18],
       [7,16,27]]
   B. [[2,4,6],
       [5,7,9],
       [8,10,12]]
   C. [[0,0,0],
       [−3,−3,−3],
       [−6,−6,−6]]
   D. 以上都不正确

三、编程题

1. 使用 numpy 数组计算由 5 个坐标：(1,9)、(5,12)、(8,20)、(4,10)、(2,8) 构成的图形的周长。
2. 选择一篇英文文章，计算其中每个单词出现的次数，并用饼图显示其中出现次数最多的前 5 个单词。

3. 使用 pandas 库对数组 [[1,2,3,4,5],[6,7,8,9,10]] 以 0、1 为行号，以字母为列号建立索引，并输出运行结果和转置后的结果。

4. 现有矩阵：
$$\begin{bmatrix} 1 & 2 & 3 \\ 2 & 2 & 1 \\ 3 & 4 & 3 \end{bmatrix}$$

利用 SciPy 库求矩阵的逆，并写出代码和输出结果。

5. 从 0 开始，步长值为 1 或者 -1，且出现的概率相等，通过使用 Python 内置的 random 实现 1000 步的随机漫步，并使用 Matplotlib 生成折线图。

第15章 Python 应用案例

学习目标

◎通过泰坦尼克号乘客生存分析案例，掌握 Numpy、pandas、Matplotlib 等库的综合应用。

◎掌握 Python 网络爬虫的使用方法。

◎通过 Python 实现一个较简单的手写识别系统，掌握 Python 实现机器学习算法的基本方法。

通过学习前面的章节，掌握了 Python 编程的基本语法、常用库等知识。本章将结合 3 个应用案例，详细讲解 Python 在实际问题中的应用。

15.1 泰坦尼克号乘客生存分析

在本节中，将对泰坦尼克号沉船事件中乘客的生存情况进行分析。通过数据分析，将尝试找出哪些特征会影响乘客的生存概率，并用可视化图表的方式进行展示。

15.1.1 数据来源

数据来自于著名的数据分析竞赛网站 Kaggle，该项目在 Kaggle 网站上涉及机器学习部分，因此，提供的数据集分为训练集（train.csv）和测试集（test.csv），共包含 1 309 名乘客的数据。本案例只对数据做可视化分析，不涉及机器学习方面，因此，仅使用包含存活状态属性的训练集进行数据分析。需要用到 pandas 和 numpy 工具来处理数据，Matplotlib 工具进行数据可视化。

15.1.2 导入数据

导入数据分析工具库 Numpy，pandas。

```
# 导入数据分析工具库
import numpy as np
import pandas as pd
```

用 pandas 中的 read_csv() 方法读取格式为 CSV 的数据集。

```
# 读取训练集和测试集数据
```

```
train_set=pd.read_csv(r'C:\train.csv')
print('训练集形状：',train_set.shape)
```

运行结果：

```
训练集形状：(891,12)
```

从结果可以看出，使用 Numpy 的 shape 方法可以查看训练集的形状，训练集有 891 条数据（行），12 个属性特征（列）。

15.1.3 查看数据

下面使用 pandas 的 head() 方法查看默认的前 5 行数据详情，表 15-1 显示了 head() 方法的返回结果。

```
# 查看默认的前 5 行数据详情
print(train_set.head())          # 查看默认的前 5 行数据详情
```

表 15-1 train_set.head() 返回的前 5 行数据详情

—	PassengerId	Survived	Pclass	Name	Sex	Age	SibSp	Parch	Ticket	Fare	Cabin	Embarked
0	1	0	3	Braund, Mr.Owen Harris	Male	22.0	1	0	A/5 21171	7.2588	NaN	S
1	2	1	1	Cumings, Mrs. John Bradley⋯	female	38.0	1	0	PC 17599	71.2833	C85	C
2	3	1	3	Heikkinen, Miss. Laina	female	26.0	0	0	STON/ 02.3101282	7.9258	NaN	S
3	4	1	1	Futrelle, Mrs. Jacques Hea⋯	female	35.0	1	0	113803	53.1000	C123	S
4	5	0	3	Allen, Mr.William Henry	male	35.0	0	0	373450	8.0500	NaN	S

表 15-1 中数据字段的描述信息见表 15-2。

表 15-2 数据字段描述

特征	描述
PassengerId	乘客编号
Survived	是否生存，也是我们分析的目标。1 表示生存 0 表示死亡
Pclass	船舱等级分 1、2、3 等级，1 等级最高
Name	乘客姓名
Sex	性别
Age	年龄
SlibSp	该乘客一起旅行的兄弟姐妹和配偶的数量（同代直系亲属人数）
Parch	与该乘客一起旅行的父母和孩子的数量（不同代直系亲属人数）
Ticket	船票号
Fare	船票价格

续表

特征	描述
Cabin	船舱号
Embarked	登船港口 :S= 英国南安普顿 Southampton（起航点）、C= 法国瑟堡市 Cherbourg（途经点）、Q= 爱尔昆士敦 Queenstown（途经点）

使用统计数据信息描述方法 describe() 查看数据集的统计摘要信息，该方法只统计数值型数据的信息，返回结果见表 15-3。

```
print(train_set.describe())    # 查看统计摘要信息
```

表 15-3 describe() 方法统计摘要信息

—	PassengerId	Survived	Pclass	Age	SibSp	Parch	Fare
Cound	891.000000	891.000000	891.000000	714.000000	891.000000	891.000000	891.000000
Mean	446.000000	0.383838	2.308642	29.699118	0.523008	0.381594	32.204208
Std	257.353842	0.486592	0.836071	14.526497	1.102743	0.806057	49.693429
Min	1.000000	0.000000	1.000000	0.420000	0.000000	0.000000	0.000000
25%	223.500000	0.000000	2.000000	20.125000	0.000000	0.000000	7.910400
50%	446.000000	0.000000	3.000000	28.000000	0.000000	0.000000	14.454200
75%	668.500000	1.000000	3.000000	38.000000	1.000000	0.000000	31.000000
max	891.000000	1.000000	3.000000	80.000000	8.000000	6.000000	512.329200

从统计摘要中可以看出，乘客的生存率大约在 38%，超越 50% 的乘客在 3 等级，乘客的平均年龄在 30 岁左右，普遍比较年轻。

查看数据是否有缺失值，以及数据的数据类型。

```
print(train_set.info())        # 查看数据缺失值以及数据类型
```

```
<class 'pandas.core.frame.DataFrame'>
RangeIndex: 891 entries, 0 to 890
Data columns (total 12 columns):
 #   Column       Non-Null Count  Dtype
---  ------       --------------  -----
 0   PassengerId  891 non-null    int64
 1   Survived     891 non-null    int64
 2   Pclass       891 non-null    int64
 3   Name         891 non-null    object
 4   Sex          891 non-null    object
 5   Age          714 non-null    float64
 6   SibSp        891 non-null    int64
 7   Parch        891 non-null    int64
 8   Ticket       891 non-null    object
 9   Fare         891 non-null    float64
 10  Cabin        204 non-null    object
 11  Embarked     889 non-null    object
dtypes: float64(2), int64(5), object(5)
memory usage: 83.7+ KB
None
```

属性年龄（Age）、船舱号（Cabin）、登船港口（Embarked）里面有缺失值，年龄（Age）数据缺失了 177，缺失率 19.9%；船舱号（Cabin）数据缺失了 687，缺失率 77.1%，缺失较大；登船港口（Embarked）数据只缺失了 2 条数据，缺失较少。

15.1.4 数据清洗

在数据分析之前，我们需要先对数据进行清洗，处理缺失值。

处理年龄（Age）的缺失值，年龄（Age）是连续数据，这里用中位数填充缺失值，中位数不受极端变量值的影响。

```
train_set['Age']=train_set['Age'].fillna(train_set['Age'].median())
```

船舱号（Cabin）缺失值较多，将其直接填充为 'U'。

```
train_set['Cabin']=train_set['Cabin'].fillna('U')
```

登船港口（Embarked）缺失 2 个值，将其填充为出现次数最多的值。

```
from collections import Counter
print(Counter(train_set['Embarked']))    # 获取登船港口 Embarked 中各元素出现的次数
```

通过上面两条语句查看每个登船港口的人数，运行结果如下：

```
Counter({'S':644,'C':168,'Q':77,nan:2})
```

从结果可以看出，登船港口（Embarked）缺失 2 个值，执行下面的语句，将其填充为出现次数最多的值。

```
train_set['Embarked']=train_set['Embarked'].fillna('s')
```

15.1.5 数据编码

对于不同类型的数据编码方法不同，对于数值类型的数据可直接使用，对于日期数据需转换为单独的年、月、日，对于分类数据使用 one-hot 编码方法用数字代替类别。

1. 数值类型

乘客编号（PassengerId）、年龄（Age）、船票价格（Fare）、同代直系亲属人数（SibSp）、不同代直系亲属人数（Parch）。

2. 分类数据

乘客性别（Sex）：男性 male、女性 female。将性别的值映射为数值，男（male）对应数值 1，女（female）对应数值 0。

```
sex_map_dict={'male':1,'female':0}
    train_set['Sex']=train_set['Sex'].map(sex_map_dict)
                    # 把男（male）映射为数值 1，女（female）映射为数值 0
```

登船港口（Embarked）：出发地点 S= 英国南安普顿 Southampton，途经地点 1：C= 法国瑟堡市 Cherbourg，途经地点 2：Q= 爱尔兰昆士敦 Queenstown。

使用 one-hot 编码，将这一列数据按类别分开，属于这一列则标为 1，否则 0，使得分类数据量化，这便于之后的分析。

```
embarked_df=pd.DataFrame()  # 存放 one-hot 编码后的登船港口 Embarked 数据
embarked_df=pd.get_dummies(train_set['Embarked'],prefix='Embk')
                            # 使用 get_dummies 进行 one-hot 编码，产生虚拟列，列
                              名前缀为 Embarked
print(embarked_df.head())
```

```
   Embk_C  Embk_Q  Embk_S  Embk_s
0       0       0       1       0
1       1       0       0       0
2       0       0       1       0
3       0       0       1       0
4       0       0       1       0
```

```
train_set=pd.concat([train_set,embarked_df],axis=1)# 添加 one-hot 编码产生的虚拟
                                                    列到 train_set 中
train_set.drop('Embarked',axis=1,inplace=True)    # 删除原来的 Embarked 列
```

同样，使用 get_dummies 对船舱等级（Pclass）进行 one-hot 编码：

```
pclass_df=pd.DataFrame()                           # 使用 get_dummies 对船舱等
                                                     级（Pclass)进行 one-hot 编码
pclass_df=pd.get_dummies(train_set['Pclass'],prefix='Pcls')
print(pclass_df.head())
```

```
   Pcls_1  Pcls_2  Pcls_3
0       0       0       1
1       1       0       0
2       0       0       1
3       1       0       0
4       0       0       1
```

```
train_set=pd.concat([train_set,pclass_df],axis=1) # 添加 one-hot 编码产生的虚
                                                    拟列到 train_set 中
train_set.drop('Pclass',axis=1,inplace=True)      # 删除原来的 Pclass 列
```

通过乘客的名字（Name）也可以获取到一定信息，比如乘客的头衔，编写一个函数将它提取出来，并分析它与生存率之间的关系。

```
# 提取头衔
def get_title(name):
    str1=name.split(',')[1]
    str2=str1.split('.')[0]
    str3=str2.strip()
    return str3
```

调用函数，并且使用 counter() 函数查看头衔一共有多少种，然后计算它们的数量。

```
title_df=pd.DataFrame()
```

```
title_df['Title']=train_set['Name'].map(get_title)
print(Counter(title_df['Title']))
Counter({'Mr':517,'Miss':182,'Mrs':125,'Master':40,'Dr':7,'Rev':6,'Major':2,'Mlle':2,'Col':2,'Don':1,'Mme':1,'Ms':1,'Lady':1,'Sir':1,'Capt':1,'the Countess':1,'Jonkheer':1})
```

定义以下几种头衔类别：Officer 政府官员，Royalty 王室（皇室），Mr 已婚男士，Mrs 已婚女士，Miss 年轻未婚女子，Master 有技能的人／教师。用这几种头衔映射名字（Name）字符串。

```
# 名字中头衔字符串与定义的头衔类别的映射关系 title_map_dict={'Capt':'Officer','Col':'Officer',
                'Major':'Officer','Jonkheer':'Royalty',
                'Don':'Royalty','Sir':'Royalty','Dr':'Officer',
                'Rev':'Officer','the Countess':'Royalty',
                'Mme':'Mrs','Mlle':'Miss','Ms':'Mrs',
                'Mr':'Mr','Mrs':'Mrs','Miss':'Miss',
                'Master':'Master','Lady':'Royalty'}
title_df['Title']=title_df['Title'].map(title_map_dict)
# 使用 get_dummies 对 Title 进行 one-hot 编码
title_df=pd.get_dummies(title_df['Title'])
print(title_df.head())
```

	Master	Miss	Mr	Mrs	Officer	Royalty	officer
0	0	0	1	0	0	0	0
1	0	0	0	1	0	0	0
2	0	1	0	0	0	0	0
3	0	0	0	1	0	0	0
4	0	0	1	0	0	0	0

```
# 添加 one-hot 编码生存的虚拟列到 train_set 中
train_set=pd.concat([train_set,title_df],axis=1)
train_set.drop('Name',axis=1,inplace=True)
```

在船上的家庭人数也进行分类：

```
# 存放家庭信息
family_df=pd.DataFrame()
# 家庭人数＝父母（Parch）+ 兄弟（SibSp）+ 自己（1）
family_df['Family_Size']=train_set['Parch']+train_set['SibSp']+1
```

家庭人数分类：

（1）单人家庭 Family_Single：家庭人数＝1。

（2）小型家庭 Family_Small：家庭人数 2~4。

（3）大型家庭 Family_Large：家庭人数＞5。

```
# 建立家庭人数与家庭类别的关系
    family_df['Family_Single']=family_df['Family_Size'].map(lambda x:1 if x==1 else 0)
    family_df['Family_Small']=family_df['Family_Size'].map(lambda x:1 if 2<=x<=4 else 0)
```

```
    family_df['Family_Large']=family_df['Family_Size'].map(lambda x:1 if
x>=5 else 0)
    print(family_df.head())
```

```
   Family_Size  Family_Single  Family_Small  Family_Large
0       2             0             1             0
1       2             0             1             0
2       1             1             0             0
3       2             0             1             0
4       1             1             0             0
```

```
#添加 one-hot 编码生存的虚拟列到 train_set 中
train_set=pd.concat([train_set,family_df],axis=1)
```

15.1.6 数据可视化

1. 导入数据可视化工具包Matplotlib

```
#导入matplotlib库
    import matplotlib.pyplot as plt
```

2. 分析生存率与性别之间的关系

将男性和女性的存活数与死亡数计数，并重新建表 sex_df。

```
#将男性和女性的存活数与死亡数计数，并重新建表 sex_df
    sex_male=train_set.loc[train_set['Sex']==1,'Survived'].value_counts()
    sex_female=train_set.loc[train_set['Sex']==0,'Survived'].value_counts()
    sex_df=pd.DataFrame({'男性':sex_male,'女性':sex_female})
```

把男女的存活和死亡数计数数据可视化为柱状图，如图 15-1 所示。

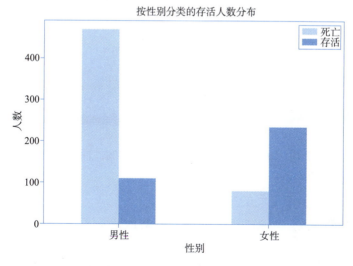

图 15-1 按性别分类存活人数分布

```
#正常显示中文
    plt.rcParams['font.sans-serif']=['SimHei']
```

```
plt.rcParams['axes.unicode_minus']=False
sex_df.T.plot(kind='bar',color=['b','g'])
plt.title('按性别分类的存活人数分布')
plt.xlabel('性别')
plt.ylabel('人数')
plt.legend(labels=['死亡','存活'])
plt.show()
```

计算男女的存活率,并进行数据可视化,如图 15-2 所示。

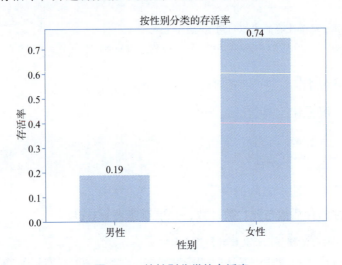

图 15-2　按性别分类的存活率

```
for i in sex_df.columns:
    sex_df.loc['SurvivedRate',i]=sex_df.loc[1,i]/sex_df[i].sum()
    sex_df.loc['SurvivedRate'].plot(kind='bar',color='orange')
plt.title('按性别分类的存活率')
plt.xlabel('性别')
plt.ylabel('存活率')
x=np.arange(len(sex_df.index))
y=np.array(list(sex_df.T['SurvivedRate']))
for i,j in zip(x,y):
    plt.text(i,j+0.01,'%.2f'%j,color='k',ha='center')
plt.show()
```

从图 15-1 和图 15-2 可以看出,女性生存率高达 74%,而男性生存率只有 19%,说明基于绅士风度,男性把生存机会留给了女性。

3. 分析生存率与头衔之间的关系

计算每个头衔的人数,并生成新表 tit_df 进行数据可视化,如图 15-3 所示。

```
sur_mr=train_set.loc[train_set['Mr']==1,'Survived'].value_counts()
    sur_mrs=train_set.loc[train_set['Mrs']==1,'Survived'].value_counts()
    sur_miss=train_set.loc[train_set['Miss']==1,'Survived'].value_counts()
    sur_officer=train_set.loc[train_set['Officer']==1,'Survived'].value_counts()
```

```
        sur_royalty=train_set.loc[train_set['Royalty']==1,'Survived'].value_
counts()
        sur_master=train_set.loc[train_set['Master']==1,'Survived'].value_
counts()
        tit_df=pd.DataFrame({'已婚男士':sur_mr,'已婚女士':sur_mrs,'未婚女子
':sur_miss,'政府官员':sur_officer,'王室':sur_royalty,'技师':sur_master})
        tit_df.T.plot(kind='bar',color=['b','g'])
        plt.title('按头衔分类的存活人数分布')
    plt.xlabel('头衔')
    plt.ylabel('人数')
    plt.legend(labels=['死亡','存活'])
    plt.show()
```

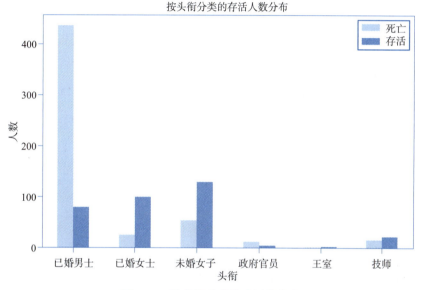

图 15-3 按头衔分类的存活数分布

计算各头衔的存活率,并用饼图进行数据可视化,如图 15-4 所示。

```
for i in tit_df.columns:
    tit_df.loc['SurvivedRate',i]=tit_df.loc[1,i]/tit_df[i].sum()
fig=plt.figure()
plt.axis('equal')
plt.pie(tit_df.loc['SurvivedRate'],explode=[0,0,0.1,0,0,0],
    labels=tit_df.columns,colors=['r','b','g','c','purple','pink'],
    autopct='%.2f%%',pctdistance=0.6,labeldistance=1.0,
    shadow=True,startangle=0,radius=1.2,frame=False)
plt.title('按头衔分类的存活率')
plt.show()
```

从图 15-3 和图 15-4 可以看出,从头衔的角度来看,王室贵族、已婚女士、未婚女子的生存率较高,既符合性别生存率分析,也反映出贵族在这场灾难中有一些"特权"。

4. 分析生存率与在船家庭人数的关系

对每种家庭类型进行计数,生成新表 fam_df,进行数据可视化,如图 15-5 所示。

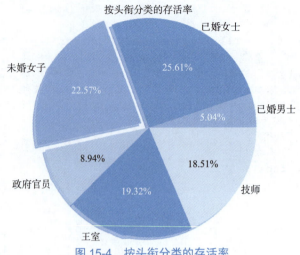

图 15-4　按头衔分类的存活率

```
# 将每种家庭类型进行计数，并重新建表 fam_df
    sur_single=train_set.loc[train_set['Family_Single']==1,'Survived'].value_counts()
    sur_small=train_set.loc[train_set['Family_Small']==1,'Survived'].value_counts()
    sur_large=train_set.loc[train_set['Family_Large']==1,'Survived'].value_counts()
    fam_df=pd.DataFrame({'单身人士':sur_single,'小型家庭':sur_small,'大型家庭':sur_large})
    fam_df.T.plot(kind='bar',color=['b','g'])
    plt.title('按家庭类型分类的存活人数分布')
    plt.xlabel('家庭类型')
    plt.ylabel('存活人数')
    plt.legend(labels=['死亡','存活'])
    plt.show()
```

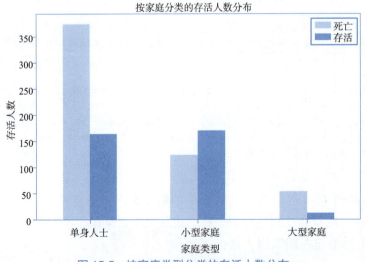

图 15-5　按家庭类型分类的存活人数分布

计算每种家庭类型的存活率,并进行数据可视化,如图 15-6 所示。

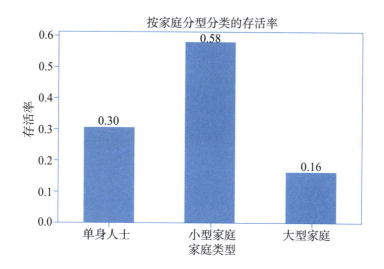

图 15-6 按家庭类型分类的存活率

```
for i in fam_df.columns:
     fam_df.loc['SurvivedRate',i]=fam_df.loc[1,i]/fam_df[i].sum()
fam_df.loc['SurvivedRate'].plot(kind='bar',color='orange')
plt.title(' 按家庭类型分类的存活率 ')
plt.xlabel(' 家庭类型 ')
plt.ylabel(' 存活率 ')
X=np.arange(len(fam_df.index))
y=np.array(list(fam_df.T['SurvivedRate']))
for i,j in zip(x,y):
    plt.text(i,j+0.01,'%.2f'%j,color='k',ha='center')
plt.show()
```

从图 15-5 和图 15-6 可以看出,家庭人数在船上最多和最少的生存率都没有小型家庭高,说明在灾难中,只有一个人的话,没有人帮助他,他的生存率就很低,而家庭人太多,牵扯因素也多,生存率也较低。

5. 分析存活率与客舱等级间的关系

对客舱等级进行计数,生成新表 pcl_df,进行数据可视化,如图 15-7 所示。

```
# 将客舱等级进行数,并重新建表pcl_df
     pclass1=train_set.loc[train_set['Pcls_1']==1,'Survived'].value_
counts()
     pclass2=train_set.loc[train_set['Pcls_2']==1,'Survived'].value_
counts()
     pclass3=train_set.loc[train_set['Pcls_3']==1,'Survived'].value_
counts()
    pcl_df=pd.DataFrame({' 客舱等级 1':pclass1,' 客舱等级 2':pclass2,' 客舱等级
3':pclass3})
    pcl_df.T.plot(kind='bar',stacked=True,color=['b','g'])
    plt.title(' 按客舱等级分类的存活人数分布 ')
```

```
plt.xlabel('客舱等级')
plt.ylabel('存活人数')
plt.legend(labels=['死亡','存活'])
plt.show()
```

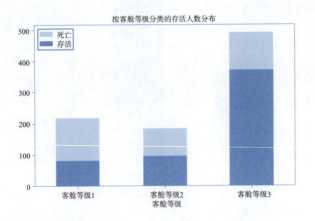

图 15-7　按客舱等级分类的存活人数分布

计算客舱等级存活率，并进行数据可视化，如图 15-8 所示。

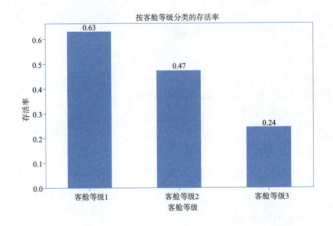

图 15-8　按客舱等级分类的存活率

```
for i in pcl_df.columns:
    pcl_df.loc['SurvivedRate',i]=pcl_df.loc[1,i]/pcl_df[i].sum()
pcl_df.loc['SurvivedRate'].plot(kind='bar',color='orange')
plt.title('按客舱等级分类的存活率')
plt.xlabel('客舱等级')
plt.ylabel('存活率')
x=np.arange(len(pcl_df.index))
y=np.array(list(pcl_df.T['SurvivedRate']))
for i,j in zip(x,y):
    plt.text(i,j+0.01,'%.2f'%j,color='k',ha='center')
plt.show()
```

从图 15-7 和图 15-8 可以看出，从船舱等级 1-3 来看，生存率也由高到低，说明乘客所在的船舱等级对存活率的影响比较大。

15.2　Python 网络爬取

所谓网页爬取，就是把 URL 地址中指定的网络资源从网络流中读取出来，保存到本地。类似于使用程序模拟浏览器的功能，把 URL 作为 HTTP 请求的内容发送到服务器端，然后读取服务器端的相应资源。在第 11 章中，我们学习了 urllib 库的基本使用，本节详细介绍 urllib 网页爬取和 BeautifulSoup4 库来处理分析网页内容。

15.2.1　BeautifulSoup 库

1. BeautifulSoup库概述

BeautifulSoup 是一个 Python 处理 HTML/XML 的函数库，是 Python 内置的网页分析工具，用来快速转换被抓取的网页。它产生一个转换后的 DOM 树，尽可能和原文档内容含义一致，这种措施通常能够满足搜集数据的需求。

BeautifulSoup 提供一些简单的方法以及类 Python 语法来查找、定位、修改一棵转换后的 DOM 树。BeautifulSoup 自动将送进来的文档转换为 Unicode 编码，而且在输出时转换为 UTF-8。BeautifulSoup 可以找出"所有的链接 <a>"，或者"所有 class 是 ×××的链接 <a>"，再或者是"所有匹配 .cn 的链接 url"。

（1）BeautifulSoup 安装。使用 pip 直接安装 beautifulsoup4：

```
pip install beautifulsoup4
```

推荐现在的项目中使用 BeautifulSoup4（bs4），导入时需要 import bs4。

（2）BeautifulSoup 的基本使用方式。下面使用一段代码演示 BeautifulSoup 的基本使用方式：

```
from bs4 import BeautifulSoup
#doc 可以是一个 html 内容的字符串，本例是列表需要转换成字符串
doc=['<html><head><title>hello Python</title></head>',
'<body><p id="firstpara" align="center">This is one paragraph</p>',
'<p id="secondpara" align="center">This is two paragraph</p>',\
'</html>']
soup=BeautifulSoup(''.join(doc),"html.parser")      # 提供字符串信息，''.join
                                                    (doc) 将 doc 列表合并为字符串
print(soup.prettify())
使用 BeautifulSoup 时首先必须要导入 bs4 库：
from bs4 import BeautifulSoup
创建 beautifulsoup 对象：
soup=Beautifulsoup(html)                            #html 是一个 html 内容的字符串
```

另外，还可以用本地 HTML 文件来创建对象。例如：

```
soup=BeautifulSoup(open('index.html'),"html.parser")      # 提供本地 HTML 文件
```

上面这句代码便是将本地 index.html 文件打开，用它来创建 soup 对象。

也可以使用网址 URL 获取 HTML 文件。例如：

```
soup=BeautifulSoup(open('index.html'),"html.parser")
                                            #提供本地HTML文件
```

上面这句代码便是将本地 index.html 文件打开，用它来创建 soup 对象。

也可以使用网址 URL 获取 HTML 文件。例如：

```
from bs4 import BeautifulSoup
from urllib import request
response=request.urlopen("http://www.baidu.com")
html=response.read()
html=html.decode("utf-8")          #decode()命令将网页的信息进行解码
soup=BeautifulSoup(html,"html.parser")   # 远程网站上的 HTML 文件
print(soup.prettify())             # 程序段最后格式化输出 beautifulsoup
                                     对象的内容
```

程序运行后，格式化打印出了 beautifulsoup 对象（DOM 树）的内容。

2．BeautifulSoup 库的四大对象

Beautiful Soup 将复杂 HTML 文档转换成一个复杂的树形结构，每个结点都是 Python 对象，所有对象可以归纳为 4 种：Tag、NavigableString、BeautifulSoup（前面例子中已经使用过）、Comment。

（1）Tag 对象：Tag 是就是 HTML 中的一个个标签。例如：

```
<title>hello Python</title>
<a href="http://www.baidu.com" id="link1">百度 </a>
```

上面的 <title><a> 等 HTML 标签加上其中包括的内容就是 Tag，下面用 BeautifulSoup 来获取 Tag。

```
print(soup.title)
print(soup .head)
```

输出结果：

```
<title>hello Python</title>
<head><title>hello Python</title></head>
```

用户可以利用 BeautifulSoup 对象 soup 加标签名轻松地获取这些标签的内容，但要注意，它查找的是所有内容中的第一个符合要求的标签。如果要查询所有的标签，可使用 find_all() 方法。

下面验证一下这些对象的类型。

```
print(type(soup.title))                  # 输出 <class 'bs4.element. Tag'>
对于 Tag，它有两个重要的属性:name 和 attrs, 下面分别进行介绍。
print(soup.name)                          # 输出 :[document]
print(soup.head.name)                     # 输出 :head
```

soup 对象本身比较特殊，它的 name 即为 [document]，对于其他内部标签，输出的值是标签本身的名称。

```
print(soup.p.attrs)                      # 输出:{ 'id':'firstpara','align':'center'}
```

这里，把 p 标签的所有属性都打印出来，得到的类型是一个字典。

如果想要单独获取某个属性，可以按以下方式操作。例如，获取 id：

```
print(soup.p['id'])  # 输出:firstpara
```

还可以利用 get() 方法传入属性的名称，二者是等价的。

```
print(soup.p.get('id'))                  # 输出:firstpara
```

用户还可以对这些属性和内容等进行修改。例如：

```
soup.p['class']="newClass"
```

也可以对这个属性进行删除。例如：

```
del soup.p['class']
```

（2）NavigableString 对象：得到标签的内容后，还可以用 .string 获取标签内部的文字。

```
soup.title.string
```

这样就轻松获取到了 <title> 标签中的内容，如果用正则表达式则麻烦得多。

（3）BeautifulSoup 对象：BeautifulSoup 对象表示的是一个文档的全部内容。大部分时候可以把它当作 Tag 对象，它是一个特殊的 Tag。下面的代码可以分别获取它的类型、名称及属性。

```
print(type(soup))           # 输出:<class'bs4.BeautifulSoup '>
print(soup.name)            # 输出:[document]
print(soup.attrs )          # 输出空字典:{}
```

（4）Comment 对象：Comment 对象是一个特殊类型的 NavigableString 对象，其内容不包括注释符号，如果不好好处理它，可能会对文本处理造成意想不到的麻烦。

3．BeautifulSoup库操作解析文档树

（1）遍历文档树：

① .content 属性和 .children 属性获取直接子结点。lag 的 .content 属性可以将 Tag 的子结点以列表的方式输出。

```
print(soup.body.contents)
```

输出结果：

```
[<p align="center" id="firstpara">This is one paragraph</p>,
<p align=" center" id="secondpara">This is two paragraph</p>]
```

输出为列表，可以用列表索引来获取它的某一个元素。

```
print(soup.body.contents[0])              # 获取第一个 <p>
```

输出结果：

```
<p align="center" id="firstpara">This is one paragraph</p>
```

而 .children 属性返回的不是一个列表，它是一个列表生成器对象，但是可以通过遍历获取所有子结点。

```
for child in soup.body.children:
    print(child )
```

输出结果：

```
<p align="center" id="firstpara">This is one paragraph</p>
<palign="center " id="secondpara">This is two paragraph</p>
```

② .descendants 属性获取所有子结点。.contents 和 .children 属性仅包含 Tag 的直接子结点，.descendants 属性可以对所有 Tag 的子结点进行递归循环，和 children 类似，也需要遍历获取其中的内容。

```
for child in soup.descendants:
    print(child)
```

从运行结果可以发现，所有的结点都被打印出来，先最外层的 HTML 标签，其次从 head 标签一个个剥离，依此类推。

③ 结点内容。如果一个标签里没有标签，那么 .string 就会返回标签里的内容。如果标签里只有唯一的一个标签，那么 .string 也会返回最里面标签的内容。

如果 Tag 包含了多个子标签结点，Tag 就无法确定 .string 应该调用哪个子标签结点的内容，.string 的输出结果是 None。

```
print(soup.title.string)         # 输出 <title> 标签里的内容
print(soup. body .string)        #<body> 标签包含多个子结点，所以输出 None
```

输出结果：

```
hello Python
None
```

④ 多个内容。.strings 获取多个内容，需要遍历获取。例如：

```
for string in soup.body.strings:
print(repr(string))
```

输出结果：

```
'This is one paragraph'
'This istwo paragraph'
```

输出的字符串中可能包含了很多空格或空行，使用 .stripped_strings 可以去除多余空白内容。

⑤ 父结点。.parent 属性用户获取父结点。

```
p=soup.title                          # 输出父结点名 Head
print(p.parent.name)
```

输出结果：

```
Head
```

⑥兄弟结点。兄弟结点可以理解为和本结点处在统一级的结点，.next_sibling 属性获取了该结点的下一个兄弟结点，.previous_sibling 则与之相反，如果结点不存在，则返回 None。

注意：实际文档中的 Tag 的 .next_sibling 和 .previous_sibling 属性通常是字符串或空白，因为空白或者换行也可以被视作一个结点，所以得到的结果可能是空白或者换行。

⑦全部兄弟结点。通过 .next_siblings 和 .previous_siblings 属性可以对当前结点的兄弟结点迭代输出。

```
for sibling in soup.p.next_siblings:
    print(repr(sibling))
```

以上是遍历文档树的基本用法。

（2）搜索文档树：

① find_all(name ,attrs ,recursive ,text ,**kwargs)：find_all() 方法搜索当前 Tag 的所有 Tag 子结点，并判断是否符合过滤器的条件。参数如下：

- name 参数：可以查找所有名字为 name 的标签。

```
print(soup.find_all('p'))              # 输出所有 <p> 标签
[<p align="center" id="firstpara">This is one paragraph</p>,<p
align="center" id="secondpara">This is two paragraph</p>]
```

如果 name 参数传入正则表达式作为参数，BeautifulSoup 会通过正则表达式的 match() 来匹配内容。下面例子中找出所有以 h 开头的标签。

```
for tag in soup.find_all(re.compile(" h")):
    print(tag.name ,end=" ")                    #html head
```

输出结果：

```
html  head
```

这表示 <html> 和 <head> 标签都被找到。

- attrs 参数：按照 Tag 标签属性值检索，需要列出属性名和值，采用字典形式。

```
soup.find_all('p',attrs=('id':"firstpara"))
```

或者

```
soup.find_all('p,{'id':"firstpara"})
```

都是查找属性值 id 是 firstpara 的 <p> 标签。也可以采用关键字形式：

```
soup.find_all('p',id="firstpara")
```

- recursive 参数。调用 Tag 的 find_all() 方法时，BeautifulSoup 会检索当前 Tag 的所有子孙结点，如果只想搜索 Tag 的直接子结点，可以使用参数 recursive=False。
- text 参数。通过 text 参数可以搜文档中的字符串内容。

```
print(soup.find_all(text=re.compile("paragraph")))    #re.compile() 正则表达式
```

输出结果：

```
['This is one paragraph','This is two paragraph']
```

re.compile("paragraph") 正则表达式，表示所有含有 paragraph 的字符串都匹配。
- limit 参数。find_all() 方法返回全部的搜索结构，如果文档树很大，那么搜索会很慢；如果不需要全部结果，可以使用 limit 参数限制返回结果的数量。当搜索到的结果数量达到 limit 的限制时，就停止搜索返回结果。

文档树中有 2 个 Tag 符合搜索条件，但结果只返回了 1 个，因为限制了返回数量。

```
soup .find_all("p",limit=1)
[<p align="center" id="firstpara">This is one paragraph</p>]
```

② find(name ,attrs ,recursive ,text)：它与 find_all() 方法唯一的区别是 find_all() 方法返回全部结果的列表，而后者 find() 方法返回找到的第一个结果。

（3）用 CSS 选择器筛选元素。在写 CSS 时，标签名不加任何修饰，类名前加点，id 名前加 #，这里也可以利用类似的方法来筛选元素，用到的方法是 soup.select()，返回类型是列表 list。

①通过标签名查找：

```
soup. select('title')            # 选取之 title> 元素
```

②通过类名查找：

```
soup.select('.firstpara')        # 选取 class 是 firstpara 的元素
soup.select_one(".firstpara")    # 查找 class 是 firstpara 的第一个元素
```

③通过 id 名查找：

```
soup.select('#firstpara')        # 选取 id 是 firstpara 的元素
```

以上的 select() 方法返回的结果都是列表形式，可以遍历形式输出，然后用 get_text() 方法或 text 属性来获取它的内容。

```
soup=BeautifulSoup(html,'html.parser')
print(type(soup.select('div')))
print(soup.select('div')[0].get_text())
输出首个 <div> 元素的内容
for title in soup.select('title '):
    print(title.text)                    # 输出所有 <div> 元素的内容
```

处理网页需要对 HTML 有一定的理解，BeautifulSoup 库是一个非常完备的 HTML 解析函数库，有了 BeautifulSoup 库的知识，就可以进行网络爬取实战。

15.2.2 爬取搜狐体育新闻

本节将使用 Python 爬取搜狐体育置顶的新闻，首先需要分析搜狐体育置顶的新闻列表的页面组织结构，知道新闻标题、链接、时间等在哪个位置（也就是在哪个 HTML 元素中）。如图 15-9 是搜狐体育新闻页面，要使用 Python 爬取图中矩形区域置顶的新闻列表。

图 15-9　新浪体育 NBA 热门新闻

用 Google Chrome 浏览器打开要爬取的页面，地址为 https://sports.sohu.com/，按【F12】键打开开发人员工具，单击某一个新闻标题，查看到一条新闻即是一个 p 元素，如图 15-10 所示。

图 15-10　搜狐体育置顶新闻的 html 结构

从图 15-10 的 html 结构中可知，要获取图 15-9 矩形中的新闻就是要获取页面中的 p 标签，而这些 p 标签中包含了每条新闻的 a 标签。获取到每条新闻的 a 标签后，可以通过 a 标签的 href 属性获取新闻的详情页面。

首先导入需要用到的模块：BeautifulSoup、urllib.request，然后解析网页。

```
from bs4 import BeautifulSoup
from datetime import datetime
import urllib.request
newurls=set()          # 存放未访问的urlset 集合
url='https://sports.sohu.com/'
web_data=urllib.request.urlopen(url).read()        # 调用read()读取响应对象
,response 的内容
webdata=web_data.decode("utf-8")
soup=BeautifulSoup(web_data,"html.parser")         # 解析网页
```

下面是提取每一条新闻元素。

```
for new in soup.select('.s-one_center p a'):
    print(new)
运行结果：
<a class="theme__color__hover" href="https://www.sohu.com/a/474770602_461392?scm=1004.727933265541005312.0.0.0" target="_blank">战术板：英格兰变阵三中卫收奇效 边翼卫对线完胜德国 </a>
    <a class="theme__color__hover" href="https://m.sohu.com/subject/323136" target="_blank">锐体育 - 三狮晋级战车出局 欧洲杯决赛一席诞生？</a>
    <a class="theme__color__hover" href="https://www.sohu.com/a/474760845_461392?scm=1004.727933730232139776.0.0.0" target="_blank">真死亡之组！法德葡16强战全部出局 被匈牙利榨干 </a>
    <a class="theme__color__hover" href="https://www.sohu.com/a/474766789_461392?scm=1004.727933730232139776.0.0.0" target="_blank">1/4决赛对阵：比利时火拼意大利 英格兰遭遇乌克兰 </a>
    <a class="theme__color__hover" href="https://www.sohu.com/a/474761432_463728?scm=1004.727933973266890752.0.0.0" target="_blank">国安青年军59分钟丢7球惨案不可避免 对手已雪藏三大外援 </a>
    <a class="theme__color__hover" href="https://www.sohu.com/a/474736826_463728?scm=1004.727933973266890752.0.0.0" target="_blank">热身 - 费莱尼莱昂纳多破门 山东泰山4-2逆转津门虎 </a>
    <a class="theme__color__hover" href="https://www.sohu.com/a/474760292_114977?scm=1004.727934239630360576.0.0.0" target="_blank">温网：朱琳2-1逆转巴特尔 张之臻苦战五盘止步首轮 </a>
    <a class="theme__color__hover" href="https://www.sohu.com/a/474764928_114977?scm=1004.727934239630360576.0.0.0" target="_blank">温网：小威首盘扭伤挥泪退赛 冲击第24冠再次梦碎 </a>
```

可以遍历获取每一条新闻的链接地址，通过urllib.request.urlopen(url).read()方法读取每条新闻的详情页面，再解析新闻详情页面获取新闻的发布时间，每条新闻的标题、链接、发布时间通过一个字典类型来保存，并将所有字典数据保存到一个列表中，下面是具体的实现。

```
from bs4 import BeautifulSoup
from datetime import datetime
import urllib.request

newurls=set()                              # 存放未访问的urlset 集合
url='https://sports.sohu.com/'
```

```python
web_data=urllib.request.urlopen(url).read() #调用 read() 读取响应对象，response 的内容
webdata=web_data.decode("utf-8")
soup=BeautifulSoup(web_data,"html.parser")
                                            #解析网页
news_list=[]
for new in soup.select('.s-one_center p a'):
    new_data={}
    new_data['title']=new.string         #获取新闻标题
    new_url=new.attrs['href']            #获取新闻的 url 链接
    print(new_url)
    new_data['link']=new_url
    new_detail=urllib.request.urlopen(new_url).read()
                                            #读取新闻详情页
    new_soup=BeautifulSoup(new_detail,"html.parser")
                                            #解析网页
    if(new_soup.select('#news-time')):
      new_date=new_soup.select('#news-time')[0].string
                                            #从新闻详情页中获取新闻事件
    new_data['date']=new_date
    news_list.append(new_data)
print(news_list)
```

运行结果：

```
[{'title':'战术板：英格兰变阵三中卫收奇效 边翼卫对线完胜德国','link':'https:
//www.sohu.com/a/474770602_461392?scm=1004.727933265541005312.0.0.0','da
te':'2021-06-30 07:01'},{'title':'锐体育－三狮晋级战车出局 欧洲杯决赛一席诞生?',
'link':'https://m.sohu.com/subject/323136','date':'2021-06-30 07:01'},
{'title':'真死亡之组！法德葡16强战全部出局 被匈牙利榨干','link':'https:
//www.sohu.com/a/474760845_461392?scm=1004.727937730232139776.0.0.0','da
te':'2021-06-30 02:38'},{'title':'1/4决赛对阵：比利时火拼意大利 英格兰遭遇乌克兰',
'link':'https://www.sohu.com/a/474766789_461392?scm=1004.727933730232
139776.0.0.0','date':'2021-06-30 06:00'},{'title':'国安青年军59分钟丢7球惨案
不可避免 对手已雪藏三大外援','link':'https://www.sohu.com/a/474761432_463728?
scm=1004.727933973266890752.0.0.0','date':'2021-06-30 02:34'},{'title': '
热身－费莱尼莱昂纳多破门 山东泰山4-2逆转津门虎','link':'https://www.sohu.com/
a/474736826_463728?scm=1004.727933973266890752.0.0.0','date':'2021-06-29
20:06'},{'title':'温网：朱琳2-1逆转巴特尔 张之臻苦战五盘止步首轮', 'link':'https://
www.sohu.com/a/474760292_114977?scm=1004.727934239630360576.0.0.0','da
te':'2021-06-30 02:12'},{'title':'温网：小威首盘扭伤挥泪退赛冲击第24冠再次梦碎',
'link':'https://www.sohu.com/a/474764928_114977?scm=1004.727934239630360576.
0.0.0','date':'2021-06-30 04:54'}]
```

至此，就完成了爬取搜狐体育新闻程序，运行后可得到每条新闻标题、新闻链接、发布时间等内容。

15.3 手写识别系统

本节主要介绍机器学习中一个最经典、最简单的 K 最近邻算法（K Nearest Neighbor，KNN），在后续的小节中会使用该算法进行手写数字的识别。

15.3.1 K近邻算法原理

K近邻算法的工作原理是：存在一个样本数据集合，也称作训练样本集，并且样本集中每个数据都存在标签，即知道样本集中每一个数据与所属分类的对应关系。输入没有标签的新数据后，将新数据的每个特征与样本集中数据对应的特征进行比较，然后算法提取样本集中特征最相似数据（最近邻）的分类标签。一般来说，只选择样本数据集中前 k 个最相似的数据，这就是K近邻算法中 k 的出处，通常 k 是不大于20的整数。最后，选择 k 个最相似数据中出现次数最多的分类，作为新数据的分类。KNN方法虽然从原理上也依赖于极限定理，但在类别决策时，只与极少量的相邻样本有关。由于KNN方法主要靠周围有限的邻近的样本，而不是靠判别类域的方法来确定所属类别的，因此对于类域的交叉或重叠较多的待分样本集来说，KNN方法较其他方法更为适合。

KNN算法不仅可以用于分类，还可以用于回归。通过找出一个样本的 k 个最近邻居，将这些邻居的属性的平均值赋给该样本，就可以得到该样本的属性。更有用的方法是将不同距离的邻居对该样本产生的影响给予不同的权值，如权值与距离成正比。该算法在分类时主要的不足是，当样本不平衡时，如一个类的样本容量很大，而其他类样本容量很小时，有可能导致当输入一个新样本时，该样本的 k 个邻居中大容量类的样本占多数。该算法只计算"最近的"邻居样本，若某一类的样本数量很大，那么，或者这类样本并不接近目标样本，或者这类样本很靠近目标样本。无论怎样，数量并不能影响运行结果。可以采用权值的方法（和该样本距离小的邻居权值大）来改进。该方法的另一个不足之处是计算量较大，因为对每一个待分类的文本都要计算它到全体已知样本的距离，才能求得它的 k 个最近邻点。目前常用的解决方法是事先对已知样本点进行剪辑，事先去除对分类作用不大的样本。该算法比较适用于样本容量比较大的类域的自动分类，而那些样本容量较小的类域采用这种算法比较容易产生误差。

KNN的使用方式有以下3个要素：

（1） k 值会对算法的结果产生重大影响。k 值较小意味着只有与输入实例较近的训练实例才会对预测结果起作用，容易发生过拟合；如果 k 值较大，优点是可以减少学习的估计误差，缺点是学习的近似误差增大，这时与输入实例较远的训练实例也会对预测起作用，使预测发生错误。在实际应用中，k 值一般选择一个较小的数值，通常采用交叉验证的方法来选择最优的 k 值。随着训练实例数目趋向于无穷和 $k=1$ 时，误差率不会超过贝叶斯误差率的2倍，如果 k 也趋向于无穷，则误差率趋向于贝叶斯误差率。

（2）算法中的分类决策规则往往是多数表决，即由输入实例的 k 个最临近的训练实例中的多数类决定输入实例的类别。

（3）距离度量一般采用欧氏距离。假设每个样本都有两个特征值，两个样本分别是（X_{a0}，X_{a1}）和（X_{b0}，X_{b1}），使用欧氏距离公式来计算两个样本之间的距离公式，如下所示：

$$d=\sqrt{(X_{a0}-X_{b0})^2+(X_{a1}-X_{b1})^2}$$

例如，点（0，0）与点（1，2）之间的距离计算代入公式得：

$$d=\sqrt{(1-0)^2+(2-0)^2}$$

如果数据集存在 4 个特征值，则点（1，0，0，1）与点（7，6，9，4）之间的距离计算为：

$$d=\sqrt{(7-1)^2+(6-0)^2+(9-0)^2+(4-1)^2}$$

以此类推。

在度量之前，应该将每个属性的值规范化，这样有助于防止具有较大初始值域的属性比具有较小初始值域的属性的权重过大。

15.3.2　KNN 算法实现

本节内容将通过以上原理实现一个简单的 KNN 算法。实现这个算法的核心部分是：计算"距离"。如果有一定的样本数据和这些数据所属的分类后，输入一个测试数据，就可以根据算法得出该测试数据属于哪个类别，此处的类别为 0~9 十个数字，就是十个类别。

算法实现过程如下：

（1）计算已知类别数据集中的点与当前点之间的距离。
（2）按照距离递增次序排序。
（3）选取与当前点距离最小的 k 个点。
（4）确定前 k 个点所在类别的出现频率。
（5）返回前 k 个点出现频率最高的类别作为当前点的预测分类。

代码如下：

```python
def classifier(InVect,dataSet,LabelVect,k):
    """
    参数：
    — InVect：分类的输入向量
    — dataSet：训练样本集
    — LabelVect：标签向量
    — k：选择最近邻居的数目
    """
    dataSetSize=dataSet.shape[0]
    # 计算需要分类的向量与训练样本差值
    diffVal=np.tile(InVect,(dataSetSize,1))-dataSet
    # 上一步骤结果平方和取平方根，得到距离向量（欧式距离公式）
    sqDiffVal=diffVal**2
    sqDistances=sqDiffVal.sum(axis=1)
    distances=sqDistances**0.5
    # 按照距离从低到高排序
    DistSort=distances.argsort()
    classCount={}
    # 取出最近的 k 个样本数据
    for i in range(k):
        # 记录该样本数据所属的类别
        Recordlabel=LabelVect[DistSort[i]]
        classCount[Recordlabel]=classCount.get(Recordlabel,0)+1
    # 对类别出现的频次进行排序，从高到低
    sortedClassCount=sorted(classCount.items(),key=operator.itemgetter(1),
```

```
reverse=True)
        # 返回出现频次最高的类别
        return sortedClassCount[0][0]
```

使用欧氏距离公式来计算两个向量点之间的距离，计算完所有点之间的距离后，可以对数据按照从小到大的次序排序。然后，确定前 k 个距离最小元素所在的主要分类，输入的 k 总是正整数；最后，将 classCount 字典分解为元组列表，然后使用 operator 模块的 itemgetter() 方法，按照第二个元素的次序对元组进行排序。代码实现的排序为逆序排序，即按照从最大到最小的次序排序，最后返回发生频率最高的元素标签。

15.3.3 KNN 算法优缺点

1. KNN算法优点

（1）简单，易于理解，易于实现，无须估计参数，无须训练。

（2）适合对稀有事件进行分类。

（3）特别适合于多分类问题（multi-modal，对象具有多个类别标签），KNN 比 SVM（支持向量机）的表现要好。

（4）可用于非线性分类。

（5）由于 KNN 方法主要靠周围有限的邻近的样本，而不是靠判别类域的方法来确定所属的类别，因此对于类域的交叉或重叠较多的待分类样本集来说，KNN 方法较其他方法更为适合。

（6）该算法比较适用于样本容量比较大的类域的自动分类（那些样本容量比较小的类域采用这种算法比较容易产生误分类情况）。

2. KNN 算法缺点

（1）需要大量的空间来存储已知的实例，且算法复杂度较高。

（2）计算量大，尤其是特征数非常多的时候。

（3）样本不平衡的时候，对稀有类别的预测准确率低。

15.3.4 手写数字识别系统

本节将一步步地构造使用 K 近邻分类器的手写识别系统。为了简单起见，这里构造的系统只能识别数字 0~9，如图 15-11 所示。需要识别的数字已经使用图形处理软件处理成具有相同的色彩和大小，宽高是 32 像素 ×32 像素的黑白图像。

尽管采用文本格式存储图像不能有效地利用内存空间，但是为了方便理解，还是将图像转换为文本格式。

实验数据 digits 目录下有两个文件夹，分别是：

（1）trainingDigits：训练数据，1 934 个文件，每个数字大约 200 个文件。

（2）testDigits：测试数据，946 个文件，每个数字大约 100 个文件。

每个文件中存储一个手写的数字，文件的命名类似 0_7.txt，第一个数字 0 表示文件中的手写数字是 0，后面的 7 是个序号。

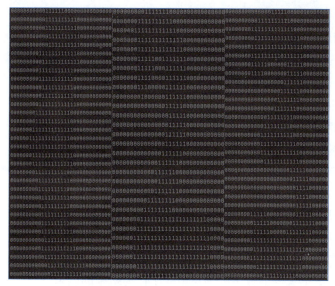

图 15-11　手写数字数据集（1，2，3）

使用目录文件夹 trainingDigits 中的数据训练分类器，使用目录文件夹 testDigits 中的数据测试分类器的效果。两组数据没有重叠，可以检查一下这些文件夹的文件是否符合要求。根据这些数据开始实现 K 近邻算法。

1. 实验开始

为了使用前面例子的分类器，必须将图像格式化处理为一个向量。把一个32像素×32像素的二进制图像矩阵转换为1×1 024的向量，这样之前实现的分类器就可以处理数字图像信息。

首先编写一段函数 ToVector()，将图像转换为向量：该函数创建1×1 024的 NumPy 数组，然后打开给定的文件，循环读出文件的前 32 行，并将每行的头 32 个字符值存储在 NumPy 数组中，最后返回数组。

```
def ToVector(filename):
    #创建向量
    vector=np.zeros((1,1024))
    #打开数据文件,读取每行内容
    with open(filename,'r') as f:
        for i in range(32):
            lineStr=f.readline()        #读取每一行
            for j in range(32):         #将每行前32字符转成int存入向量
                vector[0,32*i+j]=int(lineStr[j])
    return vector
```

实现好该函数可对其进行测试：

```
ToVector('digits/testDigits/0_1.txt')
```

运行结果：

```
[[0.0.0. ...0.0.0.]]
```

表示该 32×32 维度的向量已经成功转化为 1×1 024 维度的向量。

在 15.3.2 中用 classifier() 函数简单实现了 KNN 算法的流程与分析，已经将数据处理成分类器可以识别的格式。接下来，将这些数据输入到分类器，检测分类器的执行效果。在写入这些代码之前，必须确保将 from os import listdir 写入文件的起始部分，这段代码的主要功能是从 os 模块中导入函数 listdir()，它可以列出给定目录的文件名。

2．测试的步骤

测试步骤如下：

（1）读取训练数据到向量（手写图片数据），从数据文件名中提取类别标签列表（每个向量对应的真实的数字）。

（2）读取测试数据到向量，从数据文件名中提取类别标签。

（3）执行 K 近邻算法对测试数据进行测试，得到分类结果。

（4）与实际的类别标签进行对比，记录分类错误率。

（5）打印每个数据文件的分类数据及错误率作为最终的结果。

代码实现如下：

```python
def handwritingClassTest(k_):
    # 样本数据的类标签列表
    hwLabels=[]
    # 样本数据文件列表
    trainingFileList=listdir('digits/trainingDigits')
    m=len(trainingFileList)
    # 初始化样本数据矩阵（M*1024）
    trainingMat=np.zeros((m,1024))
    # 依次读取所有样本数据到数据矩阵
    for i in range(m):
        # 提取文件名中的数字
        fileNameStr=trainingFileList[i]
        fileStr=fileNameStr.split('.')[0]
        classNumStr=int(fileStr.split('_')[0])
        hwLabels.append(classNumStr)
        # 将样本数据存入矩阵
        trainingMat[i,:]=ToVector('digits/trainingDigits/%s'%fileNameStr)
    # 循环读取测试数据
    testFileList=listdir('digits/testDigits')
    # 初始化错误率
    errorCount=0.0
    mTest=len(testFileList)
    # 循环测试每个测试数据文件
    for i in range(mTest):
        # 提取文件名中的数字
        fileNameStr=testFileList[i]
        fileStr=fileNameStr.split('.')[0]
        classNumStr=int(fileStr.split('_')[0])
        # 提取数据向量
        vectorUnderTest=ToVector('digits/testDigits/%s'%fileNameStr)
        # 对数据文件进行分类
```

```
            classifierResult=classifier(vectorUnderTest,trainingMat,hwLabels,k_)
            #打印 K 近邻算法分类结果和真实的分类
            #print("测试样本 %d,分类器预测:%d,真实类别:%d"%(i+1,classifierResult,
classNumStr))
            #判断 K 近邻算法结果是否准确
            if(classifierResult!=classNumStr):
                print("测试样本 %d,分类器预测:%d,真实类别:%d"%(i+1,classifierResult,classNumStr))
                errorCount+=1.0
    #打印错误率
    print("\n 错误分类计数:%d"%errorCount)
    print("\n 错误分类比例:%f"%(errorCount/float(mTest)))
    return errorCount/float(mTest)
```

在上面的代码中,将 trainingDigits 目录中的文件内容存储在列表中,然后可以得到目录中有多少文件,并将其存储在变量 m 中。接着,代码创建一个 m 行 ×1 024 列的训练矩阵,该矩阵的每行数据存储一个图像。

可以从文件名中解析出分类数字。该目录下的文件按照规则命名,例如,文件 9_45.txt 的分类是 9,它是数字 9 的第 45 个实例。然后可以将类代码存储在 hwLabels 向量中,使用前面讨论的 ToVector 函数载入图像。

在下一步中,对 testDigits 目录中的文件执行相似的操作,不同之处是,并不将这个目录下的文件载入矩阵中,而是使用 classifier() 函数测试该目录下的每个文件。

最后,当 k 为 1 时,输入 handwritingClassTest(1),测试该函数的输出结果。

```
handwritingClassTest(1)
```

输出结果为:

```
错误分类计数:13
```

```
错误分类比例:0.013742
```

K 近邻算法识别手写数字数据集,错误率为 1.37%,改变变量 k 的值、修改函数 handwritingClassTest(k)随机选取训练样本、改变训练样本的数目,都会对 K 近邻算法的错

误率产生影响,可以尝试改变这些变量值,观察错误率的变化。

K 近邻算法是分类数据最简单有效的算法。K 近邻算法是基于实例的学习,使用算法时必须有接近实际数据的训练样本数据。K 近邻算法必须保存全部数据集,如果训练数据集很大,必须使用大量的存储空间。此外,由于必须对数据集中的每个数据计算距离值,所以实际使用可能非常耗时。是否存在一种算法减少存储空间和计算时间的开销呢? K 决策树就是 K 近邻算法的优化版,可以节省大量的计算开销。

3. 如何可视化选取k值

结合第 14 章 Matplotlib 库的使用,可通过对该库的使用来判断 k 值在何值时错误率最小,即此时选取的 k 值为最优解。

由于上文中已手动实现了 KNN 算法，因此可直接更改 k 值来反复训练该分类器并进行实验，最终通过 Matplotlib 来可视化，挑出错误率最小时所属的 k 值，即该算法下数据集此时最优的解。

具体代码如下：

```python
def KNN_valuechoise(K_num):
    # 设置待测试的不同 k 值
    K=np.arange(1,K_num+1)
    length=len(K)
    # 构建空的列表，用于存储平均准确率
    accuracy=[]
    for k in K:
        cv_result=handwritingClassTest(k)
        print('cv_result',cv_result)
        accuracy.append(cv_result)
    print(accuracy)
    # 从 k 个错误率中挑选出最小值所对应的下标
    arg_min=np.array(accuracy).argmin()
    # 中文和负号的正常显示
    plt.rcParams['font.sans-serif']=[u'SimHei']
    plt.rcParams['axes.unicode_minus']=False
    # 绘制不同 K 值与平均预测准确率之间的折线图
    plt.plot(K,accuracy)
    # 添加点图
    plt.scatter(K,accuracy)
    # 添加文字说明
    plt.text(K[arg_min],accuracy[arg_min],'最佳k值为%s'%int(K[arg_min]))
    plt.xticks(np.arange(K_num+1),np.arange(K_num+1))
    # 显示图形
    plt.show()
```

执行 KNN_valuechoise（10），其输出结果如图 15-12 所示：

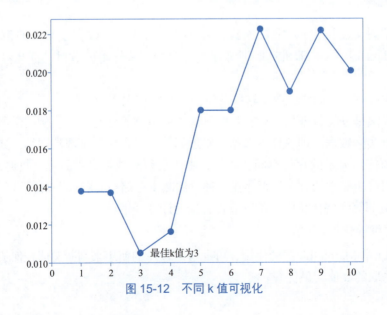

图 15-12　不同 k 值可视化

通过 Matplotlib 可视化效果，可以直观看出 k 的最佳值取 3。

小　　结

本章结合 3 个 Python 经典应用案例：泰坦尼克号乘客生存分析、Python 网络爬虫、手写识别系统，介绍了 Python 的综合使用。

通过泰坦尼克号乘客生存分析案例讲解了数据分析和可视化的方法和步骤，通过从数据中得到的可视化图表，分析出相关的结论，帮助读者定量地分析解决问题。Python 网络爬虫案例中介绍了 Python 常用的用于网页访问的 urllib 库和用于数据解析的 BeautifulSoup 库，并结合访问新浪新闻首页的实际案例，爬取了网页数据并进行解析。手写识别系统案例中，通过使用 Python 建立 KNN 模型实现了手写数据的识别，并使用 Matplot 直观地选取模型参数 k，通过该案例有助于读者掌握数据挖掘和数据分析工具。

习　　题

编程题

1. 仿照本章泰坦尼克号乘客生存分析案例，编写从数据库中得到可视化图表、分析问题的 Python 程序。
2. Python 实战开发"中国大学排名"爬虫。
3. Python 实战开发爬取新浪国外新闻或者某所高校的新闻。
4. 简述 Python 实现 KNN 算法的过程。
5. 通过 KNN 算法实现手写数字识别系统。

参考文献

[1] 麦金尼. 利用 Python 进行数据分析 [M]. 徐敬一, 译. 北京: 机械工业出版社, 2018.
[2] 刘瑜. Python 编程从零基础到项目实战 [M]. 北京: 中国水利水电出版社, 2018.
[3] 塞德. Python 快速入门 [M]. 戴旭, 译. 北京: 人民邮电出版社, 2019.
[4] 丘思. Python 核心编程 [M]. 宋吉广, 译. 北京: 人民邮电出版社, 2016.
[5] 明日科技. Python 从入门到精通 [M]. 北京: 清华大学出版社, 2018.
[6] 张玲玲. Python 算法详解 [M]. 北京: 人民邮电出版社, 2019.
[7] 拉马略. 流畅的 Python[M]. 吴珂, 译. 北京: 人民邮电出版社, 2017.
[8] 吕云翔. Python 基础教程 [M]. 北京: 人民邮电出版社, 2018.
[9] 毛雪涛, 丁毓峰. 小小的 Python 编程故事 [M]. 北京: 电子工业出版社, 2019.
[10] 陈春晖, 翁恺, 季江民. Python 程序设计 [M]. 杭州: 浙江大学出版社, 2019.
[11] 卢茨. Python 学习手册 [M]. 侯靖, 译. 北京: 机械工业出版社, 2018.
[12] 周鸣争, 戴平, 万家山. Python 语言程序设计 [M]. 北京: 中国铁道出版社有限公司, 2019.
[13] 董付国. Python 程序设计基础与应用 [M]. 北京: 机械工业出版社, 2018.
[14] 陈仲才. Python 核心编程 [M]. 宋吉广, 译. 北京: 人民邮电出版社, 2008.
[15] 布里格斯. 趣学 Python 编程 [M]. 尹哲, 译. 北京: 人民邮电出版社, 2014.